从新手到高手

AutoCAD
2015 中文版
从新手到高手

□ 李娟 和平艳 等编著

清华大学出版社
北京

内 容 简 介

本书是以最新版本的 AutoCAD 2015 中文版为操作平台，全面介绍通过此软件进行图形绘制和模型创建的过程和方法。全书共分为 15 章，主要内容包括 AutoCAD 2015 基础知识、绘图环境的设置、图层的操作与管理、绘制和编辑二维图形、块的编辑和使用、轴测图的绘制、创建和编辑三维图形以及信息的输出和发布等。另外，本书在各个基础和重要章节都安排了"综合案例"和"新手训练营"，辅助和巩固读者各章节所学习到的知识点，从实际出发，解决软件知识应用中所遇到的一些问题。本书最后一个章节从三个大的综合案例着手，进一步深化和巩固各个章节内容，加深读者的理解程度。同时本书配套光盘中附有多媒体语音视频教程和大量的图形文件，供读者学习和参考。

本书内容结构严谨、分析深化透彻，实用性强，适合作为 AutoCAD 的培训教材，也可以作为 AutoCAD 工程制图人员的参考资料。

图书在版编目（CIP）数据

AutoCAD 2015 中文版从新手到高手/李娟等编著. —北京：清华大学出版社，2015

（从新手到高手）

ISBN 978-7-302-40357-9

Ⅰ. ①A… Ⅱ. ①李… Ⅲ. ①AutoCAD 软件 Ⅳ. ①TP391.72

中国版本图书馆 CIP 数据核字（2015）第 114374 号

责任编辑：冯志强
封面设计：吕单单
责任校对：徐俊伟
责任印制：李红英

出版发行：清华大学出版社
      网   址：http://www.tup.com.cn，http://www.wqbook.com
      地   址：北京清华大学学研大厦 A 座   邮   编：100084
      社 总 机：010-62770175   邮   购：010-62786544
      投稿与读者服务：010-62776969，c-service@tup.tsinghua.edu.cn
      质 量 反 馈：010-62772015，zhiliang@tup.tsinghua.edu.cn
印 刷 者：北京鑫丰华彩印有限公司
装 订 者：三河市溧源装订厂
经   销：全国新华书店
开   本：190mm×260mm   印   张：20.25   字   数：584 千字
      （附光盘 1 张）
版   次：2015 年 8 月第 1 版   印   次：2015 年 8 月第 1 次印刷
印   数：1～3000
定   价：59.00 元

产品编号：063107-01

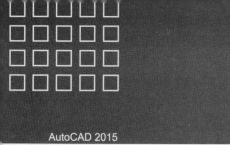

前　言

　　AutoCAD 是一款用于绘制二维制图和基本三维设计的设计软件，可以应用于土木建筑、装饰装潢、工业制图、工程制图、电子工业、服装加工等多方面领域。该软件提供了一个开放的平台、面向对象的绘图环境和简易的操作方法，可以对产品进行设计、分析、修改和优化等操作。使用该软件不仅能够将设计方案用规范、美观的图纸表达出来，而且能有效地帮助设计人员提高设计水平及工作效率，从而解决了传统手工绘图中人为造成的种种弊端，便于用户及时进行必要的调整和修改。

　　最新推出的 AutoCAD 2015 在界面设计上更加精致方便，优化了操作方式，支持演示的图形、渲染工具和强大的绘图和三维打印功能，让您的设计更加出色。软件可以在各种操作系统支持的微型计算机和工作站上运行，完美支持 Win8/8.1/Win7 等各个 32 位和 64 位的操作系统。让更多的用户能够体验和感受到此款软件所带来的便捷和强大功能。

1．本书内容介绍

　　本书是以工程理论知识为基础，以典型的机械零部件为训练对象，带领读者全面学习 AutoCAD 2015 中文版软件。全书共分 15 章，具体内容详细介绍如下。

　　第 1 章　主要介绍 AutoCAD 2015 软件的操作界面、文件操作、视图操作、对象操作、命令的输入等基本操作功能，从基础对象入手，熟悉软件中经常使用到的操作方式和操作技巧。

　　第 2 章　主要介绍了在 AutoCAD 中进行图形绘制和编辑的环境设置，主要涉及绘图界面参数、绘图边界、绘图单位等的设置，另外还介绍了图形的辅助控制方法，为用户营造一个良好合理的绘图环境。

　　第 3 章　主要介绍图层的操作和管理方面的方法和设置方式，涉及图层的创建、设置、编辑和管理。

　　第 4 章　主要介绍各种二维图形的绘制，包括点、线、线性对象、曲线对象、面域等的绘制，同时还讲解了图案填充的方法，最后的综合案例和新手训练营，让读者加强实际动手能力和对软件的熟悉程度。

　　第 5 章　主要介绍了二维图形的编辑方法，包括对象操作、对象复制、夹点应用、对象编辑等方式，同样也设计了综合案例和新手训练营。

　　第 6 章　主要对块的各种操作方式进行了详细讲解，涉及块的创建、存储、插入、编辑，同时还讲解了块属性的管理、块参数的查看、块动作的方式等各个知识点。

　　第 7 章　主要针对外部参照和设计中心的内容进行介绍和讲解，介绍了外部参照的类型、AutoCAD 设计中心、设计中心图形的插入。

　　第 8 章　主要介绍文字与表格在 AutoCAD 中的分类、创建和使用方法，最后设置了相关案例新手训练营，以加强用户的实际动手能力。

　　第 9 章　主要对尺寸、引线和公差标注进行了介绍，其中具体介绍了尺寸标注的类型和标注样式的设置、引线标注的创建和编辑、形位公差标注的创建和使用方法等内容，设置的案例翔实，能够提高实际操作能力。

　　第 10 章　主要讲述如何在 AutoCAD 中进行轴测图的绘制，涉及的知识主要有轴测图的基本知识、等轴测绘图环境的设置、绘制等轴测图的方法等。

　　第 11 章　主要介绍三维图形的创建知识，主要包括三维视图、三维坐标系、三维曲线、网格曲面、基本实体等内容，另外还讲述了二维实体生成三维实体的方法，最后也设置安排了两个综合案例，以帮助用户进行巩固和加深对知识的了解。

第 12 章　主要介绍了在 AutoCAD 中对三维模型进行编辑和操作的方法，包括三维视图的显示设置、三维操作方式、三维对象的编辑、三维实体的编辑等。

第 13 章　主要介绍在 AutoCAD 2015 中对图形进行动态观察和渲染的方式和方法，涉及相机的使用、运动路径动画的创建和设置、不同类型光源的创建、材质和贴图的使用、图形的渲染等内容。

第 14 章　主要对创建好的文件进行打印输出的方法和过程，同时也讲述了信息的查询和发布方法。

第 15 章　主要是在前面章节中所涉及内容的基础之上，根据知识的特点和要点进行综合大案例的安排和设置，对所学知识进行综合巩固和学习，提高用户的实战能力。

2．本书主要特色

本书是指导初学者学习 AutoCAD 2015 中文版绘图软件的标准教程。书中详细介绍了 AutoCAD 2015 进行图形绘制的方法和技巧，使读者能够利用绘图的综合知识快捷、方便地完成相应图形和模型的创建和绘制。本书的主要特色介绍如下。

　　❑　**知识的全面性**

本书在知识的安排和设置方面考虑了知识体系的综合性和联系性，将更多基础性和相关性的知识进行了讲解和介绍，让读者能够从基础知识点出发，串联式地了解和学习到更多其他相关知识，更加全面性地对软件进行了解和学习使用。

　　❑　**知识的实用性**

书中所涉及和讲解到的知识都是在现实生活和工作中能够实际应用到的知识，具有很强的实用性，同时针对知识点中的难点、常用点、技巧应用等，根据知识的特点和各知识点之间的联系和相互结合，安排了相应的综合案例，加深和巩固读者对综合知识的应用和实际体验，弥补和联系实际应用中的不足。

　　❑　**知识的拓展性**

为了拓展读者的机械专业知识，书中在介绍每个绘图工具时，都与实际的零件绘制紧密联系，并增加了机械制图的相关知识、涉及零件图的绘制规律、原则、标准以及各种注意事项。

3．随书光盘内容

为了帮助用户更好地学习和使用本书，书中专门配带了多媒体学习光盘，提供了本书实例源文件、最终效果图和全程配音的教学视频文件。

4．本书适用的对象

本书紧扣工程专业知识，不仅带领读者熟悉该软件，而且可以了解产品的设计过程，特别适合作为高职类大专院校机电一体化和机械设计制造与自动化等专业的标准教材。全书共分为 15 章，并配有相应的综合案例和新手训练营。

本书是真正面向实际应用的 AutoCAD 基础图书。全书由高校机械专业教师联合编写，力求内容的全面性、递进性和实用性。全书内容丰富、结构合理，不仅可以作为高校、职业技术院校机械和模具等专业的初中级培训教程，而且还可以作为广大从事 CAD 工作的工程技术人员的参考书。

参与本书编写的除了封面署名人员外，还有李敏杰、郑国栋、和平艳、余慧枫、郑璐、、吕丹丹、魏雪静、刘强、张伟、王晰、刘文渊等人。由于时间仓促，水平有限，疏漏之处在所难免，欢迎读者朋友登录清华大学出版社的网站 www.tup.com.cn 与我们联系，帮助我们改进提高。

编者

2015.4

目　录

第 1 章

AutoCAD 2015 基础知识

  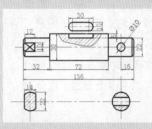 

  AutoCAD 是 Autodesk 公司出品的一款国际制图设计的标准绘图软件，该软件提供了一个开放的平台、面向对象的绘图环境和简易的操作方法，可以对产品进行设计、分析、修改和优化等操作，广泛适用于机械、机电、航天、建筑、园林规划、服装、轻工等行业。使用该软件不仅能够将设计方案用规范、美观的图纸表达出来，还能有效地帮助设计人员提高设计水平及工作效率。

  本章包含了 AutoCAD 2015 软件基本功能、操作界面和部分新增功能，并详细介绍了文件和视图的基本操作、对象的选择方式、特性操作、命令和输入操作等。

1.1 AutoCAD 功能简介

AutoCAD 是一款专业的绘图软件,能够精确地绘制和标注图形,将数据和图形紧密结合进行展现,方便设计人员根据实际需求进行相应的修改、调整和编辑。AutoCAD 2015 在原先版本的基础上也增加了一些新的功能。精美优化的界面设计、更加兼容的系统设置、快速的运算速度等都增强了软件的综合性能,让设计变得更加方便和快捷。

1.1.1 AutoCAD 基本功能

AutoCAD 是一款强大的工程绘图软件,已经成为工程人员工作中不可或缺的重要工具,用户可以利用该软件对产品进行设计、分析、修改和优化等操作。AutoCAD 软件的基本功能主要体现在产品的绘制、编辑、注释和渲染等多个方面,现分别介绍如下。

1. 绘制与编辑图形

在 AutoCAD 软件的【草图与注释】工作空间下,【默认】选项卡中包含有各种绘图工具和辅助编辑工具。利用这些工具可以绘制各种二维图形,效果如图 1-1 所示。

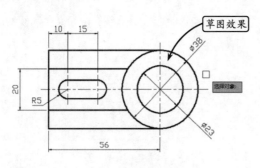

图 1-1 绘制草图

在【三维建模】工作空间中,可以利用【常用】选项卡下各个选项板上的工具快速创建三维实体模型和网格曲面,效果如图 1-2 所示。

在工程设计中,为了方便查看图形的结构特征,也常常使用轴测图来描述物体。轴测图是一种

以二维绘图技术来模拟三维对象,沿特定视点产生的三维平行投影效果,但其绘制方法与二维图形有所不同。因此,可以将轴测图看似三维图形,将 AutoCAD 切换到轴测模式下就可以方便地绘制出轴测图。如图 1-3 所示是使用 AutoCAD 绘制的轴测图。

图 1-2 阀门实体模型

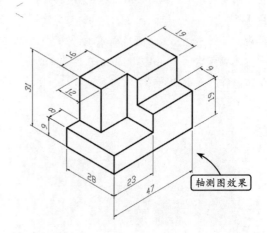

图 1-3 轴测图效果

2. 尺寸标注

尺寸标注是在图形中添加测量注释的过程。在 AutoCAD 的【注释】选项卡中包含了各种尺寸标注和编辑工具。使用它们可以在图形的各个方向上

创建各种类型的标注，也可以以一定格式方便、快捷地创建符合行业或项目标准的标注。

在 AutoCAD 中提供了线性、半径和角度等多种基本标注类型，可以进行水平、垂直、对齐、旋转、坐标、基线或连续等标注。此外还可以进行引线标注、公差标注，以及自定义粗糙度标注。标注的对象可以是二维图形或三维图形，效果如图 1-4 所示。

染；如果只需快速查看设计的整体效果，则可以简单消隐或设置视觉样式。如图 1-5 所示就是利用 AutoCAD 渲染出来的三维图形效果。

图 1-5 渲染三维图形

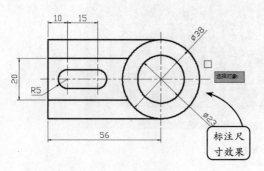

图 1-4 标注图形尺寸

3．渲染三维图形

在 AutoCAD 中运用雾化、光源和材质，可以将模型渲染为具有真实感的图像。如果是为了演示，可以渲染全部对象；如果时间有限，或显示设备不能提供足够的灰度等级和颜色，就不必精细渲

4．输出与打印图形

AutoCAD 不仅允许用户将所绘图形以不同的样式，通过绘图仪或打印机输出，还能够将不同格式的图形导入 AutoCAD 或将 AutoCAD 图形以其他格式输出。因此，当完成图形绘制之后，可以使用多种方法将其输出。例如可以将图形打印在图纸上，或创建成文件以供其他应用程序使用，效果如图 1-6 所示。

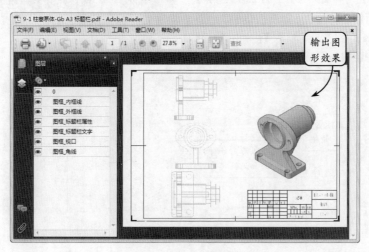

图 1-6 输出图形

1.1.2 AutoCAD 2015 新增功能

AutoCAD 2015 是在原有版本的基础上，添加

了全新功能，并对相应操作功能进行了改动和完善，使该新版软件可以帮助设计者更加方便快捷地

完成设计任务。AutoCAD 2015 新增功能如下。

1. 优化的界面

双击 AutoCAD 2015 软件，将会弹出全新的炫

酷黑色界面。全新深色界面不仅外形更加美观，还能更清晰地显示线段、按钮和文字，从而降低视觉疲劳。如图 1-7 所示。

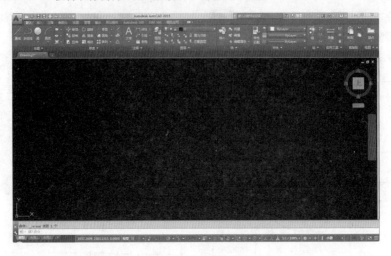

图 1-7　视图界面

本书为了教学，追求视觉效果，故采用亮色界面。用户可以根据自己的喜好随意进行更改。更改的方法是：按快捷键 op，打开【选项】对话框，在【显示】一栏中，单击【窗口元素】下的【配色方案】后的选项框，在其下拉列表中单击【明】，然后再单击【颜色】按钮，在弹出的【图形窗口颜色】对话框中，单击【界面元素】中的【统一背景】选项，在右边的【颜色】选项下单击按钮，在出现的下拉列表中选择【白】，最后单击【应用并关闭】关闭对话框，再单击【确定】按钮关闭【选项】对

话框。

2. 精练成熟功能区布局

在 AutoCAD 2015 中，功能区得到了美化、精简，可以提供更智能、更全面和高效的操作命令和设置。用户可以精确快速地选择各种工具、命令，如线性标注、引线标注、表格、块和组的创建和编辑等。此外，标题栏和状态栏也更加精练美观，给绘图区域留出更大范围，且其形式更小，更方便使用，如图 1-8 所示。

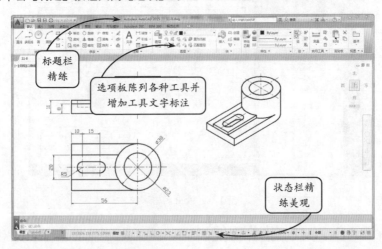

图 1-8　视图界面

有些板块的内容进行了更新和调整,选项板里增加了【视图】一项,并将【模型】和【布局】选项卡栏归纳到状态栏中。

模型空间和布局空间是 AutoCAD 的两个工作空间,且通过这两个空间可以设置打印效果,其中通过布局空间的打印方式比较方便快捷。在 AutoCAD 中,模型空间主要用于绘制图形的主体模型,而布局空间主要用于打印输出图纸时对图形的排列和编辑。

3．工具选项

AutoCAD 2015 工具选项可以直观地访问图形内容,方便快捷。例如,如果要将块插入到图形中,使用工具,单击【块】选项板中的【插入块】按钮,就会出现图形中所有块的缩略图,可以直接插入选择的内容,而不用通过对话框进行操作,如图 1-9 所示。

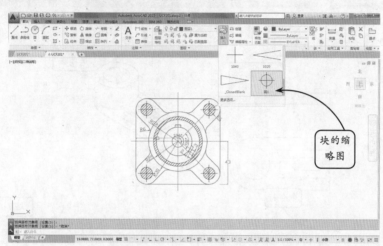

图 1-9　【插入块】

4．命令预览

AutoCAD 2015 中增加了命令预览功能,可在提交命令之前,先预览常用命令结果,确定使用命令,免去更改撤销的次数,提高工作速度。例如,【偏移】命令,选择长方体,单击【偏移】按钮,输入偏移距离 50,出现预览图形,如图 1-10 所示。

5．支持 Windows 8 系统

AutoCAD 2015 在电脑系统上兼容 Windows 7 系统,支持更先进的 Windows 8 系统。

6．硬件加速

AutoCAD 2015 在硬件加速上比 AutoCAD 2014 要好,画图感觉更流畅,切换三维设计制作时,也比以前更流畅了。

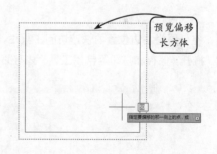

图 1-10　偏移长方体

AutoCAD 2015 在绘图功能方面增强的工具将在后面相应章节中进行详细介绍,这里不再赘述。

1.2　AutoCAD 2015 界面

AutoCAD 的操作界面是绘制图形的基础。　　AutoCAD 2015 的界面较前面版本更为精致和全

面，个性鲜明的黑色界面，详细的工具面板，对于初级用户来说，是一款进入机械 CAD 世界的良好基石，对于熟悉该软件的用户而言，是操作效率的跨越。

1.2.1　基本操作界面

启动 AutoCAD 2015，系统将打开相应的操作界面，并默认进入【草图与注释】工作空间，如图 1-11 所示。该操作界面包括菜单、工具栏、工具选项板和状态栏等，各部分的含义介绍如下。

1. 标题栏

屏幕的顶部是标题栏，它显示了 AutoCAD 2015 的名称及当前的文件位置、名称等信息。在标题栏中包括快速访问工具栏和通讯中心工具栏。

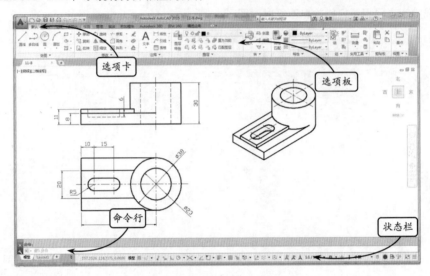

图 1-11　基本操作界面

❏ 快捷工具栏

在标题栏左边位置的快速访问工具栏，包含新建、打开、保存和打印等常用工具。如有必要还可以将其他常用的工具放置在该工具栏中，效果如图 1-12 所示。

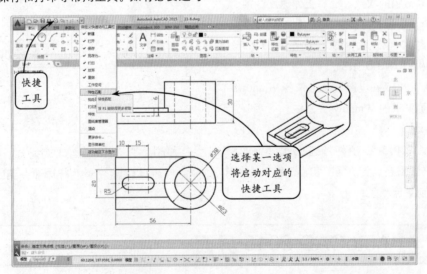

图 1-12　自定义快捷工具栏

❑ 通讯中心

在标题栏的右侧为通讯中心，是通过 Internet 与最新的软件更新、产品支持通告和其他服务的直接连接，快速搜索各种信息来源、访问产品更新和通告以及在信息中心保存主题。通讯中心提供一般产品信息、产品支持信息、订阅信息、扩展通知、文章和提示等通知。

2．文档浏览器

单击窗口左上角按钮，系统将打开文档浏览器。该浏览器的左侧为常用的工具，右侧为最近打开的文档，并且可以指定文档名的显示方式，便于更好地分辨文档，如图 1-13 所示。

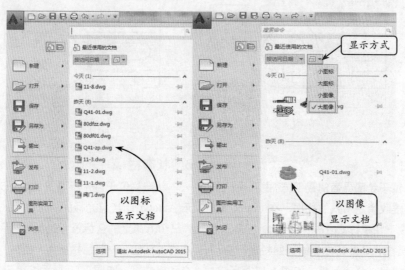

图 1-13　访问最近使用的文档

当鼠标在文档名上停留时，系统将会自动显示一个预览图形，以及它的文档信息。此时，用户可以按顺序列表来查看最近访问的文档，也可以将文档以日期、大小或文件类型的方式显示，如图 1-14 所示。

3．工具栏

新版软件的工具栏通常处于隐藏状态，若要显示所需的工具栏，则切换至【视图】选项卡，在【选项板】中单击【工具选项板】按钮，在其出现的【工具选项板-所有选项板】对话框中，用户可以根据需要选择任一个工具栏，如图 1-15 所示。

图 1-14　预览图形

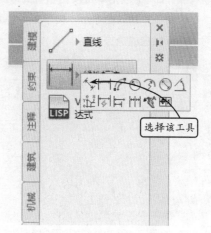

图 1-15　选择指定工具

4．光标

光标是指工作界面上当前的焦点，或者当前的工作位置。针对 AutoCAD 工作的不同状态，对应的光标会显示不同的形状。

当光标位于 AutoCAD 的绘图区时，呈现为"十"字形状，在这种状态下可以通过单击来执行相应的绘图命令；当光标呈现为小方格形时，表示 AutoCAD 正处于等待选择状态，此时可以单击鼠标在绘图区中进行对象的选择，如图 1-16 所示。

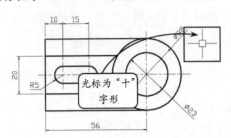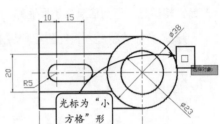

图 1-16　光标的状态

5．命令窗口

命令窗口位于绘图界面的最下方，主要用于显示提示信息和接收用户输入的数据。在 AutoCAD 中，用户可以按下快捷键 Ctrl+9 来控制命令窗口的显示和隐藏。当按住命令行左侧的标题栏进行拖动时，可以使其成为一浮动面板，如图 1-17 所示。

图 1-17　浮动命令窗口

AutoCAD 还提供一个文本窗口，按下 F2 键将显示该窗口，如图 1-18 所示。它记录了本次操作中的所有操作命令，包括单击按钮和所执行的菜单命令。在该窗口中输入命令后，按下 Enter 键，也同样可以执行相应的操作。

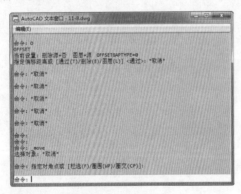

图 1-18　文本窗口

6．状态栏

状态栏位于整个界面的底端。它的左边用于显示 AutoCAD 当前光标的状态信息，包括 X、Y 和 Z 三个方向上的坐标值；右边则显示一些具有特殊功能的按钮，一般包括捕捉、栅格、动态输入、正交和极轴等。如图 1-19 所示，单击【显示/隐藏线宽】功能按钮，系统将显示所绘图形的轮廓线宽效果。

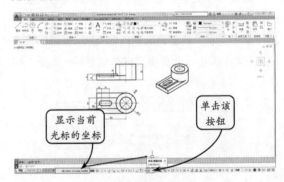

图 1-19　显示轮廓线宽

7．选项卡

新版软件的界面显示具有与 Office 2007 软件相似的工具选项卡，几乎所有的操作工具都位于选项卡对应的选项板中，如图 1-20 所示。

8．坐标系

AutoCAD 提供了两个坐标系：一个称为世界坐标系（WCS）的固定坐标系和一个称为用户坐

标系（UCS）的可移动坐标系。UCS 对于输入坐标、定义图形平面和设置视图非常有用。改变 UCS 并不改变视点，只改变坐标系的方向和倾斜角度，如图 1-21 所示。

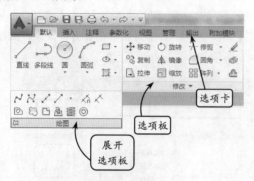

图 1-20　选项卡

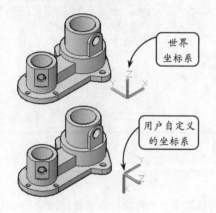

图 1-21　坐标系

1.2.2　工作空间切换

工作空间是由分组组织的菜单、工具栏、选项板和功能区控制面板组成的集合，使用户可以在专门的、面向任务的绘图环境中工作。且使用工作空间时，只会显示与任务相关的菜单、工具栏和选项板。

AutoCAD 提供了基于两个任务的工作空间类型：模型空间和图纸空间。单击视图底部的状态栏中的【切换工作空间】右边的小三角，系统即可打开【切换工作空间】下拉列表，如图 1-22 所示。

1．工作空间的切换

在展开的【切换工作空间】下拉列表中选择不同的选项，系统将切换至不同的工作空间，且带有复选标记的工作空间是用户的当前工作空间。该列表中各选项的含义现分别介绍如下。

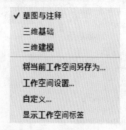

图 1-22　【切换工作空间】下拉列表

❑　模型空间

其包括【三维基础】和【三维建模】两个工作空间，就是可以建立三维坐标系的工作空间。用户大部分的三维设计工作都在该类空间中完成。在该空间中，即使绘制的是二维图形，也是处在空间位置中的。该类空间主要用来创建三维实体模型。

❑　图纸空间

该类空间即【草图与注释】工作空间，只能进行二维操作，绘制二维图形，主要是用于规划输出图纸的工作空间。用户在该类空间中添加的对象在模型空间中是不可见的，另外，在图纸空间中也不能直接编辑模型空间中的对象。通俗地说，模型空间是设计空间，而图纸空间是表现空间。选择该选项，系统将切换至【草图与注释】工作空间，如图 1-23 所示。

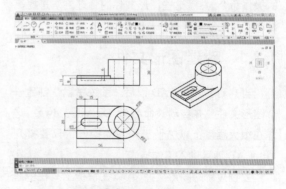

图 1-23　【草图与注释】工作空间

2．工作空间的设置

在展开的【工作空间】下拉列表中选择【工作

空间设置】选项，系统将打开【工作空间设置】对话框，如图 1-24 所示。

图 1-24 【工作空间设置】对话框

在该对话框的【我的工作空间】下拉列表框中可以选择系统默认的工作空间打开模式；在【菜单显示及顺序】列表框中，选择相应的工作空间名称并通过右边的【上移】和【下移】按钮可以调整其排列顺序；在【切换工作空间时】选项组中，通过选择不同的单选按钮，可以设置切换空间时是否保存空间的修改。

另外，若选择【工作空间】下拉列表中的【将当前工作空间另存为】选项，系统将打开【保存工作空间】对话框。此时，在该对话框的文本框中输入要保存的空间名称，并单击【保存】按钮，即可在【工作空间】下拉列表中查看另存效果，如图 1-25 所示。

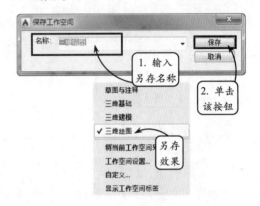

图 1-25 另存工作空间

1.3 文件的基本操作

在 AutoCAD 2015 的快捷工具栏中，系统提供了建立新的文件、打开现有的图形文件、保存或者重命名保存图形文件等，一些管理图形文件所必需的操作命令。熟悉这些图形文件的管理方法是提高设计工作效率的前提和关键。

1.3.1 新建图形文件

当启动了 AutoCAD 以后，系统将默认创建一个图形文件，并自动被命名为 Drawing1.dwg。这样在很大程度上就方便了用户的操作，只要打开 AutoCAD 即可进入工作模式。

要创建新的图形文件，可以在快捷工具栏中单击【新建】按钮，系统将打开【选择样板】对话框，如图 1-26 所示。

此时，在该对话框中选择一个样板，并单击【打开】按钮，系统即可打开一个基于样板的新文件。

且一般情况下，日常设计中最常用的是 "acad" 样板和 "acadiso" 样板。

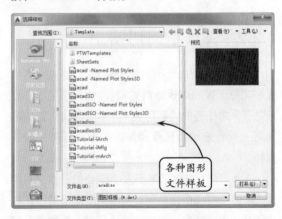

图 1-26 【选择样板】对话框

此外，在创建样板时，用户可以不选择任何样板，从空白样板开始创建。此时需要在对话框中单击【打开】按钮旁边的黑三角打开其下拉菜单，然后选择【无样板打开－英制 I】或【无样板打开－公制 M】方式即可。

1.3.2　打开图形文件

在机械设计过程中并非每个零件的 AutoCAD 图形都必须绘制，用户可以根据设计需要将一个已经保存在本地存储设备上的文件调出来编辑，或者进行其他操作。

要打开现有图形文件，可以直接在快捷工具栏中单击【打开】按钮 📂，系统将打开【选择文件】对话框，如图 1-27 所示。

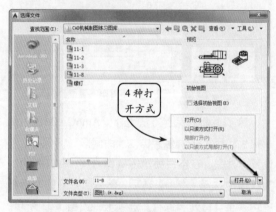

图 1-27　【选择文件】对话框

在该对话框中单击【打开】按钮旁边的黑三角，其下拉菜单中提供了以下 4 种打开方式。

❑ 打开

该方式是最常用的打开方式。用户可以在【选择文件】对话框中双击相应的文件，或者选择相应的图形文件，然后单击【打开】按钮即可，如图 1-28 所示。

❑ 以只读方式打开

选择该方式，表明文件以只读的方式打开。用户可以进行编辑操作，但编辑后不能直接以原文件名存盘，需另存为其他名称的图形文件，如图 1-29

所示。

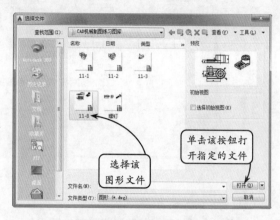

图 1-28　直接打开图形

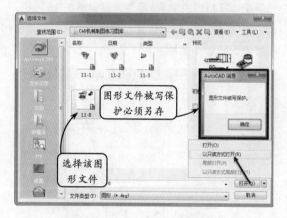

图 1-29　以只读方式打开图形

❑ 局部打开

选择该方式仅打开图形的指定图层。如果图形中除了轮廓线、中心线外，还有尺寸、文字等内容分别属于不同的图层，此时，采用该方式可执行选择其中的某些图层打开图样。该打开方式适合图样文件较大的情况，可以提高软件的执行效率。

如果使用局部打开方式，则在打开后只显示被选图层上的对象，其余未选图层上的对象将不会被显示出来，如图 1-30 所示。

选择【局部打开】方式，系统在打开的对话框左边的列表框中列举了打开图形文件时的可选视窗，其右边的列表框列出了用户所选图形文件中的所有图层。如果使用局部打开方式，则必须在打开文件中选定相应的图层，否则将出现警告对话框提示用户。

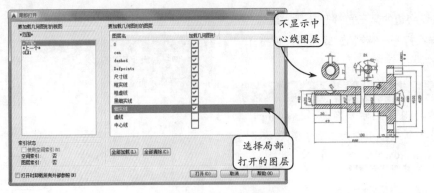

图 1-30　局部打开图形文件

❑ 以只读方式局部打开

选择该方式打开当前图形与局部打开文件一样需要选择相应的图层。用户可以对当前图形进行相应的编辑操作，但无法进行保存，需另存为其他名称的图形文件，如图 1-31 所示。

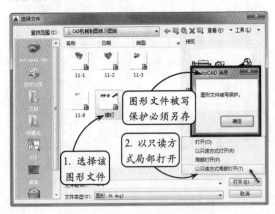

图 1-31　以只读方式局部打开

1.3.3　保存图形文件

在使用 AutoCAD 软件绘图的过程中，应每隔 10～15min 保存一次所绘的图形。定期保存绘制的图形是防止一些突发情况，如电源被切断、错误编辑和一些其他故障，尽可能做到防患于未然。

要保存正在编辑或者已经编辑好的图形文件，可以直接在快捷工具栏中单击【保存】按钮 （或者使用快捷键 Ctrl+S）即可保存当前文件。如果所绘图形文件是第一次被保存，系统将打开【图形另存为】对话框，如图 1-32 所示。

此时，在该对话框中输入图形文件的名称（不需要扩展名），并单击【保存】按钮，即可将该文件成功保存。

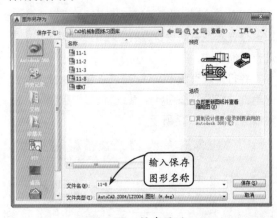

图 1-32　保存图形

除了上面的保存方法之外，AutoCAD 还为用户提供了另外一种保存方法，即间隔时间保存。其设置方法是：在空白处单击鼠标右键，在打开的快捷菜单中选择【选项】选项。然后在打开的对话框中切换至【打开和保存】选项卡，如图 1-33 所示。

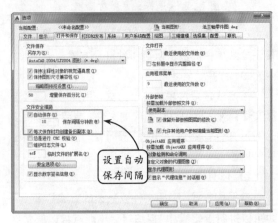

图 1-33　【打开和保存】选项卡

此时，在该选项卡中启用【自动保存】复选框，并在【保存间隔分钟数】文本框中设置相应的数值。这样在以后的绘图过程中，系统即可以该数值为间隔时间，自动对文件进行存盘。

1.3.4　加密图形文件

要执行图形加密操作，用户可以在快捷工具栏中单击【另存为】按钮 🔲，系统将打开【图形另存为】对话框，如图 1-34 所示。

图 1-34　【图形另存为】对话框

在该对话框的【工具】下拉菜单中选择【安全选项】选项，系统将打开【安全选项】对话框。此时，在【密码】选项卡的文本框中输入密码，并单击【确定】按钮，然后在打开的【确认密码】对话框中输入确认密码，即可完成文件的加密操作，如图 1-35 所示。

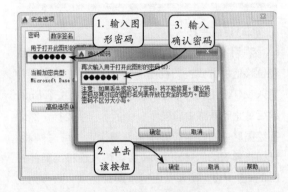

图 1-35　输入加密密码

提示

为文件设置密码后，当打开加密文件时，要求用户输入正确的密码，否则将无法打开，这对需要保密的图纸非常重要。

1.4　视图操作

视图操作可以方便 AutoCAD 进行图形的绘制，辅助图形的编辑和修改。在编辑操作中，使图形呈现出特定的角度和状态，方便设计者进行查看，并根据需要作出相应的修改和调整，从而提高设计效率和图形的质量。

1.4.1　平移视图

使用平移视图工具可以重新定位当前图形在窗口中的位置，以便对图形其他部分进行浏览或绘制。此命令不会改变视图中对象的实际位置，只改变当前视图在操作区域中的位置。在 AutoCAD 中，平移视图工具包含【实时平移】和【定点平移】两种方式，现分别介绍如下。

   ❑　实时平移

利用该工具可以使视图随光标的移动而移动，

从而在任意方向上调整视图的位置。切换至【视图】选项卡，在【二维导航】选项板中单击【平移】按钮 ✋，此时鼠标指针将显示 ✋ 形状。然后按住鼠标左键并拖动，窗口中的图形将随着光标移动的方向而移动，按 Esc 键可退出平移操作，效果如图 1-36 所示。

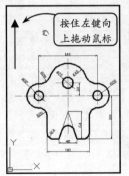
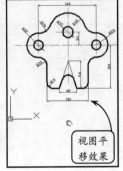

图 1-36　实时平移视图

❑ **定点平移**

利用【定点平移】指令可以通过指定移动基点和位移值的方式进行视图的精确平移。在命令行中输入 MOVE 指令,并选取要移动的对象,按下 Enter 键后,此时屏幕中将显示一个"十"字光标。然后在绘图区中的适当位置单击左键指定基点,并偏移光标指定视图的移动方向。接着输入位移距离并按 Enter 键,或直接单击左键指定目标点,即可完成视图的定点平移,效果如图 1-37 所示。

1.4.2 缩放视图显示

通常在绘制图形的局部细节时,需要使用相应

的缩放工具放大绘图区域,当绘制完成后,再使用缩放工具缩小图形来观察图形的整体效果。

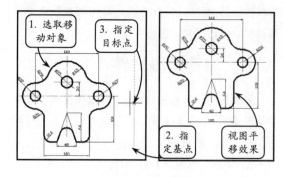

图 1-37 定点平移视图

切换至【视图】选项卡,单击【二维导航】按钮在出现的导航栏列表中单击【范围】按钮下方的下拉按钮,系统将打开【缩放】菜单。该菜单中包含了 11 种视图缩放工具,各工具的具体含义如表 1-1 所示。

表 1-1 视图缩放工具功能说明

工 具 名 称	功 能 说 明
范围缩放	系统能够以屏幕上所有图形的分布距离为参照,自动定义缩放比例对视图的显示比例进行调整,使所有图形对象显示在整个图形窗口中
窗口缩放	可以在屏幕上提取两个对角点以确定一个矩形窗口,之后系统将以矩形范围内的图形放大至整个屏幕。当使用【窗口】缩放视图时,应尽可能指定矩形对角点与当前屏幕形成一定的比例,才能达到最佳的放大效果
缩放上一个	单击该按钮,可以将视图返回至上次显示位置的比例
实时缩放	按住鼠标左键,通过向上或向下移动进行视图的动态放大或缩小操作。在使用【实时】缩放工具时,如果图形放大到最大程度,光标显示为 时,表示不能再进行放大;反之,如果缩小到最小程度,光标显示为 时,表示不能再进行缩小
全部缩放	可以将当前视口缩放来显示整个图形。在平面视图中,所有图形将被缩放到栅格界限和当前范围两者中较大的区域中
动态缩放	可以将当前视图缩放显示在指定的矩形视图框中。该视图框表示视口,可以改变它的大小,或在图形中移动
缩放比例	执行比例缩放操作与居中缩放操作有相似之处。当执行比例缩放操作时,只需设置比例参数即可。例如,在命令行中输入 5X,可以使屏幕上的每个对象显示为原大小的 1/2
中心缩放	缩放以显示由中心点及比例值或高度定义的视图。其中,设置高度值较小时,增加放大比例;反之,则减小放大比例。当需要设置比例值来相对缩放当前的图形时,可以输入带 X 的比例因子数值。例如,输入 2X 显示比当前视图放大两倍的视图
缩放对象	能够以图中现有图形对象的形状大小为缩放参照,调整视图的显示效果
放大	能够以 2X 的比例对当前图形执行放大操作
缩小	能够以 0.5X 的比例对当前图形执行缩小操作

1.4.3　重画视图

利用重画工具,可以将当前图形中的临时标记删除,以提高图形的清晰度和整体效果。在以前版本的 CAD 中绘制图形时,如果点标记模式为打开状态(点标记模式状态管理命令为 BLIPMODE),在对图形进行操作时会产生临时标记点,这些标记点不属于图形中的对象,往往还会对图形的显示效果产生负面影响。此时,执行重画指令,可以在显示内存中更新屏幕,消除临时标记。但在 2012 版以后的 CAD 软件中,点标记功能被废弃,从产品中已经删除,系统默认点标记模式处于关闭状态。

在命令行中输入 REDRAW 指令,屏幕上或当前视图区域中的原图形消失,系统快速地将原图形重画一遍,但不会更新图形的数据库。

1.4.4　重生成视图

执行重生成操作,在当前视口中以最新的设置更新整个图形,并重新计算所有对象的屏幕坐标。

另外,该命令还可以重新创建图形数据库索引,从而优化显示和对象选择的性能。该操作的执行速度与重画命令相比较慢,更新屏幕花费的时间较长。

在命令行中输入 REGEN 指令,即可完成图形对象的重生成操作。在 AutoCAD 中,某些操作只有在使用【重生成】命令后才生效。例如在命令行中输入 FILL 指令后输入 OFF,关闭图案填充显示,此时只有对图形进行重生成操作,图案填充才会关闭,效果如图 1-38 所示。

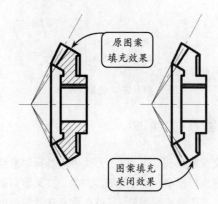

图 1-38　重生成图形显示效果

1.5　对象选择操作

在 AutoCAD 中,对象选择操作总的可以分为点选和区域选取两种方式,根据图形对象的复杂程度或选取对象数量的不同,分为直接选取和窗口选取、交叉窗口选取和不规则窗口选取、栏选选取和快速选择等不同的选择对象方法。

1.5.1　直接选取

该方法也被称为点取对象,是最常用的对象选取方法。用户可以直接将光标拾取框移动到欲选取的对象上,并单击左键,即可完成对象的选取操作,效果如图 1-39 所示。

1.5.2　窗口选取

窗口选取是以指定对角点的方式,定义矩形选

取范围的一种选取方法。使用该方法选取对象时,只有完全包含在矩形框中的对象才会被选取,而只有一部分进入矩形框中的对象将不会被选取。

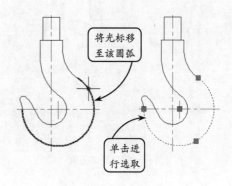

图 1-39　直接选取

采用窗口选取方法时,可以先单击确定第一个

对角点，然后向右侧移动鼠标，此时选取区域将以实线矩形的形式显示。接着单击确定第二个对角点后，即可完成窗口选取。例如，先确定点 A 再确定点 B，图形对象的选择效果如图 1-40 所示。

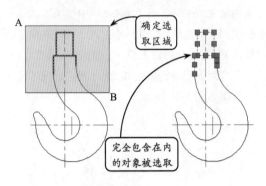

图 1-40　窗口选取

1.5.3　交叉选取

在交叉窗口模式下，用户无须将欲选择对象全部包含在矩形框中，即可选取该对象。交叉窗口选取与窗口选取模式很相似，只是在定义选取窗口时有所不同。

交叉选取是在确定第一点后，向左侧移动鼠标，选取区域将显示为一个虚线矩形框。此时再单击确定第二点，即第二点在第一点的左边，即可将完全或部分包含在交叉窗口中的对象均选中。例如，先确定点 A 再确定点 B 的选择效果如图 1-41 所示。

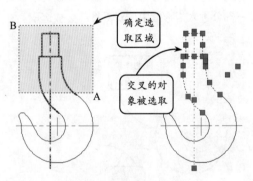

图 1-41　交叉窗口选取

1.5.4　不规则选取

不规则窗口选取是通过指定若干点的方式定

义不规则形状的区域来选择对象，包括圈围和圈交两种选择方式。其中，圈围多边形窗口只选择完全包含在内的对象，而圈交多边形窗口可以选择包含在内或相交的对象。

在命令行中输入 SELECT 指令，按下 Enter 键后输入"？"，然后根据命令行提示输入 WP 或 CP，即可通过定义端点的方式在绘图区中绘制相应的多边形区域来选取指定的图形对象。例如，利用圈交方式选取图形对象的效果如图 1-42 所示。

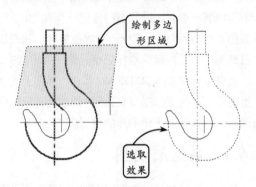

图 1-42　不规则窗口选取

1.5.5　栏选选取

使用该选取方式，能够以画链的方式选择对象。所绘制的线链可以由一段或多段直线组成，且所有与其相交的对象均被选取。

在命令行中输入 SELECT 指令，按下 Enter 键后输入"？"。然后根据命令提示输入字母 F，在需要选择对象处绘制出线链，并按下 Enter 键即可选取指定的对象，效果如图 1-43 所示。

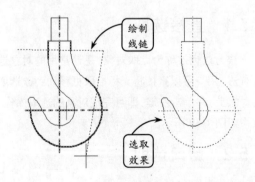

图 1-43　栏选效果

1.5.6 快速选取

快速选择是根据对象的图层、线型、颜色和图案填充等特性或类型来创建选择集，从而使用户可以准确地从复杂的图形中，快速地选择满足某种特性要求的图形对象。

在命令行中输入 QSELECT 指令，并按下 Enter 键，系统将打开【快速选择】对话框。在该对话框中指定对象应用的范围、类型，以及欲指定类型相对应的值等选项后，单击【确定】按钮，即可完成对象的选择，如图 1-44 所示。

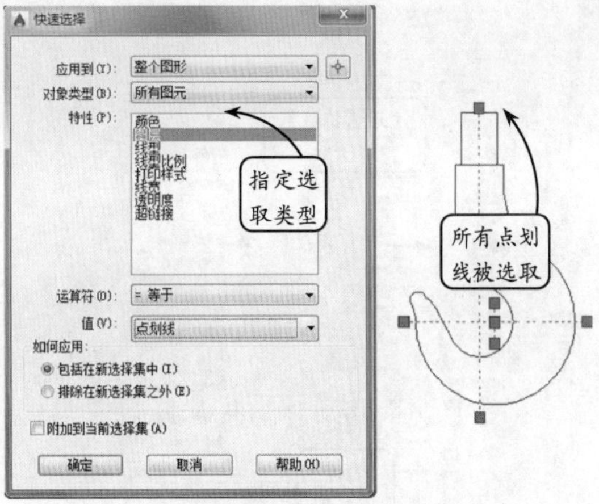

图 1-44 快速选择

1.6 对象特性操作

对于任何一个图形对象来讲，都具有独立的或者与其他对象相同的特性，包括图层、线型、颜色、线宽和打印样式等，且这些对象特性都具有可编辑性。通过编辑特性不仅可以重新组织图形中的对象，还可以控制这些对象的显示和打印方式。

1.6.1 设置对象特性

对象的特性包括基本特性、几何特性，以及根据对象类型的不同所表现的其他一些特性。为了提高图形的表达能力和可读性，设置图形对象的特性是极有必要的。这样不仅方便创建和编辑图形，还便于快速查看图形，尽快获得图形信息。在 AutoCAD 中有以下两种设置对象特性的方法。

❑ 设置图层

在工程绘图过程中，图层就像透明的覆盖层，相当于图纸绘图中使用的重叠图纸。一幅图形通常都是由一层或多层图层组成的。用户可以将同类对象设置相同的图层特性，并编组各种不同的图形信息，其中包括颜色、线型和线宽等，效果如图 1-45 所示。

这种方法便于在设计前后管理图形，通过组织图层以及图层上的对象使管理图形中的信息变得更加容易，因此广泛应用于计算机辅助绘图中。

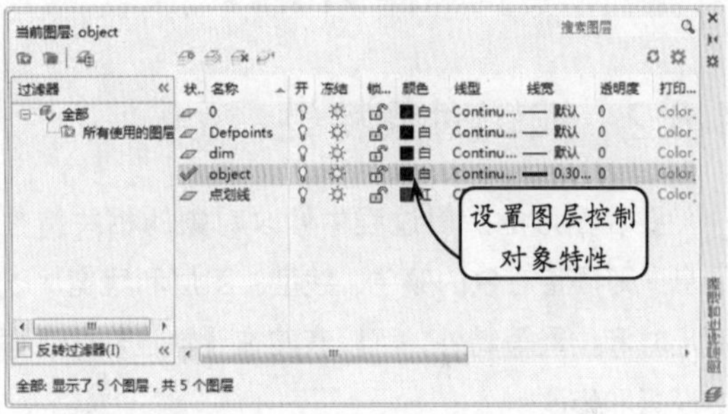

图 1-45 通过图层设置对象特性

❑ 分别设置对象特性

分别为每个对象指定特性，这种方法不便于图形管理，因此在设计时很少使用。在 AutoCAD 中，系统为设计者提供了独立设置对象的常用工具，其中主要有颜色、线型和线宽等。

在绘制和编辑图形时，选取图形对象并单击鼠标右键，选择【特性】选项，即可在打开的【特性】对话框中设置指定对象的所有特性，效果如图 1-46 所示。

此外，当没有选取图形对象时，该选项板将显示整个图纸的特性；选择同一类型的多个对象，选项板内将列出这些对象的共有特性及当前设置；选择不同类型的多个对象，在选项板内将只列出这些对象的基本特性以及这些对象的当前设置。

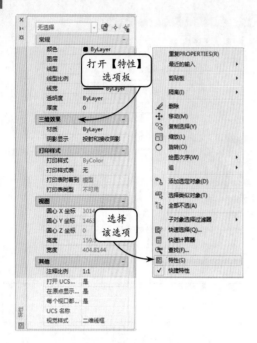

图 1-46 【特性】对话框

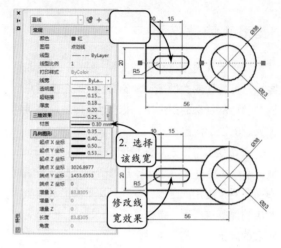

图 1-47　修改线宽

1.6.2　编辑对象特性

要在图形的编辑过程中修改对象的相关特性信息，即调整对象的颜色、线型、图层和线宽，以及尺寸和位置等特性，可以直接在【特性】对话框中设置和修改。

单击【特性】选项板中右下角的箭头，系统将打开【特性】对话框。在该对话框对应的编辑栏中即可直接修改对应的特性，且改变的对象将立即更新。在该对话框中主要可以设置以下特性。

❑ 修改线宽

在【线宽】下拉列表中可以选择所需的线宽。例如，修改所选图形的宽度为 0.3，如图 1-47 所示。

❑ 修改颜色

在【颜色】下拉列表中可以指定当前所选图形的颜色。

❑ 修改线型

在【线型】下拉列表中可以设置当前所选图形线条的线型。

❑ 超链接

通过【超链接】文本框可以插入超级链接。

❑ 快速选择

在【特性】对话框中单击该按钮，系统将打开【快速选择】对话框。用户可以通过该对话框快速选取相应的对象。例如，设置过滤图层为【点划线】图层，并单击【确定】按钮，即可快速选择图形中所有的点划线，如图 1-48 所示。

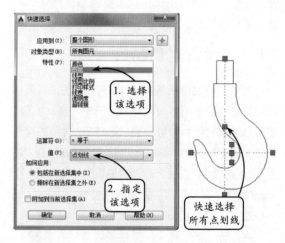

图 1-48　快速选择

1.6.3　匹配对象特性

特性匹配，即将选定对象的特性应用到其他对象上。可应用的特性类型包含对象的颜色、线型、图层和线宽，以及尺寸、打印样式、透明度和其他指定的特征。

AutoCAD

1.7　命令和输入操作

在 AutoCAD 中，菜单命令、工具按钮、命令和系统变量都是相互对应的。可以选择某一菜单命令，或单击某个工具按钮，或在命令行中输入命令和系统变量来执行相应命令。可以说，命令是 AutoCAD 绘制与编辑图形的核心。

1.7.1　命令的执行

1．使用鼠标操作执行命令

在绘图窗口中，光标通常显示为"十"字线形式。当光标移至菜单选项、工具或对话框内时，它会变成一个箭头。无论光标是"十"字线形式还是箭头形式，当单击或按住鼠标键时，都会执行相应的命令或动作。在 AutoCAD 中，鼠标键是按照下述规则定义的。

❑ 拾取键

通常指鼠标左键，用于指定屏幕上的点，也可以用来选择 Windows 对象、AutoCAD 对象、工具按钮和菜单命令等。

❑ 回车键

指鼠标右键，相当于 Enter 键，用于结束当前使用的命令，此时系统将根据当前绘图状态而弹出不同的快捷菜单。

❑ 弹出菜单

当使用 Shift 键和鼠标右键的组合时，系统将弹出一个快捷菜单，用于设置捕捉点的方法。对于鼠标键，弹出按钮通常是鼠标的中间按钮。

2．使用键盘输入命令

在 AutoCAD 2015 中，大部分的绘图、编辑功能都需要通过键盘输入来完成。通过键盘可以输入命令、系统变量。此外键盘还是输入文本对象、数值参数、点的坐标或进行参数选择的唯一方法。

1.7.2　命令的重复、终止与撤销

在 AutoCAD 中，可以方便地重复执行同一条命令，或撤销前面执行的一条或多条命令。此外，撤销前面执行的命令后，还可以通过重做来恢复前面执行的命令。

1．命令的重复

在 AutoCAD 中，可以使用多种方法来重复执行 AutoCAD 命令。例如，要重复执行上一个命令，可以按 Enter 键或空格键，或在绘图区域中右击，在弹出的快捷菜单中选择【重复】命令。要重复执行最近使用的 6 个命令中的某一个命令，可以在命令窗口或文本窗口中右击，在弹出的快捷菜单中选择【近期使用的命令】的 6 个子命令之一。要多次重复执行同一个命令，可以在命令提示下输入 MULTIPLE 命令，然后在命令行的【输入要重复的命令名】提示下输入需要重复执行的命令，这样，AutoCAD 将重复执行该命令，直到按 Esc 键为止。

2．命令的终止

在命令执行过程中，可以随时按 Esc 键终止执行任何命令，因为 Esc 键是 Windows 程序用于取消操作的标准键。

3．命令的撤销

在命令执行过程中，有多种方法可以放弃最近一个或多个操作，最简单的方法就是使用 UNDO 命令来放弃单个操作，也可以一次撤销前面进行的多步操作。这时可在命令提示行中输入 UNDO 命令，然后在命令行中输入要放弃的操作数目。

如果要重做使用 UNDO 命令放弃的最后一个操作，可以使用 REDO 命令或在快速访问工具栏中选择【显示菜单栏】命令，在弹出的菜单栏中选择【编辑】|【重做】命令或在快速访问工具栏中单击【重做】按钮。

1.7.3　坐标值输入

坐标系的应用，为用户快速准确地定位点提供了极大的方便。为了体现精确性，在绘制图形的过程中，点必须要精确定位。AutoCAD 软件提供了两种精确定位的坐标值输入法，即绝对坐标输入法

和相对坐标输入法。

❑ 绝对坐标输入法

选用该方法创建点时，任何一个点都是相对于同一个坐标系的坐标原点，也就是用世界坐标系的原点来创建的，参照点是固定不变的。在直角坐标系和极坐标系中，点的绝对坐标输入形式分别如下所述。

➤ 绝对直角坐标系

该方式表示目标点从坐标系原点出发的位移。用户可以使用整数和小数等形式表示点的 X、Y 坐标值，且坐标间用逗号隔开，如（9，10）、（1.5，3.5）。

➤ 绝对极坐标系

该方式表示目标点从坐标系原点出发的距离，以及目标点和坐标系原点连线（虚拟）与 X 轴之间的夹角。其中距离和角度用 "<" 隔开，且规定 X 轴正向为 0°，Y 轴正向为 90°，逆时针旋转角度为正，顺时针旋转角度为负，如（20<30）、（15<–30）。

❑ 相对坐标输入法

选用该方法创建点时，所创建的每一个点不再是参照同一个坐标系原点来完成的，坐标原点时时在变，创建的任一点都是相对于上一个点来定位的。在创建过程中，上一点是下一点的坐标原点，参照点时时在变。

在直角坐标系和极坐标系中使用该方法输入点坐标时，表示目标点相对于上一点的 X 轴和 Y 轴位移，或距离和角度。它的表示方法是在相应的绝对坐标表达式前加上 "@" 符号，如（@9，10）、（@20<30），其中相对极坐标中的角度是目标点和上一点连线与 X 轴的夹角。

1.7.4 动态输入

启用状态栏中的【动态输入】功能，系统将会在指针位置处显示命令提示信息、光标点的坐标值，以及线段的长度和角度等内容，以帮助用户专注于绘图区域，从而极大地提高设计效率，且这些信息会随着光标的移动而动态更新。

在状态栏中启用【动态输入】功能按钮，即可启用动态输入功能。如果右击该功能按钮，并选择【动态输入设置】选项，系统将打开【草图设置】对话框中的【动态输入】选项卡，如图 1-49 所示。

图 1-49 【动态输入】选项卡

该选项卡中包含指针输入和标注输入两种动态输入方式，现分别介绍如下。

1. 指针输入

当启用指针输入且有命令在执行时，十字光标的位置将在光标附近的工具栏提示中显示为坐标。此时，用户可以在工具栏提示中输入坐标值，而不用在命令行中输入，如图 1-50 所示。

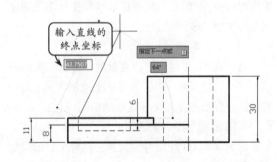

图 1-50 通过指针输入绘制直线

在使用指针输入指定坐标点时，第二个点和后续点的默认设置为相对极坐标。如果需要使用绝对极坐标，则需使用井号前缀（#）。此外，在【指针输入】选项组中单击【设置】按钮，系统将打开【指针输入设置】对话框。用户可以在该对话框中设置指针输入的格式和可见性，如图 1-51 所示。

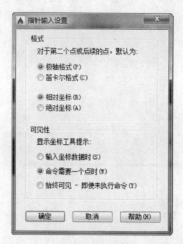

图 1-51　【指针输入设置】对话框

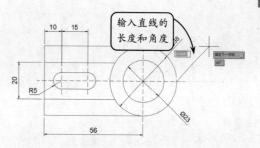

图 1-52　通过标注输入绘制直线

要进行标注输入的设置，单击【标注输入】选项组中的【设置】按钮，即可在打开的【标注输入的设置】对话框中设置标注输入的可见性，如图 1-53 所示。

> **提示**
>
> 在【动态输入】选项卡中单击【绘图工具提示外观】按钮，用户即可在打开的【工具提示外观】对话框中设置指针输入的显示方式，如指针输入文本框的大小和透明度等。

2．标注输入

启用标注输入功能，当命令提示输入第二点时，工具栏提示将显示距离和角度值，且两者的值随着光标的移动而改变。此时按 Tab 键即可切换到要更改的值，如图 1-52 所示。

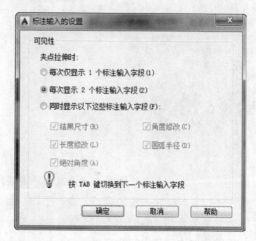

图 1-53　【标注输入的设置】对话框

第 2 章

设置绘图环境

  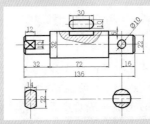 

本章是 AutoCAD 的重点之一。绘图环境是用户与 AutoCAD 软件的交流平台，设置了合适的绘图环境，不仅可以简化大量的调整、修改工作，而且有利于统一格式，便于图形的管理和使用。

本章主要介绍 AutoCAD 2015 软件的视图界面参数设置、绘图边界设置、绘图单位设置、对象捕捉、自动追踪、栅格和正交等图形的辅助控制设置方法和技巧。

2.1　视图界面参数设置

设置视图界面参数，最直接的方法是使用【选项】对话框。在该对话框中可以分别设置图形显示、打开和保存、打印和发布、系统和用户系统配置、绘图、三维建模、选择集和配置以及联机等参数。

要设置参数选项，用户可以在绘图区的空白处单击鼠标右键，在打开的快捷菜单中选择【选项】选项，系统将打开【选项】对话框，如图 2-1 所示。

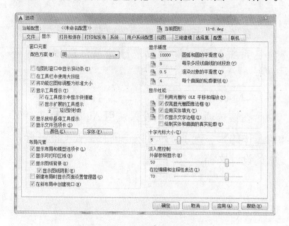

图 2-1　【选项】对话框

该对话框中各选项卡的具体设置内容分别介绍如下。

❑ **文件**

在该选项卡中可以确定 AutoCAD 各类支持文件、设备驱动程序文件、菜单文件和其他文件的搜索路径，以及用户定义的一些设置。

❑ **显示**

在该选项卡中可以设置窗口元素、布局元素、显示精度、显示性能、十字光标大小和淡入度控制等显示属性。其中，在该选项卡中经常执行的操作为设置图形窗口的颜色，即单击【颜色】按钮，然后在打开的【图形窗口颜色】对话框中设置各类背景的颜色，如图 2-2 所示。

❑ **打开和保存**

在该选项卡中可以设置是否自动保存文件，以及指定保存文件时的时间间隔、是否维护日志，以及是否加载外部参照等。

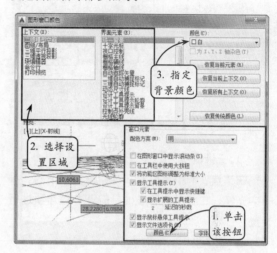

图 2-2　【图形窗口颜色】对话框

❑ **打印和发布**

在该选项卡中可以设置 AutoCAD 2015 的输出设备。默认情况下，输出设备为 Windows 打印机。但在多数情况下为了输出较大幅面的图形，常使用专门的绘图仪。

❑ **系统**

在该选项卡中可以设置当前三维图形的显示特性、指定当前的定点设备、是否显示【OLE 文字大小】对话框，以及是否允许设置长符号名等。

❑ **用户系统配置**

在该选项卡中可以设置是否使用快捷菜单，以及进行坐标数据输入优先级的设置。为了提高绘图的速度，避免重复使用相同命令，通常单击【自定义右键单击】按钮，在打开的【自定义右键单击】对话框中进行相应的设置，如图 2-3 所示。

❑ **绘图**

在该选项卡中可以进行自动捕捉的常规设置，以及指定对象捕捉标记框的颜色、大小和靶框的大小。且这些选项的具体设置，需要配合状态栏的功能操作情况而定。

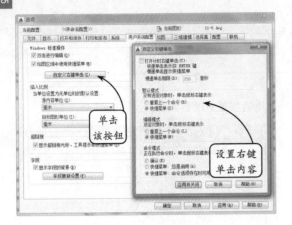

图 2-3 【用户系统配置】选项卡

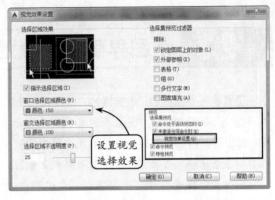

图 2-4 【视觉效果设置】对话框

❑ 三维建模

在该选项卡中可以对三维绘图模式下的三维十字光标、三维对象和三维导航等参数选项进行设置。

❑ 选择集

在该选项卡中可以设置选择集模式、拾取框大小及夹点大小等内容。若单击【视觉效果设置】按钮，则可以在打开的对话框中设置区分其他图线的显示效果，如图 2-4 所示。

❑ 配置

在该选项卡中可以实现新建系统配置文件、重命名系统配置文件，以及删除系统配置文件等操作。

❑ 联机

在该选项卡中可以设置使用 AutoCAD 360 联机工作的相关选项，并可以访问存储在 Cloud 账户中的设计文档。

2.2 绘图边界设置

图形界限就是 AutoCAD 的绘图区域，也称为图限。图形界限是 AutoCAD 绘图空间中的一个假想的矩形绘图区域，相当于您选择的图纸大小。设置图形界限就是要标明工作区域和图纸的边界，让用户在设置好的区域中绘图，以避免所绘制的图形超出该边界从而在布局中无法正确显示。图形界限确定了栅格和缩放的显示区域。

在模型空间中设定的图形界限实际上是一假定的矩形绘图区域，用于规定当前图形的边界。在命令行中输入 LIMITS 指令，然后指定绘图区中的任意一点作为空间界限的左下角点，并输入相对坐标（@410，290）确定空间界限的右上角点。接着启用【显示图形栅格】功能，即可查看设置的图形

界限效果，如图 2-5 所示。

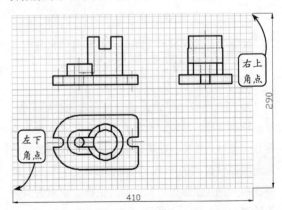

图 2-5 栅格显示的图形界限

2.3　绘图单位设置

对任何图形而言，总有其大小、精度以及采用的单位。AutoCAD 中，在屏幕上显示的只是屏幕单位，但屏幕单位应该对应一个真实的单位。不同的单位其显示格式是不同的。同样也可以设定或选择角度类型、精度和方向。

单击窗口左上角按钮，在其下拉菜单中选择【图形实用工具】|【单位】选项，即可在打开的【图形单位】对话框中设置长度、角度，以及插入时的缩放单位等参数选项，如图 2-6 所示。

图 2-6　【图形单位】对话框

1．设置长度

在【长度】选项组中，用户可以在【类型】下拉列表中选择长度的类型，并通过【精度】下拉列表指定数值的显示精度。其中，默认的长度类型为小数，精度为小数点后 4 位。

2．设置角度

在【角度】选项组中，用户可以在【类型】下拉列表中选择角度的类型，并通过【精度】下拉列表指定角度的显示精度。其中，角度的默认方向为逆时针，如果启用【顺时针】复选框，则系统将以顺时针方向作为正方向。

3．设置插入比例

在该选项组中，用户可以设置插入块时所应用的缩放单位，包括英寸、码和光年等。默认的插入时的缩放单位为【毫米】。

4．设置方向

单击【方向】按钮，即可在打开的【方向控制】对话框中设定基准角度的 0°方向。且一般情况下，系统默认的正东方向为 0°方向。

如果要设定除东、南、西、北四个方向以外的方向为 0°方向，可以选择【其他】单选按钮。此时，【角度】文本框将被激活。用户可以单击【拾取角度】按钮，然后在绘图区中选取一个角度或直接输入一个角度作为基准角度的 0°方向，如图 2-7 所示。

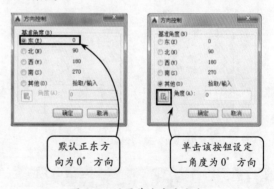

默认正东方向为 0°方向

单击该按钮设定一角度为 0°方向

图 2-7　设置基准角度方向

2.4　图形的辅助控制

图形的辅助控制是指在 AutoCAD 中，通过启用捕捉、自动追踪、栅格和动态输入等功能，可以精确地指定绘图位置，实时显示绘图状态，避免在工程设计过程中，通过移动光标来指定点的位置，出现很难精确指定对象的某些特殊位置的情况，进而提高绘图效率。

2.4.1 对象捕捉

在绘图过程中常常需要在一些特殊几何点之间连线,如通过圆心、线段的中点或端点等。虽然有些点可以通过输入坐标值来精确定位,但有些点的坐标是难以计算出来的,且通过输入坐标值的方法过于繁琐,耗费大量时间。此时,用户便可以利用软件提供的对象捕捉工具来快速准确地捕捉这些特殊点。在 AutoCAD 2015 中,启用对象捕捉有以下 4 种方式。

1. 工具栏

在绘图过程中,当要求指定某点时,可以在【对象捕捉】工具栏中单击相应的特征点按钮,然后将光标移动到捕捉对象的特征点附近,即可捕捉到相应的点。例如在绘图过程中,单击【捕捉到切点】按钮○,即可捕捉到圆弧的切点,效果如图 2-8 所示。

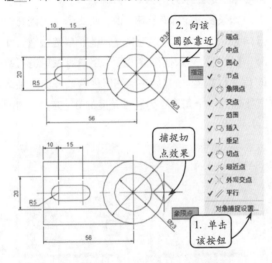

图 2-8 捕捉特殊点

2. 右键快捷菜单

使用右键快捷菜单指定捕捉类型是一种常用的捕捉设置方式。该方式与【对象捕捉】工具栏具有相同的效果,但操作更加方便。在绘图过程中,

按住 Shift 键并单击右键,系统将打开【对象捕捉】快捷菜单,如图 2-9 所示。

图 2-9 【对象捕捉】快捷菜单

在该菜单中,选择指定的捕捉选项即可执行相应的对象捕捉操作。

3. 草图设置

前两种方式仅对当前操作有效,当命令结束后,捕捉模式将自动关闭。所以,用户可以通过草图设置捕捉模式来定位相应的点。且当启用该模式时,系统将根据事先设定的捕捉类型,自动寻找几何对象上的点。

在状态栏中的【对象捕捉】功能按钮□上右击,并选择【对象捕捉设置】选项,系统将打开【草图设置】对话框,如图 2-10 所示。

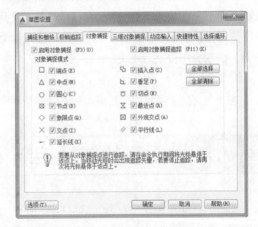

图 2-10 【对象捕捉】选项卡

此时，用户即可在该对话框的【对象捕捉】选项卡中启用相应的复选框，指定所需的对象捕捉点的类型。

4．输入命令

在绘制或编辑图形时捕捉特殊点，也可以通过在命令行中输入捕捉命令（例如中点捕捉命令为 MID、端点捕捉命令为 ENDP）来实现捕捉点的操作。例如利用【直线】工具指定一点后，可以通过在命令行中输入 TAN 指令来捕捉圆弧的切点，如图 2-11 所示。

此外，捕捉各个特殊点的快捷键和具体操作方法如表 2-1 所示。

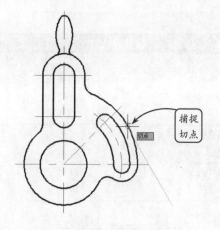

图 2-11　输入命令捕捉特殊点

表 2-1　常用对象捕捉方式的功能

对象捕捉类型	快捷键	含　义	操 作 方 法
临时追踪点	TT	创建对象捕捉所使用的临时点	用户将光标从几何对象上现有点（需要单击选取该点）开始移动时，系统沿该对象显示双侧捕捉辅助线和捕捉点的相对极坐标，输入偏移距离后，即可定位新点
捕捉自	FROM	从临时参照点偏移捕捉至另一个点	启用【捕捉自】模式后，先指定几何对象上一点作为临时参照点即基点。然后输入偏移坐标，即可确定捕捉目标点相对于基点的位置
捕捉到端点	ENDP	捕捉线段、圆弧等几何对象的端点	启用【端点】捕捉后，将光标移动到目标点附近，系统将自动捕捉该端点
捕捉到中点	MID	捕捉线段、圆弧等几何对象的中点	启用【中点】捕捉后，将光标的拾取框与线段或圆弧等几何对象相交，系统将自动捕捉中点
捕捉到交点	INT	捕捉几何对象间现有或延伸交点	启用【交点】捕捉后，将光标移动到目标点附近，系统将自动捕捉该点；如果两个对象没有直接相交，可先选取一对象，再选取另一对象，系统将自动捕捉到交点
捕捉到外观交点	APPINT	捕捉两个对象的外观交点	在二维空间中该捕捉方式与捕捉交点相同。但该捕捉方式还可在三维空间中捕捉两个对象的视图交点（在投影视图中显示相交，但实际上并不一定相交）
捕捉到范围	EXT	捕捉线段或圆弧的范围	用户将光标从几何对象端点开始移动时（不需要单击选取该点），系统沿该对象显示单侧的捕捉辅助线和捕捉点的相对极坐标，输入偏移距离后，即可定位新点
捕捉到圆心	CEN	捕捉圆、圆弧或椭圆的中心	启用【圆心】捕捉后，将光标的拾取框与圆弧、椭圆等几何对象相交，系统将自动捕捉这些对象的中心点
捕捉到象限点	QUA	捕捉圆、圆弧或椭圆的 0°、90°、180°、270°的点	启用【象限点】捕捉后，将光标拾取框与圆弧、椭圆等几何对象相交，系统将自动捕捉距拾取框最近的象限点
捕捉到切点	TAN	捕捉圆、圆弧或椭圆的切点	启用【切点】捕捉后，将光标的拾取框与圆弧、椭圆等几何对象相交，系统将自动捕捉这些对象的切点
捕捉到垂足	PER	捕捉线段、或圆弧的垂足点	启用【垂足】捕捉后，将光标的拾取框与线段、圆弧等几何对象相交，系统将自动捕捉这些对象的垂足点

续表

对象捕捉类型	快捷键	含　义	操作方法
捕捉到平行线 ∥	PAR	平行捕捉，可用于绘制平行线	绘制平行线时，指定一点为起点。然后启用【平行线】捕捉，并将光标移至另一直线上，该直线上将显示平行线符号。再移动光标将显示平行线效果，此时输入长度即可
捕捉到插入点	INS	捕捉文字、块、图形的插入点	启用【插入点】捕捉后，将光标的拾取框与文字或块等对象相交，系统将自动捕捉这些对象的插入点
捕捉到节点 。	NOD	捕捉利用【点】工具创建的点	启用【节点】捕捉后，将光标的拾取框与点或等分点相交，系统将自动捕捉到这些点
捕捉到最近点 ⁄	NEA	捕捉距离光标最近的几何对象上的点	启用【最近点】捕捉后，将光标的拾取框与线段或圆弧等对象相交，系统将自动捕捉这些对象上离光标最近的点

2.4.2　自动追踪

在工程设计过程中，尽管可以通过移动光标来指定点的位置，却很难精确指定对象的某些特殊位置。在 AutoCAD 中，通过启用捕捉、自动追踪、栅格和动态输入等功能，既可以精确地指定绘图位置，还可以实时显示绘图状态，进而提高绘图效率。

1. 极轴追踪

极轴追踪是按事先的角度增量来追踪特征点的。该追踪功能通常是在指定一个点时，按预先设置的角度增量显示一条无限延伸的辅助线，这时就可以沿辅助线追踪获得光标点。在绘制二维图形时常利用该功能绘制倾斜的直线。

在状态栏中的【极轴追踪】功能按钮 ⊿ 上右击，并选择【设置】选项，即可在打开对话框的【极轴追踪】选项卡中设置极轴追踪对应的参数选项，如图 2-12 所示。

图 2-12　【极轴追踪】选项卡

在该对话框的【增量角】下拉列表中选择系统预设的角度，即可设置新的极轴角；如果该下拉列表中的角度不能满足需要，可以启用【附加角】复选框，并单击【新建】按钮，然后在文本框中输入新的角度即可。例如新建附加角角度值为 80°，绘制角度线将显示该附加角的极轴跟踪，效果如图 2-13 所示。

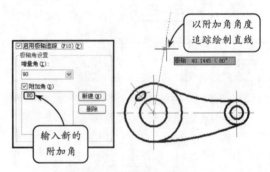

图 2-13　设置极轴追踪角度

此外，在【极轴角测量】选项组中可以设置极轴对齐角度的测量基准。其中，选择【绝对】单选按钮，可基于当前 UCS 坐标系确定极轴追踪角度；选择【相对上一段】单选按钮，可基于最后所绘的线段确定极轴追踪的角度。

> **提示**
>
> 极轴角是按照系统默认的逆时针方向进行测量的，而极轴追踪线的角度是根据追踪线与 X 轴的最近角度测量的，因此极轴追踪线的角度最大值为 180°。

2．对象捕捉追踪

当不知道具体角度值但知道特定的关系时，可以通过进行对象捕捉追踪来绘制某些图形对象。对象捕捉追踪按照对象捕捉设置，对相应的捕捉点进行追踪。因此在追踪对象捕捉到的点之前，必须先打开对象捕捉功能。

依次启用状态栏中的【对象捕捉参照线】功能按钮✓和【将光标捕捉到二维参照点】功能按钮▱，然后在绘图区中选取一端点作为追踪参考点，并沿极轴方向显示的追踪路径确定第一点，接着继续沿该极轴角方向显示的追踪路径确定第二点，即可绘制相应的直线，效果如图 2-14 所示。

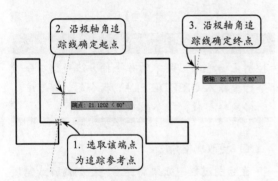

图 2-14　沿极轴角方向绘制直线

从追踪参考点进行追踪的方向可以在【极轴追踪】选项卡中的【对象捕捉追踪设置】选项组中进行设置，该选项组中两个选项的含义如下所述。

❑ 仅正交追踪

选择该单选按钮，系统将在追踪参考点处显示水平或竖直的追踪路径。

❑ 用所有极轴角设置追踪

选择该单选按钮，系统将在追踪参考点处沿预先设置的极轴角方向显示追踪路径。

提示

在实际绘图过程中常将【极轴追踪】和【对象捕捉】功能结合起来使用，这样既能方便地沿极轴方向绘制线段，又能快速地沿极轴方向定位点。

2.4.3　栅格和正交

在绘图过程中，尽管可以通过移动光标来指定点的位置，却很难精确地指定对象的某些特殊位置。为提高绘图的速度和效率，通常使用栅格和正交功能辅助绘图。其中使用栅格功能可以快速地指定点的位置，使用正交功能可以使光标沿垂直或平行方向移动。

1．栅格

栅格是指点或线的矩阵遍布指定为栅格界限的整个区域。使用栅格类似于在图形下放置一张坐标纸，以提供直观的距离和位置参照。

启用状态栏中的【显示图形栅格】功能按钮▦，屏幕上将显示当前图限内均匀分布的点或线，如图 2-15 所示。

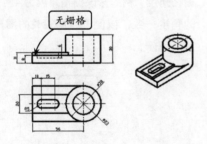
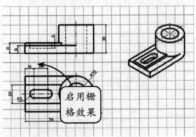

图 2-15　启用【显示图形栅格】功能

使用栅格功能不仅可以控制其间距、角度和对齐，而且可以设置显示样式和区域，以及控制主栅格频率等，现分别介绍如下。

❑ 控制栅格的显示样式和区域

栅格具有两种显示方式：点栅格和线栅格。其中，点栅格方式为系统默认的显示方式，而当视觉样式不是二维线框时将显示为线栅格。

展开【视图】选项卡,在【视觉样式】下拉列表中指定其他视觉样式,即可将栅格样式设置为线或点,效果如图 2-16 所示。

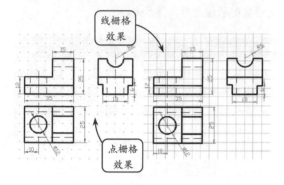

图 2-16 栅格的两种显示形式

要修改栅格覆盖的区域,可以在命令行中输入 LIMITS 指令,然后按照命令行提示,分别输入位于栅格界限左下角和右上角的点的坐标值即可。

❑ **控制主栅格线的频率**

如果栅格以线显示,则颜色较深的线(称为主栅格线)将间隔显示。在以十进制单位或英尺和英寸绘图时,主栅格线对于快速测量距离尤其有用。

要设置主栅格线的频率,可以在状态栏的【捕捉模式】下拉功能按钮上单击,并选择【捕捉设置】选项。然后在打开对话框的【栅格 X 轴间距】和【栅格 Y 轴间距】文本框中输入间距值,即可控制主栅格线的频率,如图 2-17 所示。

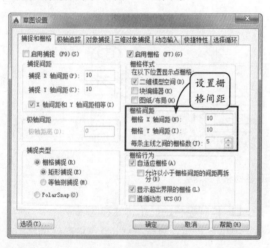

图 2-17 设置栅格间距

该对话框的【栅格行为】选项组用于设置视觉样式下栅格线的显示样式(三维线框除外),各复选框的含义如下所述。

➢ **自适应栅格** 启用该复选框,可以限制缩放时栅格的密度。

➢ **允许以小于栅格间距的间距再拆分** 启用该复选框,能够使小于指定栅格间距的间距来拆分该栅格。

➢ **显示超出界限的栅格** 启用该复选框,将全屏显示栅格。

➢ **遵循动态 UCS** 启用该复选框,将跟随动态 UCS 的 XY 平面而改变栅格平面。

> **提示**
>
> 控制主栅格的主频率的另一种方法是:在命令行中输入 GRIDDISPLAY 指令后,输入该栅格频率参数,该参数在 $0 \sim 15$ 之间。

❑ **更改栅格角度**

在绘图过程中如果需要沿特定的对齐或角度绘图,可以通过 UCS 坐标系来更改栅格角度。此旋转操作是将十字光标在屏幕上重新对齐,以与新的角度匹配。利用该方法可以在二维环境中快速绘制倾斜的线段。

在命令行中输入 SNAPANG 指令,可以修改栅格角度。例如修改栅格角度为 45º,与固定支架的角度一致,以便于绘制相关的图形对象,如图 2-18 所示。

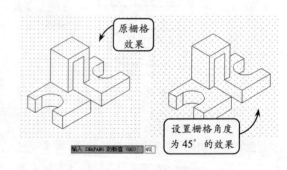

图 2-18 更改栅格角度

2．正交

在绘图过程中使用正交功能，可以将光标限制在水平或垂直方向上移动，以便于精确地绘制和修改对象。

启用状态栏中的【正交模式】功能按钮 ，这样在绘制和编辑图形对象时，拖动光标将受到水平和垂直方向限制，无法随意拖动，效果如图 2-19

所示。

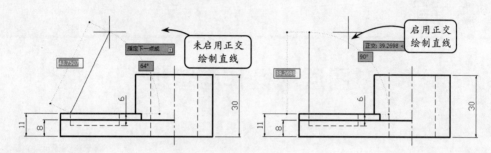

图 2-19　启用正交模式前后对比

第 3 章

图层的操作与管理

  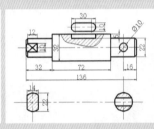 

图层相当于绘图中使用的重叠图纸，通常情况下都是由一层或多层图层组成的。通过分层管理可利用图层的特性来区分不同的对象，这样便于图形的修改和使用。在 AutoCAD 中，图层的特性包括线型、线宽和颜色等内容。在绘图过程中，这些内容主要通过图层来控制。通常在绘制图样之前，应该根据国家制图标准用不同线型和图线的宽度来表达零件的结构形状。

本章主要介绍 AutoCAD 2015 软件的图层特性管理器，并详细介绍了图层的创建和设置、图层的编辑、图层的管理以及图层的设置方法和技巧。

3.1 图层特性管理器

在 AutoCAD 中，使用【图层特性管理器】对话框，不仅可以创建图层，设置图层的颜色、线型和线宽，还可以对图层进行更多的设置与管理，如图层的切换、重命名、删除及图层的显示控制等。

在【图层】选项板中单击【图层特性】按钮，系统将打开【图层特性管理器】对话框，如图 3-1 所示。

其中，该对话框的左侧为树状过滤器窗口，右侧为图层列表窗口。该对话框中包含多个功能按钮和参数选项，其具体含义如表 3-1 所示。

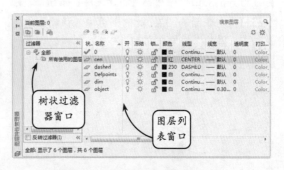

图 3-1　【图层特性管理器】对话框

表 3-1　【图层特性管理器】对话框中各按钮选项含义

按钮和选项	含义及设置方法
新建图层	单击该按钮，可以在【图层列表】窗口中新建一个图层
在所有视口中都被冻结的新图层视口	单击该按钮，可以创建在所有视口中都被冻结的新图层
置为当前	单击该按钮，可以将选中的图层切换为当前活动图层
新建特性过滤器	单击该按钮，系统将打开【图层过滤器特性】对话框。在该对话框中可以通过定义图层的特性来选择所有符合特性的图层，而过滤掉所有不符合条件的图层。这样可以通过图层的特性快速地选择所需的图层
新建组过滤器	单击该按钮，可以在【树状过滤器】窗口中添加【组过滤器】文件夹，然后用户可以选择图层，并拖到该文件夹，以对图层列表中的图层进行分组，达到过滤图层的目的
图层状态管理器	单击该按钮，可以在打开的【图层状态管理器】对话框中管理图层的状态
反转过滤器	启用该复选框，在对图层进行过滤时，可以在图层列表窗口中显示所有不符合条件的图层
设置	单击该按钮，可以在打开的【图层设置】对话框中控制何时发出新图层通知，以及是否将图层过滤器应用到【图层】工具栏。此外，还可以控制图层特性管理器中视口替代的背景色

3.2 创建和设置图层

创建和设置图层主要是设置图层的属性和状态，以便更好地组织不同的图形信息。例如，将工程图样中各种不同的线型设置在不同的图层中，赋予不同的颜色，以增加图形的清晰性。将图形绘制与尺寸标注及文字注释分层进行，并利用图层状态控制各种图形信息的可否显示、修改与输出等，给图形的编辑带来很大的方便。

3.2.1 新建图层

在【图层】选项板中单击【图层特性】按钮，并在打开的对话框中单击【新建图层】按钮，系统将打开一个新的图层。此时即可输入该新图层的名称，并设置该图层的颜色、线型和线宽等多种特性，如图 3-2 所示。

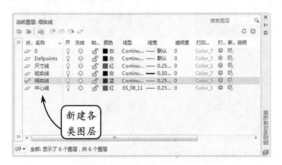

图 3-2　新建各类图层

且为了便于区分各类图层，用户应取一个能表征图层上图元特性的新名字取代缺省名，使之一目了然，便于管理。

如果在创建新图层前没选中任何图层，则新创建图层的特性与 0 层相同；如果在创建前选中了其他图层，则新创建的图层特性与选中的图层具有相同的颜色、线型和线宽等特性，效果如图 3-3 所示。

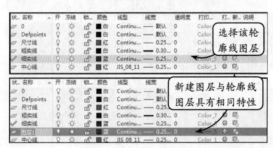

图 3-3　新建指定的图层

此外，用户也可以利用快捷菜单来新建图层，其设置方法是：在【图层特性管理器】对话框中的图层列表框空白处单击右键，在打开的快捷菜单中选择【新建图层】选项，即可创建新的图层，如图 3-4 所示。

为新图层指定了名称后，图层特性管理器将会按照名称的字母顺序排列各个图层。如果要创建自

己的图层方案，则用户需要系统地命名图层的名称，即使用共同的前缀命名有相关图形部件的图层。

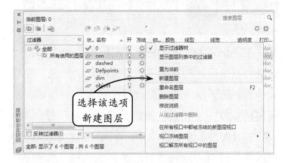

图 3-4　利用快捷菜单新建图层

提示

在绘图或修改图形时，屏幕上总保留一个"当前层"。在 AutoCAD 中有且只能有一个当前层，且新绘制的对象只能位于当前层上。但当修改图形对象时，则不管对象是否在当前层，都可以进行修改。

3.2.2 设置图层颜色

每个图层都有与其相关联的颜色，在创建新的图层后，用户可以其进行相应的设定或修改。对象颜色将有助于辨别图样中的相似对象。新建图层时，通过给图形中的各个图层设置不同的颜色，可以直观地查看图形中各部分的结构特征，同时也可以在图形中清楚地区分每个图层。

要设置图层的颜色，用户可以在【图层特性管理器】对话框中单击【颜色】列表项中的色块，系统将打开【选择颜色】对话框，如图 3-5 所示。

图 3-5　【选择颜色】对话框

该对话框中主要包括以下 3 种设置图层颜色的方法。

❑ 索引颜色

索引颜色又称为 ACI 颜色，它是在 AutoCAD 中使用的标准颜色。每种颜色用一个 ACI 编号标识，即 1～255 之间的整数，例如红色为 1，黄色为 2，绿色为 3，青色为 4，蓝色为 5，品红色为 6，白色/黑色为 7，标准颜色仅适用于 1～7 号颜色。当选择某一颜色为绘图颜色后，AutoCAD 将以该颜色绘图，不再随所在图层的颜色变化而变化。

切换至【索引颜色】选项卡后，将出现 ByLayer 和 ByBlock 两个按钮：单击 ByLayer 按钮时，所绘对象的颜色将与当前图层的绘图颜色相一致；单击 ByBlock 按钮时，所绘对象的颜色为白色。

❑ 真彩色

真彩色使用 24 位颜色来定义显示 1600 万种颜色。指定真彩色时，可以使用 HSL 或 RGB 颜色模式，如图 3-6 所示。

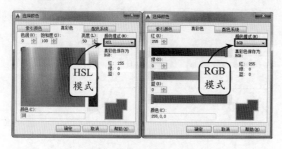

图 3-6　真彩色的两种模式

这两种模式的含义分别介绍如下。

➢ HSL 颜色模式

HSL 颜色是描述颜色的另一种方法，它是符合人眼感知习惯的一种模式。它是由颜色的三要素组成，分别代表着 3 种颜色要素：H 代表色调、S 代表饱和度、L 代表亮度。通常如果一幅图像有偏色、整体偏亮、整体偏暗或过于饱和等缺点，可以在该模式中进行调节。

➢ RGB 颜色模式

RGB 颜色通常用于光照、视频和屏幕图像编辑，也是显示器所使用的颜色模式，分别代表着 3 种颜色：R 代表红色、G 代表绿色、B 代表蓝色。

通过这三种颜色可以指定颜色的红、绿、蓝组合。

❑ 配色系统

在该选项卡中，用户可以从所有颜色中选择程序事先配置好的专色，且这些专色是被放置于专门的配色系统中。在该程序中主要包含三个配色系统，分别是 PANTONE、DIC 和 RAL，它们都是全球流行的色彩标准（国际标准）。

在该选项卡中选择颜色大致需要三步：首先在【配色系统】下拉列表中选择一种类型，其次在右侧的选择条中选择一种颜色色调，最后在左侧的颜色列表中选择具体的颜色编号即可，如图 3-7 所示。

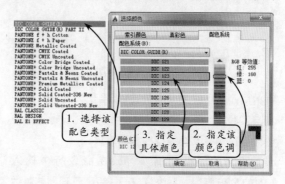

图 3-7　选择配色系统指定颜色

> **提示**
>
> 各行业均以国际色卡为基准，可以从千万色彩中明确一种特定的颜色。例如 PANTONE 色卡中包含 1900 多个色彩，各种色彩均标有统一的颜色编号，且在国际上通用。

3.2.3　设置图层线型

线型是图形基本元素中线条的组成和显示方式，如虚线、中心线和实线等。通过设置线型可以从视觉上很轻易地区分不同的绘图元素，便于查看和修改图形。此外，对于虚线和中心线这些由短横线或空格等构成的非连续线型，还可以设置线型比例来控制其显示效果。

❑ 指定或加载线型

AutoCAD 提供了丰富的线型，它们存放在线型库 ACAD.LIN 文件中。在设计过程中，用户可以根据需要选择相应的线型来区分不同类型的图形对象，以符合行业的标准。

要设置图层的线型，可以在【图层特性管理器】对话框中单击【线型】列表项中的任一线型，然后在打开的【选择线型】对话框中选择相应的线型即

可。如果没有所需线型，可在该对话框中单击【加载】按钮，在打开的新对话框中选择需要加载的线型，并单击【确定】按钮，即可加载该新线型，如图 3-8 所示。

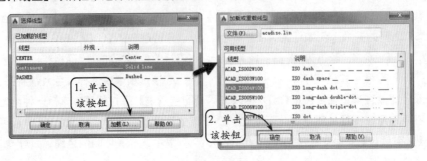

图 3-8　加载新线型

❏　**修改线型比例**

在绘制图形的过程中，经常遇到细点划线或虚线的间距太小或太大的情况，以至于无法区分点划线与实线。为解决这个问题，可以通过设置图形中的线型比例来改变线型的显示效果。

要修改线型比例，可以在命令行中输入 LINETYPE 指令，系统将打开【线型管理器】对话框。在该对话框中单击【显示细节】按钮，将激活【详细信息】选项组。用户可以在该选项组中修改全局比例因子和当前对象的缩放比例，如图 3-9 所示。

图 3-9　【线型管理器】对话框

这两个比例因子的含义分别介绍如下。

➤　**全局比例因子**

设置该文本框的参数可以控制线型的全局比

例，将影响图形中所有非连续线型的外观：其值增加时，将使非连续线型中短横线及空格加长；反之将使其缩短。当用户修改全局比例因子后，系统将重新生成图形，并使所有非连续线型发生相应的变化。例如，将全局比例因子由 1 修改为 3，零件图中的中心线和虚线均会发生相应的变化，如图 3-10 所示。

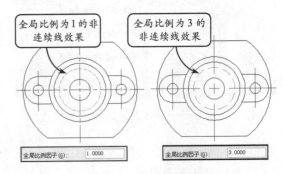

图 3-10　全局比例对非连续线型的影响

➤　**当前对象缩放比例**

在绘制图形的过程中，为了满足设计要求和让视图更加清晰，需要对不同对象设置不同的线型比例，此时就必须单独设置对象的比例因子，即设置当前对象的缩放比例参数。

在默认情况下，当前对象的缩放比例参数值为 1，该因子与全局比例因子同时作用在新绘制的线型对象上。新绘制对象的线型最终显示缩放比例是两者间的乘积，如图 3-11 所示。

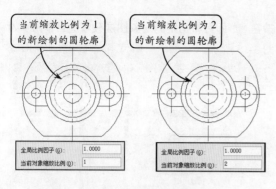

图 3-11　设置新绘制非连续线型的比例

3.2.4　设置图层线宽

线宽是指用宽度表现对象的大小和类型。设置线宽就是改变线条的宽度，通过控制图形显示和打印中的线宽，可以进一步区分图形中的对象。此外，使用线宽还可以用粗线和细线清楚地表现出部件的截面、边线、尺寸线和标记等，提高了图形的表达能力和可读性。

要设置图层的线宽，可以在【图层特性管理器】对话框中单击【线宽】列表项的线宽样图，系统将打开【线宽】对话框，如图 3-12 所示。

图 3-12　【线宽】对话框

在该对话框的【线宽】列表框中即可指定所需的各种尺寸的线宽。此外，用户还可以根据设计的需要设置线宽的单位和显示比例。在命令行中输入 LWEIGHT 指令，系统将打开【线宽设置】对话框，如图 3-13 所示。

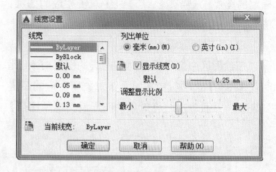

图 3-13　【线宽设置】对话框

在该对话框中即可设置线宽单位和调整指定线宽的显示比例。各选项的具体含义分别介绍如下。

❑　**列出单位**

在该选项组中可以指定线宽的单位，可以是毫米或英寸。

❑　**显示线宽**

启用该复选框，线型的宽度才能显示出来。用户也可以直接启用软件界面状态栏上的【线宽】功能按钮━来显示线宽效果。

❑　**默认**

在该下拉列表中可以设置默认的线宽参数值。

❑　**调整显示比例**

在该选项区中可以通过拖动滑块来调整线宽的显示比例大小。

3.3　图层编辑

图层编辑是建立在图形中现有的图层之上，根据实际设计的需要对图层执行置为当前和重命名操作，以达到方便记忆和方便选取图层的目的。方便设计者更好地管理图层，提高工作效率。

3.3.1　图层置为当前

在绘图过程中需要不断切换图层，将指定图层切换为当前层，这样创建的图形对象将默认为该图层。一般情况下，切换图层置为当前层有以下两种方式。

❏ **常规置为当前层**

在【图层特性管理器】对话框的【状态】列中，显示图标为✔的图层表示该图层为当前层。要切换指定的图层，只需在【状态】列中双击相应的图层，使其显示✔图标即可，如图 3-14 所示。

❏ **指定图层置为当前层**

在绘图区中选取要置为当前层的图形对象，此时在【图层】选项板中将显示该对象所对应的图层列表项。然后单击【将对象的图层设为当前图层】

按钮📄，即可将指定的对象图层设置为当前层，如图 3-15 所示。

图 3-14　设置图层为当前层

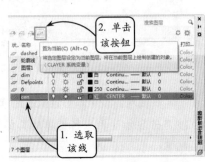

图 3-15　将对象的图层置为当前层

3.3.2　重命名图层

在创建图层并命名和设置特性后，为了方便记忆和选取图层，可以对指定的图层进行重新命名的操作。在 AutoCAD 中，用户可以通过以下两种方式对图层进行重命名的操作。

❏ **常规方式**

在【图层特性管理器】对话框中，慢双击要重命名的图层名称，使其变为待修改的状态。然后输入新名称即可，如图 3-16 所示。

❏ **快捷菜单方式**

在【图层特性管理器】对话框中，选择要重命名的图层，并单击鼠标右键，在打开的快捷菜单中选择【重命名图层】选项，即可输入新的图层名称，

如图 3-17 所示。

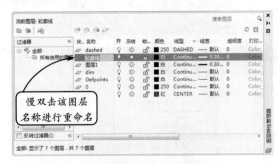

图 3-16　常规重命名图层

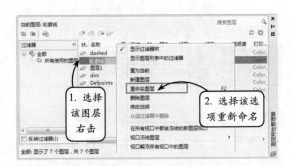

图 3-17　通过快捷菜单重命名图层

AutoCAD

3.4　图层管理

在 AutoCAD 中，图层管理包括对图层的打开与关闭、冻结与解冻、锁定与解锁，以及合并和删除等，一般使用在图形中包含大量信息，且具有很多图层的情况下，用户可以通过对图层的管理达到高效绘制或编辑图形的目的。

3.4.1　打开与关闭图层

在绘制复杂图形时，由于过多的线条干扰设计者的工作，这就需要将无关的图层暂时关闭。通过

这样的设置不仅便于绘制图形，而且减少系统的内存，提高了绘图的速度。

1．关闭图层

关闭图层是暂时隐藏指定的一个或多个图层。打开【图层特性管理器】对话框，在【图层列表】窗口中选择一个图层，并单击【开】列对应的灯泡按钮💡。此时，该灯泡的颜色将由黄色变为灰色，且该图层对应的图形对象将不显示，也不能打印输出，如图 3-18 所示。

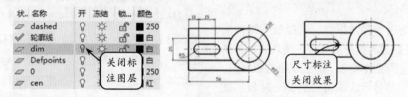

图 3-18　关闭【标注线】图层

此外，还可以通过两种方式关闭图层：一种是在【图层】选项板的【图层】下拉列表中，单击对应列表项的灯泡按钮💡，可以关闭所指定的图层；另一种是在【图层】选项板中单击【关闭】按钮，然后选取相应的图形对象，即可关闭该图形对象所对应的图层。

2．打开图层

打开图层与关闭图层的设置过程正好相反。在【图层特性管理器】对话框中选择被关闭的图层，单击【开】列对应的灰色灯泡按钮💡，该按钮将切换为黄色的灯泡按钮💡，即该图层被重新打开，且相应的图层上的图形对象可以显示，也可以打印输出。此外，单击该选项板中的【打开所有图层】按钮，将显示所有隐藏的图层。

3.4.2　冻结与解冻图层

冻结图层可以使该图层不可见，也不能被打印出来。当重新生成图形时，系统不再重新生成该层上的对象。因而冻结图层后，可以加快显示和重生

成的速度。

1．冻结图层

利用冻结操作可以冻结长时间不用看到的图层。一般情况下，图层的默认设置为解冻状态，且【图层特性管理器】对话框的【冻结】列中显示的太阳图标☼视为解冻状态。

指定一图层，并在【冻结】列中单击太阳图标☼，使该图标改变为雪花图标❅，即表示该图层被冻结。此外也可以在【图层】选项板中单击【冻结】按钮，然后在绘图区中选取要冻结的图层对象，即可将该对象所在的图层冻结，如图 3-19 所示。

另外，在 AutoCAD 中不能冻结当前层，也不能将冻结层设置为当前层，否则系统将会显示警告信息。冻结的图层与关闭的图层的可见性是相同的，但冻结的对象不参加处理过程的运算，而关闭的图层则要参加运算。所以在复杂图形中，通过冻结不需要的图层，可以加快系统重新生成图形的速度。

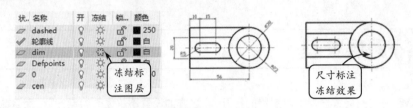

图 3-19　冻结【标注线】图层

提示

解冻一个图层将引起整个图形重新生成,而打开一个图层则不会导致这种现象(只是重画这个图层上的对象)。因此,如果需要频繁地改变图层的可见性,应关闭图层而不应冻结图层。

2. 解冻

解冻是冻结图层的逆操作。选择被冻结的图层,单击【冻结】列的雪花图标❄,使之切换为太阳图标☀,则该图层被解冻。解冻冻结的图层时,系统将重新生成并显示该图层上的图形对象。此外,在【图层】选项板中单击【解冻所有图层】按钮,可以解冻当前图形文件的所有冻结图层。

3.4.3　锁定与解锁图层

通过锁定图层可以避免指定图层上的对象被选中和修改。锁定的图层对象将以灰色显示,可以作为绘图的参照。

1. 锁定图层

锁定图层就是取消指定图层的编辑功能,防止意外地编辑该图层上的图形对象。打开【图层特性管理器】对话框,在【图层列表】窗口中选择一个图层,并单击【锁定】列的解锁图标🔓,该图标将切换为锁定图标🔒,即该图层被锁定,如图 3-20 所示。

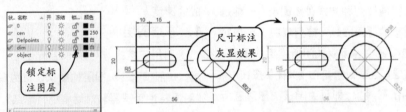

图 3-20　锁定【标注线】图层

除了上述方式外,还可以在【图层】选项板中单击【锁定】按钮,然后在绘图区选取指定的图形对象,则该对象所在的图层将被锁定,且锁定的对象以灰色显示。

此外,在 AutoCAD 中还可以设置图层的淡入比例来查看图层的锁定效果。在【图层】选项板中拖动【锁定的图层淡入】滑块,系统将调整锁定图层对应对象的显示效果,如图 3-21 所示。

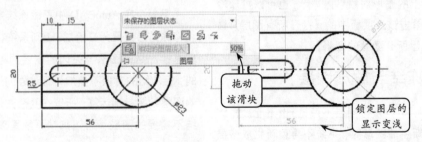

图 3-21　设置锁定图层的淡入比例

2．解锁

解锁是锁定图层的逆操作。选择被锁定的图层，单击【锁定】列的锁定图标🔒，使之切换为解锁图标🔓，即该图层被解锁。此时图形对象显示正常，并且可以进行编辑操作。此外，用户还可以在【图层】选项板中单击【解锁】按钮，然后选取待解锁的图形对象，则该对象对应的锁定图层将被解锁。

3.4.4 合并与删除图层

在绘制复杂图形对象时，如果图形中的图层过于繁多，将会影响绘图的速度和准确率，且容易发生误选图层进行绘图的情况。此时，可以通过合并

和删除图层的操作来清理一些不必要的图层，使图层列表窗口简洁明了。

1．合并图层

在 AutoCAD 中，可以通过合并图层的操作来减少图形中的图层数。执行该操作可以将选定的图层合并到目标图层中，并将该选定的图层从图层列表窗口中删除。

在【图层】选项板中单击【合并】按钮，然后在绘图区中分别选取要合并图层上的对象和目标图层上的对象，并在命令行中输入字母 Y，即可完成合并图层的操作，且此时系统将自动删除要合并的图层。例如，将【虚线】图层合并为【粗实线】图层，效果如图 3-22 所示。

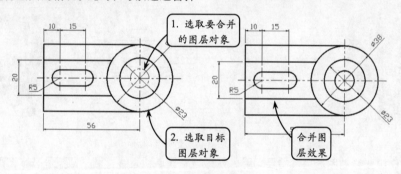

图 3-22 合并图层

2．删除图层

在绘图过程中，执行此操作可以删除指定图层上的所有对象，并在图层列表窗口中清理该图层。

在【图层】选项板中单击【删除】按钮，然

后选取要删除图层上的对象，并在命令行中输入字母 Y，即可完成删除图层的操作，效果如图 3-23 所示。

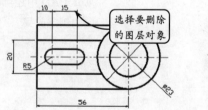
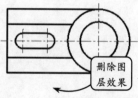

图 3-23 删除【标注线】图层

第**4**章

绘制二维图形

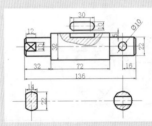

在 AutoCAD 中，绘制图形是其主要功能，熟练地掌握点、直线、圆、圆弧等基本图形元素的绘制方法是绘制复杂图形的前提和基础。这些基本元素可以组成机械零件的三视图、装配图和电路图等各种复杂图形，可以满足用户不同的绘制需求。

本章主要介绍使用点、线、矩形和圆等工具来绘制图形的方法和技巧，并详细介绍某些线条的编辑方法、面域和图案填充等。

AutoCAD

4.1　绘制点

点是组成图形的最基本元素，在 AutoCAD 中，点对象可用作捕捉和偏移对象的节点或参考点。用户可以通过【单点】【多点】【定数等分】和【定距等分】4 种方法创建点对象，并根据需要定制各类型的点。

4.1.1　点样式的设置

绘制点时，系统默认为一个小黑点，在图形中并不容易辨认出来，因此在绘制点之前，为了更好地用点标记等距或等数等分位置，用户可以根据系统提供的一系列点样式，选取所需的点样式，且必要时自定义点的大小。

在【草图与注释】工作空间界面中，单击【实用工具】选项板中的【点样式】按钮 ⬚，系统将打开【点样式】对话框，如图 4-1 所示。

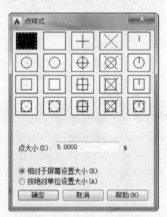

图 4-1　设置点样式

此时，用户即可选择指定的点样式并设置相应的点参数。该对话框中各主要选项的含义现分别介绍如下。

❑ **点大小**

该文本框用于设置点在绘图区中显示的比例大小。

❑ **相对于屏幕设置大小**

选择该单选按钮，则可以相对于屏幕尺寸的百分比设置点的大小，比例值可大于、等于或小于 1。

❑ **按绝对单位设置大小**

选择该单选按钮，则可以按实际单位设置点的大小。

4.1.2　单点和多点

单点和多点是点常用的两种类型。所谓单点是在绘图区中一次仅绘制的一个点，主要用来指定单个的特殊点位置，如指定中点、圆心点和相切点等；而多点则是在绘图区中可以连续绘制的多个点，且该方式主要是用第一点为参考点，然后依据该参考点绘制多个点。

1. 绘制任意单点和多点

当需要绘制单点时，可以在命令行中输入 POINT 指令，并按下 Enter 键。然后在绘图区中单击左键，即可绘制出单个点。当需要绘制多点时，可以直接单击【绘图】选项板中的【多点】按钮 ▫，然后在绘图区中连续单击，即可绘制出多个点，如图 4-2 所示。

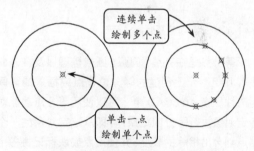

图 4-2　绘制单个点和多个点

2. 绘制指定位置单点和多点

由于点主要起到定位标记参照的作用，因此在绘制点时并非是任意确定点的位置，而是需要使用坐标确定点的位置。

❑ **鼠标输入法**

该输入法是绘图中最常用的输入法，即移动鼠标直接在绘图区中指定位置处单击鼠标左键，获得指定点效果。

在 AutoCAD 中，坐标的显示是动态直角坐标。

当移动鼠标时，十字光标和坐标值将连续更新，随时指示当前光标位置的坐标值。

❏ 键盘输入法

该输入法是通过键盘在命令行中输入参数值来确定位置的坐标，且位置坐标一般有两种方式，即绝对坐标和相对坐标，这两种坐标的定义方式在第1章中已经详细介绍，这里不再赘述。

❏ 用给定距离的方式输入

该输入方式是鼠标输入法和键盘输入法的结合。当提示输入一个点时，将鼠标移动至输入点附近（不要单击）用来确定方向，然后使用键盘直接输入一个相对前一点的距离参数值，按下 Enter 键即可确定点的位置，效果如图4-3所示。

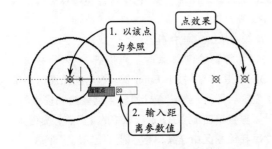

图 4-3 用给定距离的方式输入点

4.1.3 等分点

等分点是在直线、圆弧、圆或椭圆以及样条曲线等几何图元上创建的等分位置点或插入的等间距图块。在 AutoCAD 中，可以使用等分点功能对指定对象执行等分间距操作，即从选定对象的一个端点划分出相等的长度，并使用点或块标记将各个长度间隔。

1. 定数等分点

利用 AutoCAD 的【定数等分】工具可以将所选对象等分为指定数目的相等长度，并在对象上按指定数目等间距创建点或插入块。该操作并不将对象实际等分为单独的对象，它仅仅是标明定数等分的位置，以便将这些等分点作为几何参考点。

在【绘图】选项板中单击【定数等分】按钮 ，然后在绘图区中选取被等分的对象，并输入等分数目，即可将该对象按照指定数目等分，效果如图

4-4所示。

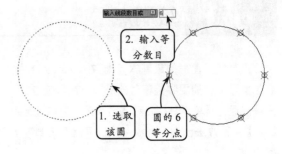

图 4-4 定数等分圆效果

选取等分对象后，如果在命令行中输入字母B，则可以将选取的块对象等间距插入到当前图形中，且插入的块可以与原对象对齐或不对齐分布，效果如图4-5所示。

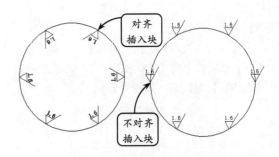

图 4-5 定数等分插入图块效果

提示

在创建等分点时，该等分点可以与几何图元上的圆心、端点、中点、交点、顶点以及样条定义点等类型点重合，但要注意的是重合的点是两个不同类型的点。

2. 定距等分点

定距等分点是指在指定的图元上按照设置的间距放置点对象或插入块。一般情况下放置点或插入块的顺序是从起点开始的，并且起点随着选取对象的类型变化而变化。由于被选对象不一定完全符合所有指定距离，因此等分对象的最后一段通常要比指定的间隔短。

在【绘图】选项板中单击【定距等分】按钮 ，然后在绘图区中选取被等分的对象，系统将显示"指定线段长度或"的提示信息和列表框。此时，

在列表框中输入等分间距的参数值，即可将该对象按照指定的距离等分，效果如图4-6所示。

> **提示**
>
> 在执行等分点操作时，对于直线或非闭合的多段线，起点是距离选择点最近的端点；对于闭合的多段线，起点是多段线的起点；对于圆，起点是以圆心为起点、当前捕捉角度为方向的捕捉路径与圆的交点。

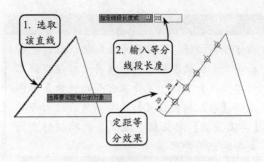

图4-6 定距等分直线效果

4.2 绘制线性对象

AutoCAD中的线性对象包括直线、射线、构造线、多段线等对象，这些都是基本且简单的对象，绘制方法也是多种多样的，可以通过指定起始点和终止点来绘制，也可以通过在命令行中输入坐标值确定起始点和终止点位置来获得。

4.2.1 直线

在AutoCAD中，直线是指两点确定的一条直线段，而不是无限长的直线。构造直线段的两点可以是图元的圆心、端点（顶点）、中点和切点等类型。根据生成直线的方式，可以分为以下3种类型。

1. 一般直线

一般直线是最常用的直线类型。在平面几何内，其是通过指定起点和长度参数来完成绘制的。

在【绘图】选项板中单击【直线】按钮✎，然后在绘图区中指定直线的起点，并设定直线的长度参数值，即可完成一般直线的绘制，效果如图4-7所示。

> **提示**
>
> 在绘制直线时，若启用状态栏中的【动态输入】功能按钮，则系统将在绘图区中显示动态输入的标尺和文本框。此时在文本框中直接设置直线的长度和其他参数，即可快速地完成直线的绘制。其中，按下Tab键可以切换文本框中参数值的输入。

2. 两点直线

两点直线是由绘图区中选取的两点确定的直线类型。其中，所选的两点决定了直线的长度和位置，且所选的点可以是图元的圆心、象限点、端点（顶点）、中点、切点和最近点等类型。

单击【直线】按钮✎，在绘图区中依次指定两点作为直线要通过的两个点，即可确定一条直线段，效果如图4-8所示。

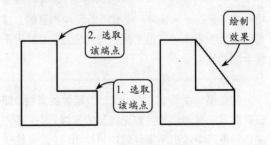

图4-8 由两点绘制一条直线

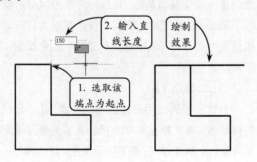

图4-7 由直线起点和长度绘制一条直线

技巧

为了绘图方便，可以设置直线捕捉点的范围和类型。在状态栏中右击【将光标捕捉到二维参照点】按钮，并在打开的快捷菜单中选择【对象捕捉设置】选项，然后在打开的【草图设置】对话框中设置直线捕捉的点的类型和范围即可。

3. 成角度直线

成角度直线是一种与 X 轴方向成一定角度的直线类型。如果设置的角度为正值，则直线绕起点逆时针方向倾斜；反之直线绕顺时针方向倾斜。

选择【直线】工具后，指定一点为起点，然后在命令行中输入"@长度<角度"，并按下 Enter 键结束该操作，即可完成该类直线的绘制。例如，绘制一条长 150，且成 30°倾斜角的直线，效果如图 4-9 所示。

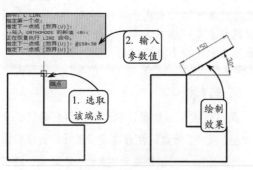

图 4-9　绘制成角度直线

4.2.2　绘制射线和构造线

射线和构造线都属于直线的范畴，这两种线是指一端固定、一端延伸，或者两端延伸的直线。其可以放置在平面或三维空间的任何位置，主要用于作为辅助线。

1. 射线

射线是一端固定、另一端无限延伸的直线，即只有起点没有终点或终点无穷远的直线。其主要用来作为图形中投影所得线段的辅助引线，或某些长度参数不确定的角度线等。

在【绘图】选项板中单击【射线】按钮，然后在绘图区中分别指定起点和通过点，即可绘制一

条射线，效果如图 4-10 所示。

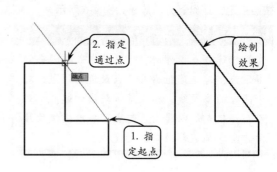

图 4-10　绘制射线

2. 构造线

与射线相比，构造线是一条没有起点和终点的直线，即两端无限延伸的直线。该类直线可以作为绘制等分角、等分圆等图形的辅助线，如图素的定位线等。

在【绘图】选项板中单击【构造线】按钮，命令行将显示"指定点或[水平(H)/垂直(V)/角度(A)/二等分(B)/偏移(O)]:"的提示信息，各选项的含义分别介绍如下。

❏ 水平（H）

默认辅助线为水平直线，单击一次绘制一条水平辅助线，直到用户单击鼠标右键或按下 Enter 键时结束。

❏ 垂直（V）

默认辅助线为垂直直线，单击一次创建一条垂直辅助线，直到用户单击鼠标右键或按下 Enter 键时结束。

❏ 角度（A）

创建一条用户指定角度的倾斜辅助线，单击一次创建一条倾斜辅助线，直到用户单击鼠标右键或按下 Enter 键时结束。例如，输入角度为 45°，并指定通过点，即可获得角度构造线，效果如图 4-11 所示。

❏ 二等分（B）

创建一条通过用户指定角的顶点，并平分该角的辅助线。首先指定一个角的顶点，再分别指定该角两条边上的点即可。需要提示的是：这个角不一定是实际存在的，也可以是想象中的一个不可见的角。

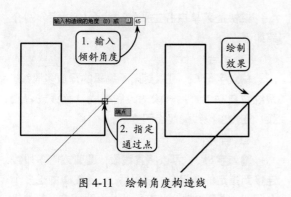

图 4-11　绘制角度构造线

□ **偏移（O）**

创建平行于另一个对象的辅助线，类似于偏移编辑命令，且选择的另一个对象可以是一条辅助线、直线或复合线对象。

4.2.3　多段线

多段线是作为单个对象创建的相互连接的线段组合图形。该组合线段作为一个整体，可以由直线段、圆弧段或两者的组合线段组成，并且可以是任意开放或封闭的图形。此外，为了区别多段线的显示，除了设置不同形状的图元及其长度外，还可以设置多段线中不同的线宽显示。

1．直线段多段线

直线段多段线全部由直线段组合而成，是最简单的一种类型。一般用于创建封闭的线性面域。

在【绘图】选项板中单击【多段线】按钮 ，然后在绘图区中依次选取多段线的起点及其通过的点即可。如果欲使多段线封闭，则可以在命令行中输入字母 C，并按下 Enter 键确认，效果如图 4-12 所示。

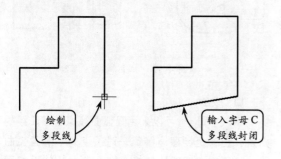

图 4-12　绘制直线段多段线

此外，需要注意的是起点和多段线通过的点在一条直线上时，不能称为封闭多段线。

2．直线和圆弧段组合多段线

该类多段线是由直线段和圆弧段两种图元组成的开放或封闭的组合图形，是最常用的一种类型。主要用于表达绘制圆角过渡的棱边，或具有圆弧曲面的 U 形槽等实体的投影轮廓界线。

绘制该类多段线时，通常需要在命令行内不断切换圆弧和直线段的输入命令，效果如图 4-13 所示。

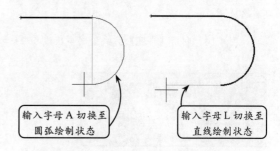

图 4-13　绘制直线和圆弧段多段线

3．带宽度的多段线

该类多段线是一种带宽度显示的多段线样式。与直线的线宽属性不同，此类多段线的线宽显示不受状态栏中【显示/隐藏线宽】工具的控制，而是根据绘图需要而设置的实际宽度。在选择【多段线】工具后，在命令行中主要有以下两种设置线宽显示的方式。

□ **半宽**

该方式是通过设置多段线的半宽值而创建的带宽度显示的多段线。其中，显示的宽度为设置值的 2 倍，并且在同一图元上可以显示相同或不同的线宽。

选择【多段线】工具后，在命令行中输入字母 H，然后可以通过设置起点和端点的半宽值来创建带宽度的多段线，效果如图 4-14 所示。

□ **宽度**

该方式是通过设置多段线的实际宽度值而创建的带宽度显示的多段线，显示的宽度与设置的宽度值相等。与【半宽】方式相同，在同一图元的起点和端点位置可以显示相同或不同的线宽，其对应的命令为输入字母 W，效果如图 4-15 所示。

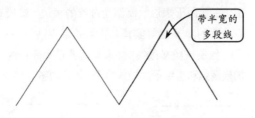

图 4-14　利用【半宽】方式绘制多段线

图 4-15　利用【宽度】方式绘制多段线

4．编辑多段线

对于由多段线组成的封闭或开放图形，为了自由控制图形的形状，还可以利用【编辑多段线】工具编辑多段线。

在【修改】选项板中单击【编辑多段线】按钮，然后选取欲编辑的多段线，系统将打开相应的快捷菜单。此时，在该快捷菜单中选择对应的选项，即可进行相应的编辑多段线的操作，如图 4-16 所示。

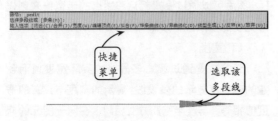

图 4-16　编辑多段线

该快捷菜单中各主要编辑命令的功能分别介绍如下。

❑ 闭合

输入字母 C，可以封闭所编辑的开放多段线。系统将自动以最后一段的绘图模式（直线或者圆弧）连接多段线的起点和终点。

❑ 合并

输入字母 J，可以将直线段、圆弧或者多段线连接到指定的非闭合的多段线上。若编辑的是多个多段线，需要设置合并多段线的允许距离；若编辑的是单个多段线，系统将连续选取首尾连接的直线、圆弧和多段线等对象，并将它们连成一条多段线。需要注意的是，合并多段线时，各相邻对象必须彼此首尾相连。

❑ 宽度

输入字母 W，可以重新设置所编辑多段线的宽度。

❑ 编辑顶点

输入字母 E，可以进行移动顶点、插入顶点以及拉直任意两顶点之间的多段线等操作。选择该选项，系统将打开新的快捷菜单。例如选择【编辑顶点】选项后指定起点，然后选择【拉直】选项，并选择【下一个】选项指定第二点，接着选择【执行】选项即可，效果如图 4-17 所示。

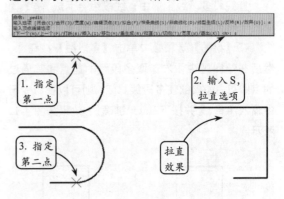

图 4-17　拉直线段

❑ 拟合

输入字母 F，可以采用圆弧曲线拟合多段线的拐角，也就是创建连接每一对顶点的平滑圆弧曲线，将原来的直线段转换为拟合曲线，效果如图 4-18 所示。

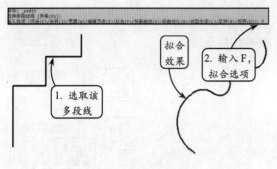

图 4-18　拟合多段线

❑ 样条曲线

输入字母 S，可以用样条曲线拟合多段线，且拟合时以多段线的各顶点作为样条曲线的控制点。

❑ 非曲线化

输入字母 D，可以删除在执行【拟合】或【样条曲线】命令时插入的额外顶点，并拉直多段线中的所有线段，同时保留多段线顶点的所有切线信息。

❑ 线型生成

输入字母 L，可以设置非连续线型多段线在各顶点处的绘线方式。输入命令 ON，多段线以全长绘制线型；输入命令 OFF，多段线的各个线段独立绘制线型，当长度不足以表达线型时，以连续线代替。

4.3　绘制折线对象

在 AutoCAD 中，矩形及多边形的各边并非单一对象，而是构成单独的对象。可以通过在命令行中输入尺寸值来获得，属于复杂的线性对象。使用 REC 可以绘制矩形，使用 POL 可以绘制多边。

4.3.1　矩形

在 AutoCAD 中，用户可以通过定义两个对角点，或者长度和宽度的方式来绘制矩形，且同时可以设置其线宽、圆角和倒角等参数。

在【绘图】选项板中单击【矩形】按钮 ▭，命令行将显示"RECTANG 指定第一个角点或[倒角(C)/标高(E)/圆角(F)/厚度(T)/宽度(W)]："的提示信息，其中各选项的含义如下所述。

❑ 指定第一个角点

在屏幕上指定一点后，然后指定矩形的另一个角点来绘制矩形。该方法是绘图过程中最常用的绘制方法。

❑ 倒角（C）

绘制倒角矩形。在当前命令提示窗口中输入字母 C，然后按照系统提示输入第一个和第二个倒角距离，明确第一个角点和另一个角点，即可完成矩形的绘制。其中，第一个倒角距离指沿 X 轴方向（长度方向）的距离，第二个倒角距离指沿 Y 轴方向（宽度方向）的距离。

❑ 标高（E）

该命令一般用于三维绘图中。在当前命令提示窗口中输入字母 E，并输入矩形的标高，然后明确第一个角点和另一个角点即可。

❑ 圆角（F）

绘制圆角矩形。在当前命令提示窗口中输入字母 F，并输入圆角半径参数值，然后明确第一个角点和另一个角点即可。

❑ 厚度（T）

绘制具有厚度特征的矩形。在当前命令行提示窗口中输入字母 T，并输入厚度参数值，然后明确第一个角点和另一个角点即可。

❑ 宽度（W）

绘制具有宽度特征的矩形。在当前命令行提示窗口中输入字母 W，并输入宽度参数值，然后明确第一个角点和另一个角点即可。

选择不同的选项则可以获得不同的矩形效果，但都必须指定第一个角点和另一个角点，从而确定矩形的大小。执行各种操作获得的矩形绘制效果如图 4-19 所示。

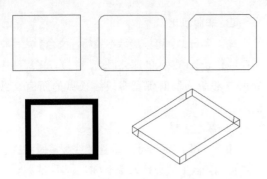

图 4-19　矩形的各种样式

4.3.2　正多边形

利用【正多边形】工具可以快速绘制 3～1024 条边的正多边形，其中包括等边三角形、正方形、五边形和六边形等。在【绘图】选项板中单击【多边形】按钮⬠，即可按照以下 3 种方法绘制正多边形。

1．内接圆法

利用该方法绘制多边形时，是由多边形的中心到多边形的顶角点间的距离相等的边组成，也就是整个多边形位于一个虚构的圆中。

单击【多边形】按钮⬠，然后设置多边形的边数，并指定多边形中心。接着选择【内接于圆】选项，并设置内接圆的半径值，即可完成多边形的绘制，效果如图 4-20 所示。

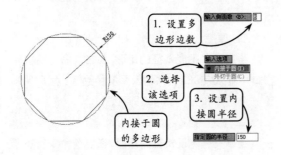

图 4-20　利用内接圆法绘制正八边形

2．外切圆法

利用该方法绘制正多边形时，所输入的半径值是多边形的中心点至多边形任意边的垂直距离。

单击【多边形】按钮⬠，然后输入多边形的边数为 8，并指定多边形的中心点。接着选择【外切

于圆】选项，并设置外切圆的半径值即可，效果如图 4-21 所示。

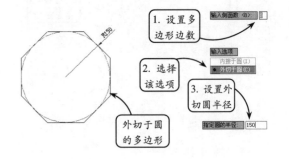

图 4-21　利用外切圆法绘制正八边形

3．边长法

设定正多边形的边长和一条边的两个端点，同样可以绘制出正多边形。单击【多边形】按钮⬠，在设置完多边形的边数后输入字母 e，然后即可直接在绘图区中指定两点，或者指定一点后输入边长值来绘制出所需的多边形。例如，分别选取三角形一条边上的两个端点，绘制以该边为边长的正六边形，效果如图 4-22 所示。

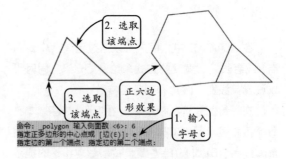

图 4-22　利用边长法绘制正六边形

4.3.3　绘制区域覆盖

区域覆盖是在现有的对象上生成一个空白的区域，用于覆盖指定区域或要在指定区域内添加注释。该区域与区域覆盖边框进行绑定，可以打开该区域进行编辑，也可以关闭该区域进行打印操作。

在【绘图】选项板中单击【区域覆盖】按钮⬚，命令行将显示"WIPEOUT_wipeout 指定第一点或[边框(F)多段线(P)]<多段线>："的提示信息，各选

项的含义及设置方法分别介绍如下。

□ 边框

该方式是指绘制一个封闭的多边形区域，并使用当前的背景色遮盖被覆盖的对象。默认情况下，用户可以通过指定一系列控制点来定义区域覆盖的边界，并可以根据命令行的提示信息对区域覆盖进行编辑，确定是否显示区域覆盖对象的边界。若选择【开（ON）】选项可以显示边界；若选择【关（OFF）】选项，则可以隐藏绘图窗口中所要覆盖区域的边界，其对比效果如图 4-23 所示。

□ 多段线

该方式是指选取原有的封闭多段线作为区域覆盖对象的边界。当选择一个封闭的多段线时，命令行将提示是否要删除多段线，输入 Y，系统将删除用来绘制区域覆盖的多段线；输入 N，则保留该多段线。

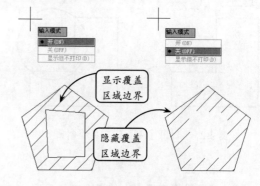

图 4-23　显示与隐藏效果

4.4　曲线对象

圆、圆弧、椭圆、椭圆弧和圆环都属于曲线对象，在图形的绘制方面相对于线性对象要复杂一些，其在图形的组成方面也占有重要的位置。曲线对象的绘制方法也是多种多样的，用户可以根据不同的需求进行不同的选择。

4.4.1　圆和圆弧

1. 圆

圆是指平面上到定点的距离等于定长的所有点的集合。它是一个单独的曲线封闭图形，有恒定的曲率和半径。在二维草图中，主要用于表达孔、台体和柱体等模型的投影轮廓；在三维建模中，由它创建的面域可以直接构建球体、圆柱体和圆台等实体模型。

在【绘图】选项板中单击【圆】按钮下侧的黑色小三角，其下拉列表中主要有以下 5 种绘制圆的方法。

（1）圆心，半径（或直径）

该方式可以通过指定圆心，并设置半径值（或直径值）来确定一个圆。单击【圆心，半径】按钮，然后在绘图区中指定圆心位置，并设置半径值，即可确定一个圆，效果如图 4-24 所示。

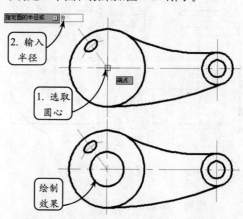

图 4-24　利用【圆心，半径】工具绘制圆

此外，如果在命令行中输入字母 D，并按下 Enter 键确认，则可以通过设置直径值来确定一个圆。

（2）两点

该方式可以通过指定圆上的两个点来确定一个圆。其中，两点之间的距离确定了圆的直径，假想的两点直线间的中点确定了圆的圆心。

单击【两点】按钮，然后在绘图区中依次选取圆上的两个点 A 和 B，即可确定一个圆，效果如图 4-25 所示。

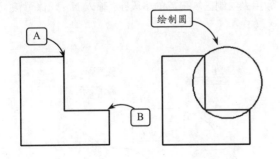

图 4-25　利用【两点】工具绘制圆

（3）三点圆

该方式通过指定圆周上的三个点来确定一个圆。其原理是：在平面几何内三点的首尾连线可组成一个三角形，而一个三角形有且只有一个外接圆。需要注意的是这三个点不能在同一条直线上。

单击【三点】按钮◯，然后在绘图区中依次选取圆上的三个点即可，效果如图 4-26 所示。

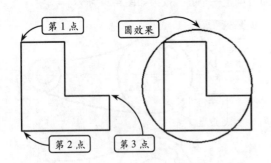

图 4-26　利用【三点】工具绘制圆

（4）相切，相切，半径

该方式可以通过指定圆的两个公切点和设置圆的半径值来确定一个圆。单击【相切，相切，半径】按钮◌，然后在相应的图元上指定公切点，并设置圆的半径值即可，效果如图 4-27 所示。

（5）相切，相切，相切

该方式通过指定圆的三个公切点来确定一个圆。该类型的圆是三点圆的一种特殊类型，即三段两两相交的直线或圆弧段的公切圆，其主要用于确定正多边形的内切圆。

单击【相切，相切，相切】按钮◯，然后在绘图区中依次选取相应图元上的三个切点即可，效

果如图 4-28 所示。

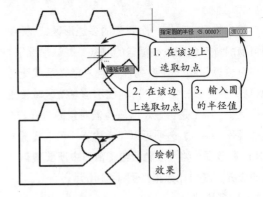

图 4-27　利用【相切，相切，半径】工具绘制圆

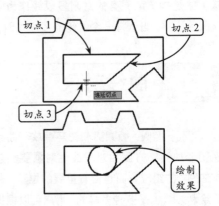

图 4-28　利用【相切，相切，相切】工具绘制圆

2．圆弧

在 AutoCAD 中，圆弧既可以用于建立圆弧曲线和扇形，也可以用作放样图形的放样截面。由于圆弧可以看作是圆的一部分，因此它会涉及起点和终点的问题。

绘制圆弧的方法与圆基本类似，既要指定半径和起点，又要指出圆弧所跨的弧度大小。根据绘图顺序和已知图形要素条件的不同，主要分为以下 5 种类型。

（1）三点

该方式通过指定圆弧上的三点来确定一段圆弧。其中，第一点和第三点分别是圆弧上的起点和端点，且第三点直接决定圆弧的形状和大小，第二点可以确定圆弧的位置。

单击【三点】按钮╭，然后在绘图区中依次选取圆弧上的三点，即可绘制通过这三个点的圆

弧，效果如图 4-29 所示。

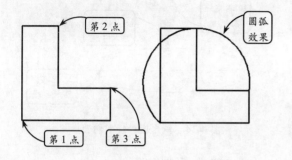

图 4-29 利用【三点】工具绘制圆弧

（2）起点和圆心

该方式通过指定圆弧的起点和圆心，再选取圆弧的端点，或设置圆弧的包含角或弦长来确定圆弧。其主要包括 3 个绘制工具，最常用的为【起点，圆心，端点】工具。

单击【起点，圆心，端点】按钮，然后在绘图区中依次指定三个点作为圆弧的起点、圆心和端点，即可完成圆弧的绘制，效果如图 4-30 所示。

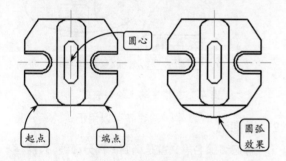

图 4-30 利用【起点，圆心，端点】工具绘制圆弧

如果单击【起点，圆心，角度】按钮，则绘制圆弧时需要指定圆心角，且当输入正角度值时，所绘圆弧从起始点绕圆心沿逆时针方向绘制；如果单击【起点，圆心，长度】按钮，则绘制圆弧时所给定的弦长不得超过起点到圆心距离的两倍，且当设置的弦长为负值时，该值的绝对值将作为对应整圆的空缺部分圆弧的弦长。

（3）起点和端点

该方式通过指定圆弧上的起点和端点，然后再设置圆弧的包含角、起点切向或圆弧半径来确定一段圆弧。其主要包括 3 个绘制工具，效果如图 4-31 所示。

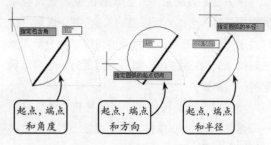

图 4-31 利用【起点和端点】相应工具绘制圆弧

其中，单击【起点，端点，方向】按钮，绘制圆弧时可以拖动鼠标动态地确定圆弧在起点和端点之间形成的一条线，而该线即为圆弧在起始点处的切线。

（4）圆心和起点

该方式通过指定圆弧的起点和圆心，再选取圆弧的端点，或设置圆弧的包含角或弦长来确定圆弧。其主要包括 3 个绘制工具，最常用的为【起点，圆心，端点】工具。

单击【起点，圆心，端点】按钮，然后在绘图区中依次指定三个点作为圆弧的起点、圆心和端点，即可完成圆弧的绘制，效果如图 4-32 所示。

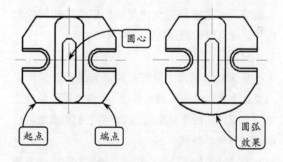

图 4-32 利用【起点，圆心，端点】工具绘制圆弧

如果单击【起点，圆心，角度】按钮，则绘制圆弧时需要指定圆心角，且当输入正角度值时，所绘圆弧从起始点绕圆心沿逆时针方向绘制；如果单击【起点，圆心，长度】按钮，则绘制圆弧时所给定的弦长不得超过起点到圆心距离的两倍，且当设置的弦长为负值时，该值的绝对值将作为对应整圆的空缺部分圆弧的弦长。

（5）连续

该方式是以最后一次绘制线段或圆弧过程中确定的最后一点作为新圆弧的起点，并以最后所绘制线段方向，或圆弧终止点处的切线方向为新圆弧在起始点处的切线方向，然后再指定另一个端点确定的一段圆弧。

单击【连续】按钮，系统将自动选取最后一段圆弧。此时，仅须指定连续圆弧上的另一个端点即可，效果如图 4-33 所示。

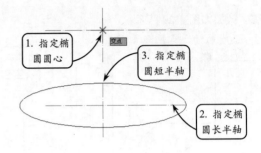

图 4-34　指定圆心绘制椭圆

❑ **指定端点绘制椭圆**

该方法是 AutoCAD 绘制椭圆的默认方法，只需在绘图区中直接指定出椭圆的三个端点，即可绘制出一个完整的椭圆。

单击【轴，端点】按钮，然后选取椭圆的两个端点，并指定另一半轴的长度，即可绘制出完整的椭圆，效果如图 4-35 所示。

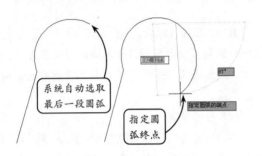

图 4-33　绘制连续圆弧

4.4.2　椭圆和椭圆弧

椭圆和椭圆弧曲线都是机械绘图时最常用的曲线对象。该类曲线 X、Y 轴方向对应的圆弧直径有差异，如果直径完全相同则形成规则的圆轮廓线，因此可以说圆是椭圆的特殊形式。

1. 椭圆

椭圆是指平面上到定点距离与到定直线间距离之比为常数的所有点的集合。零件上圆孔特征在某一角度上的投影轮廓线、圆管零件上相贯线的近似画法等均以椭圆显示。

在【绘图】选项板中单击【椭圆】按钮右侧的黑色小三角，系统将显示以下两种绘制椭圆的方式。

❑ **指定圆心绘制椭圆**

指定圆心绘制椭圆，即通过指定椭圆圆心、主轴的半轴长度和副轴的半轴长度来绘制椭圆。

单击【圆心】按钮，然后在绘图区中指定椭圆的圆心，并依次指定两个轴的半轴长度，即可完成椭圆的绘制，效果如图 4-34 所示。

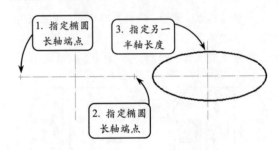

图 4-35　指定端点绘制椭圆

2. 椭圆弧

椭圆弧顾名思义就是椭圆的部分弧线，只需指定圆弧的起点角和端点角即可。其中在指定椭圆弧的角度时，可以在命令行中输入相应的数值，也可以直接在图形中指定位置点定义相应的角度。

单击【椭圆弧】按钮，命令行将显示"ELLIPSE 指定椭圆的轴端点或[圆弧（A）/中心点（C）]:"的提示信息。此时便可以按以上两种绘制方法先绘制椭圆，然后再按照命令行提示的信息分别输入起点和端点角度，来获得相应的椭圆弧，效果如图 4-36 所示。

4.4.3　样条曲线

样条曲线是经过或接近一系列给定点的光滑

曲线，可以控制曲线与点的拟合程度。在机械绘图中，该类曲线通常用来表示区分断面的部分，还可以在建筑图中表示地形地貌等。

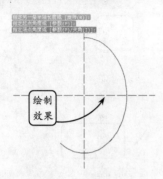

图 4-36　绘制椭圆弧

1. 绘制样条曲线

样条曲线与直线一样都是通过指定点获得，不同的是样条曲线是弯曲的线条，并且线条可以是开放的，也可以是起点和端点重合的封闭样条曲线。

单击【样条曲线拟合】按钮，然后依次指定起点、中间点和终点，即可完成样条曲线的绘制，效果如图 4-37 所示。

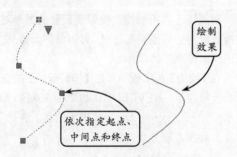

图 4-37　绘制样条曲线

2. 编辑样条曲线

在样条曲线绘制完成后，往往不能满足实际的使用要求，此时即可利用样条曲线的编辑工具对其进行相应的操作，以达到设计要求。

在【修改】选项板中单击【编辑样条曲线】按钮，系统将提示选择样条曲线。此时，选取相应的样条曲线即可显示一快捷菜单，如图 4-38 所示。

该快捷菜单中各主要选项的含义及设置方法介绍如下。

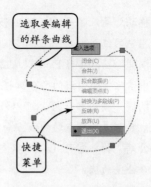

图 4-38　编辑快捷菜单

❑ **闭合**

选择该选项，系统自动将最后一点定义为与第一点相同，并且在连接处相切，以此使样条曲线闭合。

❑ **拟合数据**

选择该操作方式可以编辑样条曲线所通过的某些控制点。选择该选项后，系统将打开拟合数据快捷菜单，且样条曲线上各控制点的位置均会以夹点的形式显示，如图 4-39 所示。

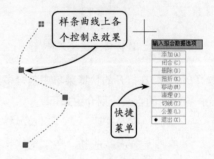

图 4-39　拟合数据快捷菜单

该快捷菜单主要包括 8 种编辑方式，现分别介绍如下。

➢ **添加**　输入字母 A，可以为样条曲线添加新的控制点。

➢ **闭合**　输入字母 C，系统自动将最后一点定义为与第一点相同，并且在连接处相切，以此使样条曲线闭合。

➢ **删除**　输入字母 D，可以删除样条曲线控制点集中的一些控制点。

➢ **扭折**　输入字母 K，可以在样条曲线上的指定位置添加节点和拟合点，且不会保持在该点的相切或曲率连续性。

> **移动** 输入字母 M，可以移动控制点
  集中的位置。

> **清理** 输入字母 P，可以从图形数据库
  中清除样条曲线的拟合数据。

> **切线** 输入字母 T，可以修改样条曲
  线在起点和端点的切线方向。

> **公差** 输入字母 L，可以重新设置拟
  合公差的值。

❑ 编辑顶点

选择该选项可以将所修改样条曲线的控制点
进行细化，以达到更精确地对样条曲线进行编辑的
目的，如图 4-40 所示。

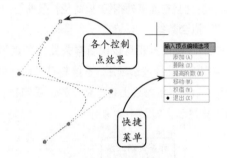

图 4-40　编辑顶点快捷菜单

选择该选项，在打开的快捷菜单中包含多种编
辑方式，各选项的含义分别介绍如下。

> **添加** 输入字母 A，可以增加样条曲
  线的控制点。此时，在命令行提示下
  选取样条曲线上的某个控制点将以两
  个控制点代替，且新点与样条曲线更
  加逼近。

> **删除** 输入字母 D，可以删除样条曲
  线控制点集中的一些控制点。

> **提高阶数** 输入字母 E，可以控制样
  条曲线的阶数，且阶数越高控制点越
  多，样条曲线越光滑。如果选择该选
  项，系统将提示输入新阶数，例如输
  入阶数为 8，显示的精度设置效果如图
  4-41 所示。

> **移动** 输入字母 M，可以通过拖动鼠
  标的方式，移动样条曲线各控制点处
  的夹点，以达到编辑样条曲线的目的。

其与【拟合数据】选项中的【移动】
子选项功能一致。

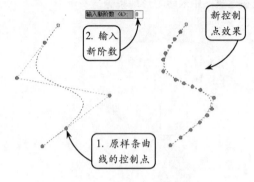

图 4-41　提高曲线阶数

> **权值** 输入字母 W，可以改变控制点
  的权值。

❑ 转换为多段线

选择该选项，并指定相应的精度值，即可将样
条曲线转换为多段线。

❑ 反转

选择该选项可以使样条曲线的方向相反。

4.4.4　修订云线

利用该工具可以绘制类似于云彩的图形对象。
在检查或用红线圈阅图形时，可以使用云线来亮显
标记，以提高工作效率。

在【绘图】选项板中单击【修订云线】按钮🔕，
命令行将显示"REVCLOUD 指定起点或[弧长(A)/
对象(O)/样式(S)]<对象>:"的提示信息。各选项的
含义及设置方法分别介绍如下。

❑ 指定起点

该方式是指从头开始绘制修订云线，即默认云
线的参数设置。在绘图区中指定一点为起始点，拖
动鼠标将显示云线，效果如图 4-42 所示。

图 4-42　绘制修订云线

□ **弧长**

选择该选项可以指定云线的最小弧长和最大弧长，默认情况下弧长的最小值为 0.5 个单位，最大值不能超过最小值的 3 倍。

□ **对象**

选择该选项可以指定一个封闭图形，如矩形、多边形等，并将其转换为云线路径。且在绘制过程中如果选择"N"，则圆弧方向向外；如果选择"Y"，则圆弧方向向内，效果如图 4-43 所示。

图 4-43　转换对象后的两种情况

□ **样式**

选择该选项可以指定修订云线的方式，包括【普通】和【手绘】两种样式。两种云线样式的对比效果如图 4-44 所示。

图 4-44　两种样式绘制修订云线

AutoCAD 4.5 面域

面域是使用形成闭合环的对象创建的二维闭合区域。环可以是直线、多段线、圆、圆弧、椭圆、椭圆弧和样条曲线的组合。组成环的对象必须闭合或通过与其他对象共享端点而形成闭合的区域。当图形的边界比较复杂时，用户可以通过面域间的布尔运算高效地完成各种造型设计。此外，面域还可以作为三维建模的基础对象，直接参与渲染。

4.5.1 创建面域

面域是具有一定边界的二维闭合区域，它是一个面对象，内部可以包含孔特征。虽然从外观来说，面域和一般的封闭线框没有区别，但实际上，面域就像一张没有厚度的纸，除了包括边界外，还包括边界内的平面。创建面域的条件是必须保证二维平面内各个对象间首尾连接成封闭图形，否则无法创建面域。

在【绘图】选项板中单击【面域】按钮 ，然后框选一个二维封闭图形并按下 Enter 键，即可将该图形创建为面域。此时，用户可以将视觉样式切换为【概念】，查看创建的面域效果，如图 4-45 所示。

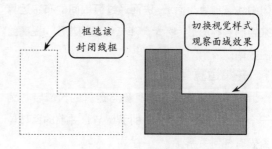

图 4-45　将封闭的二维图形转化为面域

此外，在【绘图】选项板中单击【边界】按钮 ，系统将打开【边界创建】对话框。在该对话框的【对象类型】下拉列表中选择【面域】选项，然后单击【拾取点】按钮 ，并在绘图区中指定的封闭区域内单击，同样可以将该封闭区域转化为面域，效果如图 4-46 所示。

> **提示**
>
> 如果在【边界创建】对话框的【对象类型】下拉列表中选择【多段线】选项，并选取封闭的区域，则可以将该封闭区域的边界转化为多段线。

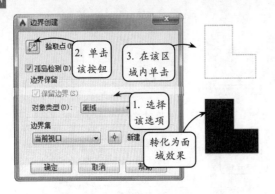

图 4-46　利用【边界】工具创建面域

4.5.2　面域的布尔运算

布尔运算是数学上的一种逻辑运算,执行该类命令可以对实体和共面的面域进行剪切、添加和获取交叉部分等操作。当绘制较为复杂的图形时,线条间的修剪、删除等操作比较繁琐,此时如果将封闭的线条创建为面域,进而通过面域间的布尔运算来绘制各种图形,将大大降低绘图的难度,提高绘图效率。

1．并集运算

并集运算就是将所有参与运算的面域合并为一个新的面域,且运算后的面域与合并前的面域位置没有任何关系。

要执行该并集操作,可以先将绘图区中的多边形和圆等图形对象分别创建为面域。然后在命令行中输入 UNION 指令,并分别选取这两个面域。接着按下 Enter 键,即可获得并集运算效果,如图 4-47所示。

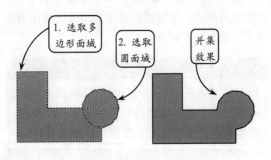

图 4-47　并集运算效果

2．差集运算

差集运算是从一个面域中减去一个或多个面域,从而获得一个新的面域。当所指定去除的面域和被去除的面域不同时,所获得的差集效果也会不同。

在命令行中输入 SUBTRACT 指令,然后选取多边形面域为源面域,并单击右键。接着选取圆面域为要去除的面域,并单击右键,即可获得面域求差效果,如图 4-48 所示。

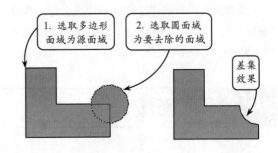

图 4-48　差集运算效果

3．交集运算

通过交集运算可以获得各个相交面域的公共部分。要注意的是只有两个面域相交,两者间才会有公共部分,这样才能进行交集运算。

在命令行中输入 INTERSECT 指令,然后依次选取多边形面域和圆面域,并单击右键,即可获得面域求交效果,如图 4-49 所示。

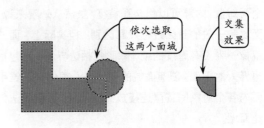

图 4-49　交集运算效果

AutoCAD

4.6　图案填充

重复绘制某些图案以填充图形中的一个区域，从而表达该区域的特征，这种填充操作成为图案填充。图案填充广泛地应用于机械工程、建筑及地质构造等方面。例如，在机械工程图中，可以用于表达剖切的区域，也可以使用不同的图案来表达不同的零件或者材料。

4.6.1　创建图案填充

使用传统的手工方式绘制阴影线时，必须依赖绘图者的眼睛，并正确使用丁字尺和三角板等绘图工具，逐一绘制每一条线。这样不仅工作量大，且角度和间距都不太精确，影响绘图质量。但利用 AutoCAD 提供的【图案填充】工具，只需定义好边界，系统即可自动进行相应的填充操作。

单击【图案填充】按钮，系统将展开【图案填充编辑器】选项卡，如图 4-50 所示。

在该选项卡中即可分别设置填充图案的类型、填充比例、角度和填充边界等。

图 4-50　【图案填充编辑器】选项卡

1．指定填充图案的类型

创建图案填充，首先要设置填充图案的类型。用户既可以使用系统预定义的图案样式进行图案填充，也可以自定义一个简单的或创建更加复杂的图案样式进行图案填充。

在【特性】选项板的【图案填充类型】下拉列表中，系统提供了 4 种图案填充类型，如图 4-51 所示。

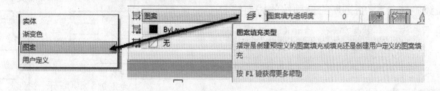

图 4-51　填充图案的 4 种类型

❑ 实体
选择该选项，则填充图案为 SOLID（纯色）图案。

❑ 渐变色
选择该选项，可以设置双色渐变的填充图案。

❑ 图案
选择该选项，可以使用系统提供的填充图案样式，这些图案保存在系统的 acad.pat 和 acadiso.pat 文件中。当选择该选项后，便可以在【图案】选项板的【图案填充图案】下拉列表中选择系统提供的图案类型，如图 4-52 所示。

图 4-52　【图案填充图案】列表框

□ 用户定义

利用当前线型定义由一组平行线或者相互垂直的两组平行线组成的图案。例如选取该填充图案类型后，如果在【特性】选项板中单击【交叉线】按钮，则填充图案将由平行线变为交叉线，如图4-53所示。

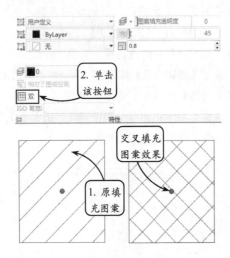

图 4-53　用户定义的填充图案

2. 设置填充图案的比例和角度

指定好填充图案后，还需要设置合适的比例和合适的剖面线旋转角度，否则所绘剖面线的线与线之间的间距不是过疏，就是过密。AutoCAD 提供的填充图案都可以调整比例因子和角度，以便满足各种填充要求。

□ 设置剖面线的比例

剖面线比例的设置，直接影响最终的填充效果。当处理较大的填充区域时，如果设置的比例因子太小，由于单位距离中有太多的线，则所产生的图案就像是使用实体填充的一样。这样不仅不符合设计要求，还增加了图形文件的容量。但如果使用了过大的填充比例，可能由于剖面线间距太大，而不能在区域中插入任何一个图案，从而观察不到剖面线效果。

在 AutoCAD 中，预定义剖面线图案的默认缩放比例是1。如果绘制剖面线时没有指定特殊值，系统将按默认比例值绘制剖面线。如果要输入新的比例值，可以在【特性】选项板的【填充图案比例】

文本框中输入新的比例值，以增大或减小剖面线的间距，效果如图4-54所示。

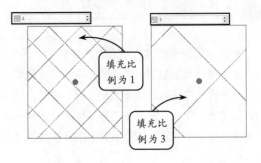

图 4-54　不同比例的剖面线效果

□ 设置剖面线的角度

除了剖面线的比例可以控制之外，剖面线的角度也可以进行控制。剖面线角度的数值大小直接决定了剖面区域中图案的放置方向。

在【特性】选项板的【图案填充角度】文本框中可以输入剖面线的角度数值，也可以拖动左侧的滑块来控制角度的大小。但要注意的是在该文本框中所设置的角度并不是剖面线与X轴的倾斜角度，而是剖面线以45°线方向为起始位置的转动角度。例如设置角度为0°，此时剖面线与X轴的夹角却是45°，如图4-55所示。

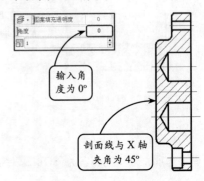

图 4-55　输入角度为0°时剖面线效果

当分别输入角度值为45°和90°时，剖面线将逆时针旋转至新的位置，它们与X轴的夹角分别为90°和135°，效果如图4-56所示。

3. 指定填充边界

剖面线一般总是绘制在一个对象或几个对象所围成的区域中，如一个圆或一个矩形或几条线段或圆弧所围成的形状多样的区域中。即剖面线的边界线必须是首尾相连的一条闭合线，且构成边界的图形对象应在端点处相交。

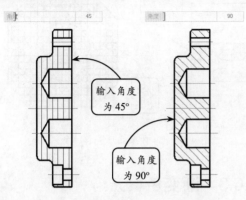

图 4-56　输入不同角度时的剖面线效果

在 AutoCAD 中，指定填充边界主要有两种方法：一种是在闭合的区域中选取一点，系统将自动搜索闭合的边界；另一种是通过选取对象来定义边界，现分别介绍如下。

❑　选取闭合区域定义填充边界

在图形不复杂的情况下，经常通过在填充区域内指定一点来定义边界。此时，系统将自动寻找包含该点的封闭区域进行填充操作。

单击【边界】选项板中的【拾取点】按钮，然后在要填充的区域内任意指定一点，系统即可以虚线形式显示该填充边界，效果如图 4-57 所示。

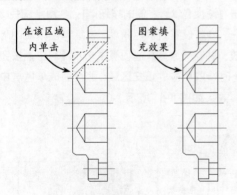

图 4-57　拾取内部点填充图案

且如果拾取点不能形成封闭边界，则会显示错误提示信息。此外，在【边界】选项板中单击【删除边界对象】按钮，可以取消系统自动选取或用

户所选的边界，将多余的对象排除在边界集之外，使其不参与边界计算，从而重新定义边界，以形成新的填充区域，效果如图 4-58 所示。

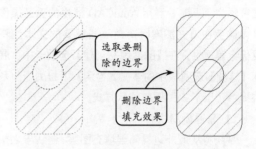

图 4-58　删除多余图形边界的填充效果

❑　选取边界对象定义填充边界

该方式是通过选取填充区域的边界线来确定填充区域。该区域仅为鼠标点选的区域，且必须是封闭的区域，未被选取的边界不在填充区域内。该方式常用在需要进行填充的多个或多重嵌套的图形。

单击【选择边界对象】按钮，然后选取指定的封闭边界对象，即可对该边界对象所围成的区域进行相应的填充操作，如图 4-59 所示。

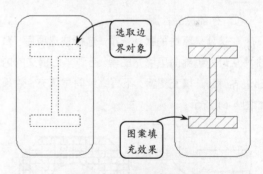

图 4-59　选取边界填充图案

> **提示**
>
> 如果指定边界时，系统提示未找到有效的边界，则说明所选区域边界未完全封闭。此时可以采用两种方法：一种是利用延长、拉伸或修剪工具对边界重新修改，使其完全闭合；另一种是利用多段线将边界重新描绘也可以解决边界未完全封闭的问题。

4.6.2 孤岛填充

在填充边界中常包含一些闭合的区域,这些区域被称为"孤岛"。利用 AutoCAD 提供的孤岛操作可以避免在填充图案时覆盖一些重要的文本注释或标记等属性。在【图案填充创建】选项卡中,展开【选项】选项板中的【孤岛检测】下拉列表,系统提供了以下 3 种孤岛显示方式。

❑ **普通孤岛检测**

系统将从最外边界向里填充图案,遇到与之相交的内部边界时断开填充图案,遇到下一个内部边界时再继续填充,效果如图 4-60 所示。

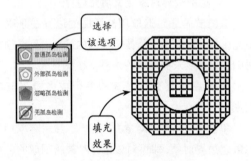

图 4-60 普通孤岛填充样式效果

❑ **外部孤岛检测**

该选项是系统的默认选项。选择该选项后,系统将从最外边界向里填充图案,遇到与之相交的内部边界时断开填充图案,不再继续向里填充,效果如图 4-61 所示。

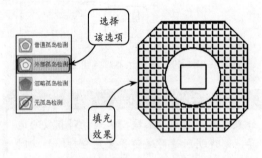

图 4-61 外部孤岛填充样式效果

❑ **忽略孤岛检测**

选择该选项后,系统将忽略边界内的所有孤岛对象,所有内部结构都将被填充图案覆盖,效果如图 4-62 所示。

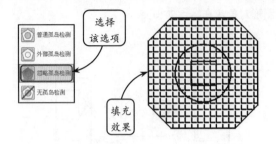

图 4-62 忽略孤岛填充样式效果

4.6.3 渐变色填充

在绘图过程中,有些图形在填充时需要用到一种或多种颜色,尤其在绘制装潢、美工等图纸时,这就要用到渐变色图案填充功能。利用该功能可以对封闭区域进行适当的渐变色填充,从而形成比较好的颜色修饰效果。根据填充效果的不同,可以分为以下两种填充方式。

1. 单色填充

单色填充是指从较深色到较浅色平滑过渡的单色填充,用户可以通过设置角度和明暗数值来控制单色填充的效果。

在【特性】选项板的【图案填充类型】中选择【渐变色】选项,并指定【渐变色 1】的颜色。然后单击【渐变色 2】左侧的按钮，禁用渐变色 2 的填充。接着设置渐变色角度,设定单色渐变明暗的数值,并在【原点】选项板中单击【居中】按钮。此时选取相应的填充区域,即可完成单色居中填充,效果如图 4-63 所示。

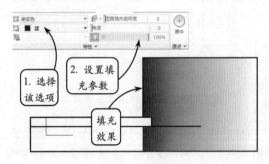

图 4-63 单色居中渐变色填充效果

2．双色填充

双色填充是指在两种颜色之间平滑过渡的双色渐变填充。创建双色填充，只需分别设置【渐变色 1】和【渐变色 2】的颜色类型，并设置填充参数，然后拾取填充区域内部的点即可。若启用【居中】功能，则渐变色 1 将向渐变色 2 居中显示渐变效果，效果如图 4-64 所示。

4.6.4　编辑填充图案

通过执行编辑填充图案操作，不仅可以修改已经创建的填充图案，而且可以指定一个新的图案替换以前生成的图案。其具体包括对图案的样式、比

例（或间距）、颜色、关联性以及注释性等选项的操作。

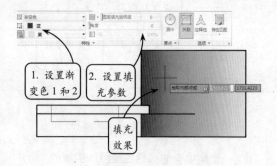

图 4-64　双色渐变色填充效果

1．编辑填充参数

在【修改】选项板中单击【编辑图案填充】按钮，然后在绘图区中选择要修改的填充图案，即可打开【图案填充编辑】对话框，如图 4-65 所示。

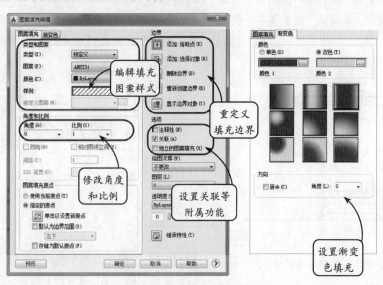

图 4-65　【图案填充编辑】对话框

在该对话框中不仅可以修改图案、比例、旋转角度和关联性等设置，还可以修改、删除及重新创建边界。另外在【渐变色】选项卡中与此编辑情况相同，这里不再赘述。

2．编辑图案填充边界与可见性

图案填充边界除了可以由【图案填充编辑】对话框中的【边界】选项组和孤岛操作编辑外，用户

还可以单独地进行边界定义。

在【绘图】选项板中单击【边界】按钮，系统将打开【边界创建】对话框。然后在【对象类型】下拉列表中选择边界保留形式，并单击【拾取点】按钮，重新选取图案边界即可，效果如图 4-66 所示。

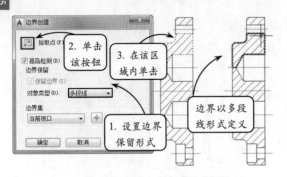

图 4-66　以多段线形式定义边界

此外，图案填充的可见性是可以控制的。用户

可以在命令行中输入 FILL 指令，将其设置为关闭填充显示，按 Enter 键确认。然后在命令行中输入 REGEN 指令，对图形进行更新以查看关闭效果，如图 4-67 所示。

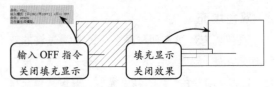

图 4-67　输入 FILL 指令控制可见性

4.7　综合案例 4-1：绘制直角球形阀

本实例为绘制简单直角球形阀的主视图，如图 4-68 所示。球形阀在管道上不仅可灵活控制介质的合流、分流及流向的切换，同时也可关闭任一通道而使另外两个通道相连。本类阀门在管道中一般应水平安装。

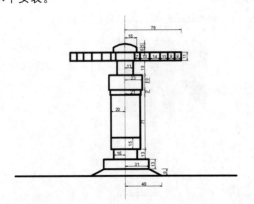

图 4-68　绘制直角球形阀主视图

该二维图形简洁，可采用自下而上绘图方式获得。主要使用【直线】【矩形】和【镜像】【修剪】编辑工具。

操作步骤 》》》》

STEP|01 设置界面，单击界面状态栏中【将光标捕捉到二维参照点】下拉列表中的【对象捕捉设置】按钮，打开【草图设置】对话框，在【对象捕捉】选项下勾选【启用对象捕捉】选项，单击【全部选

择】按钮，经捕捉选项全部勾选，再单击【确定】按钮，退出对话框。

STEP|02 新建图层，在【图层】选项板中单击【图层特性】按钮，将打开【图层特性管理器】对话框。然后在该对话框中新建所需图层，效果如图 4-69 所示。

图 4-69　新建图层

STEP|03 绘制中心线和线段，切换【中心线】图层为当前图层，单击【直线】按钮，绘制一条长为 400 的竖直线段为图形中心线。然后切换【轮廓线】图层为当前图层，单击【直线】按钮，绘制一条长为 300 的水平线段。单击移动按钮，选取线段，使水平线段的中心点位于中心线上。效果如图 4-70 所示。

STEP|04 绘制矩形，单击【矩形】按钮，绘制一个长为 98、宽为 9 的矩形。效果如图 4-71 所示。

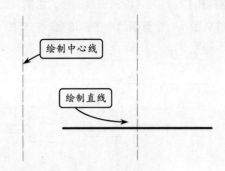

图 4-70 绘制中心线和直线

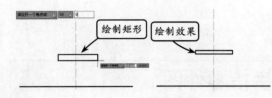

图 4-71 绘制矩形

STEP|05 移动矩形，单击【移动】按钮 ✛，选择矩形下方的边中点为基点，移动光标到直线和中心线的交点处，效果如图 4-72 所示。

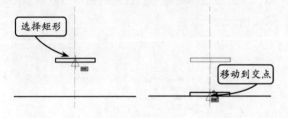

图 4-72 移动矩形

STEP|06 绘制矩形并排列，单击【矩形】按钮 □，分别绘制长 62、宽 13，长 32、宽 13，长 40、宽 15，长 40、宽 56，长 42、宽 7，长 46、宽 19，长 22、宽 19，长 152、宽 11，长 32、宽 6，长 32、宽 5 的 10 个矩形，并利用【移动】工具将矩形依次排列。效果如图 4-73 所示。大概轮廓就出来了。

图 4-73 绘制多个矩形并移动到指定位置

STEP|07 绘制细节，单击【直线】按钮 ✎，绘制如图 4-74 所示的两条直线连接最下方两个矩形，并利用【修剪】工具，修剪图中的多余线段。

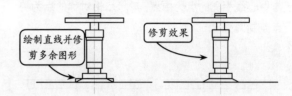

图 4-74 绘制直线并修剪图形

STEP|08 分解矩形，选择长为 152、宽为 11 的矩形，单击【分解】按钮 ✎，把矩形分解开，如图 4-75 所示。

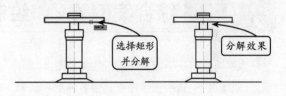

图 4-75 分解矩形

STEP|09 偏移线段，单击【偏移】按钮 ✑，选择步骤（8）所分解的矩形的一条边，分别偏移 9，11，14，13，7，如图 4-76 所示。

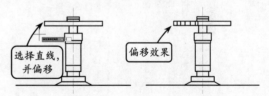

图 4-76 偏移直线

STEP|10 镜像线段，单击【镜像】按钮 ⚏，选择步骤（9）所偏移出的直线，以中心线为镜像线进行镜像，如图 4-77 所示即可获得镜像效果。

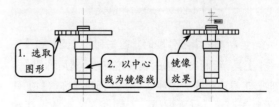

图 4-77 镜像线段

STEP|11 绘制圆弧，选择长为 32、宽为 5 的矩形，单击【圆弧】按钮的下拉列表中的【三点】按钮，如图 4-78 所示以矩形一角为起点，矩形上方线段与中心线相交的点为中点，与起点相对称的点为终点绘制圆弧。

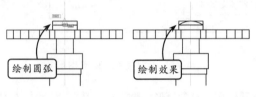

图 4-78　绘制圆弧

STEP|12 修剪线段，完成图形的绘制，利用【修剪】工具，修剪图形中多余的选段，如图 4-79 所示即可。

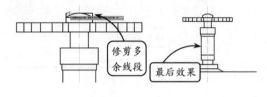

图 4-79　修剪线段

4.8 综合案例 4-2：绘制手指零件图

本例为绘制一手指零件图，效果如图 4-80 所示。一般情况下，该手指零件与其他零件配合装配，起到定位和固定的作用。

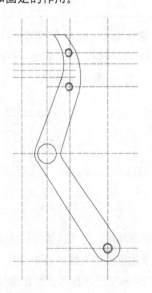

图 4-80　手指零件图效果

绘制该手指零件图时，首先利用【圆】和【直线】工具，绘制出手指的大致轮廓线，然后利用【修剪】工具修剪该轮廓线即可。特别是【修剪】工具的灵活应用，是本例的一大亮点，要求读者认真掌握。

操作步骤 》》》》

STEP|01 新建图层，在【图层】选项板中单击【图层特性】按钮，将打开【图形特性管理器】对话框。然后在该对话框中新建所需图层，效果如图 4-81 所示。

图 4-81　新建图层

STEP|02 绘制中心线并进行偏移，切换【中心线】图层为当前图层，单击【直线】按钮，分别绘制一条长 120 的水平线段和长 200 的竖直线段作为图形的中心线。然后单击【偏移】按钮，将水平中心线向下偏移 139，然后从第一条水平线陆续向下偏移 18、4、4，从最下边一条水平线陆续向上偏移 8、58、41、14、7。然后选择竖直水平线依次向右偏移 16、15、24，效果如图 4-82 所示。

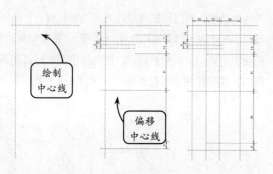

图 4-82 绘制中心线并偏移

STEP|03 绘制圆，切换【轮廓线】图层为当前图层，单击【圆】按钮⊙，选取点 A 为圆心绘制直径为φ27 的圆。继续利用【圆】工具依次选取点 B、点 C、点 D、点 E 和点 F 为圆心，绘制直径分别为φ32、φ38 和φ8/φ6、φ6、φ8/φ3 的圆轮廓，效果如图 4-83 所示。

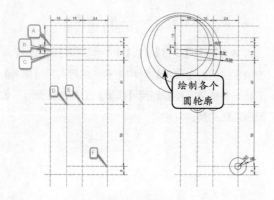

图 4-83 绘制圆

STEP|04 绘制直线并修剪图形，按直线快捷键 L，绘制直线，连接圆形并完成轮廓的描绘。然后再按修剪快捷键 TR，并双击空格键，修剪多余线段，手指的轮廓就出来了。如图 4-84 所示。

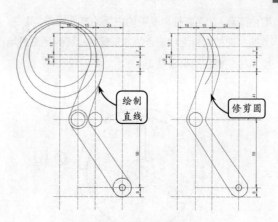

图 4-84 绘制直线并修剪圆形

STEP|05 绘制圆，进行偏移旋转和复制，完成图形的绘制，单击【圆】按钮⊙，选取点 G 为圆心，绘制直径为φ2 的圆。单击【偏移】按钮⊖，将圆向外偏移 0.5，得到一个新圆。利用【修剪】工具，对新圆进行修剪，并单击【旋转】工具，拾取新圆，以圆心为基点，旋转到合适位置。再选择新圆，单击【复制】按钮，以圆心为基点，复制到点 L、点 I。效果如图 4-85 所示。

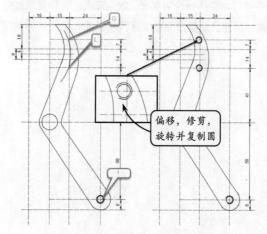

图 4-85 绘制圆并偏移修剪和复制

AutoCAD 4.9 新手训练营

练习 1 绘制手轮

本练习绘制一个手轮，效果如图 4-86 所示。手轮的主要作用是通过限制阀门来控制运动方向，具有操作方便、灵活等优点。从该零件的结构来看，其主要由圆环、加强圆柱以及手轮中间的方孔组成。其中，方孔中间装配与之相配合的方形螺栓，目的是更好地提高手轮机构的稳定性。

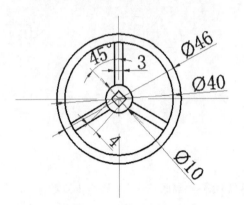

图 4-86 手轮平面图

本图形结构简单，易于绘制。在绘制图形时，利用到了简单的【直线】【圆】以及【修剪】等工具。同时，也用到了【阵列】和【旋转】工具。

练习2 绘制阀门

本练习绘制一阀门零件图，效果如图 4-87 所示。该阀门主要用于控制空气、水、蒸汽、各种腐蚀性介质、泥浆、油品、液态金属和放射性介质等各种类型

流体的流动。阀门根据材质还可分为铸铁阀门、铸钢阀门、不锈钢阀门（201、304、316 等）、铬钼钢阀门、铬钼钒钢阀门、双相钢阀门、塑料阀门和非标订制等阀门。该零件图主要是主视图，进行放大观察。

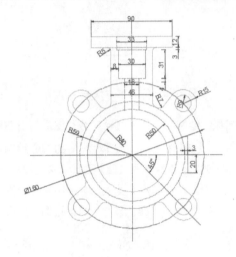

图 4-87 阀门零件图效果

首先利用【矩形】【圆】【直线】和【圆角】工具绘制主视图的主要半边对称轮廓。然后利用【修剪】工具绘制细节，接着利用【镜像】工具镜像图形，使图形达到完整。

第 **5** 章

编辑二维图形

  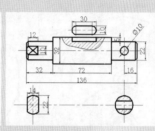 

在 AutoCAD 中，复杂的二维图形对象都是通过一些基本的二维图形绘制，以及在此基础上编辑得到的。通过对现有图形进行镜像、偏移、阵列、移动和修剪等操作，用户可以绘制更加精细的二维图形，并减少重复的绘图操作，保证绘图的准确性，极大地提高了绘图效率。

本章主要介绍常用编辑工具的使用方法和操作技巧，以及夹点编辑的操作方法。

5.1 对象操作

对象操作包括移动和旋转工具,都是在不改变被编辑图形具体形状的基础上,对图形的放置位置、角度以及大小进行重新调整,以满足最终的设计要求。该类工具常用于在装配图或将图块插入图形的过程中,对单个零部件图形或块的位置和角度进行调整。

5.1.1 移动

移动是对象的重定位操作,是对图形对象的位置进行调整,而方向和大小不变。该操作可以在指定的方向上按指定距离移动对象,且在指定移动基点、目标点时,不仅可以在图中拾取现有点作为移动参照,还可以利用输入参数值的方法定义出参照点的具体位置。

单击【移动】按钮✤,选取要移动的对象并指定基点,然后根据命令行提示指定第二个点或输入位移参数来确定目标点,即可完成移动操作,效果如图 5-1 所示。

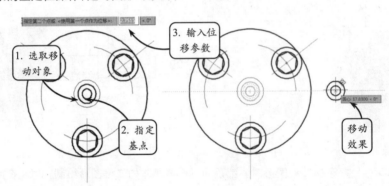

图 5-1 移动对象

> **提示**
>
> 在选取移动对象后单击右键,然后根据命令行提示输入字母 D,即可直接指定位移量进行图形的移动操作。

5.1.2 旋转

旋转同样是对象的重定位操作,其是对图形对象的方向进行调整,而位置和大小不改变。该操作可以将对象绕指定点旋转任意角度,从而以旋转点到旋转对象之间的距离和指定的旋转角度为参照,调整图形的放置方向和位置。在 AutoCAD 中,旋转操作主要有以下两种方式。

1. 一般旋转

该方式在旋转图形对象时,源对象将按指定的旋转中心和旋转角度旋转至新位置,并且将不保留对象的原始副本。

单击【旋转】按钮○,选取旋转对象并指定旋转基点,然后根据命令行提示输入旋转角度,按下 Enter 键,即可完成旋转对象操作,效果如图 5-2 所示。

2. 复制旋转

使用该旋转方式进行对象的旋转时,不仅可以将对象的放置方向调整一定的角度,还可以在旋转出新对象的同时,保留源对象图形,可以说该方式集旋转和复制操作于一体。

单击【旋转】按钮○,选取旋转对象并指定旋转基点,在命令行中输入字母 C。然后设定旋转角度,并按下 Enter 键,即可完成复制旋转操作,效果如图 5-3 所示。

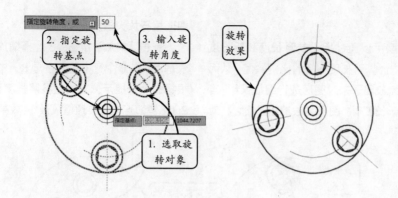

图 5-2　旋转对象

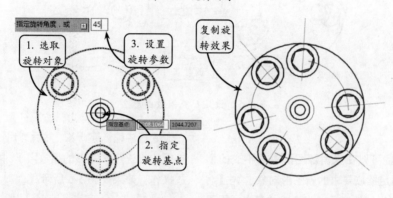

图 5-3　复制旋转

5.1.3　缩放

利用该工具可以将图形对象以指定的缩放基点为缩放参照，放大或缩小一定比例，创建出与源对象成一定比例且形状相同的新图形对象。在 AutoCAD 中，比例缩放可以分为以下 3 种缩放类型。

1. 参数缩放

该缩放类型可以通过指定缩放比例因子的方式，对图形对象进行放大或缩小。且当输入的比例因子大于 1 时将放大对象，小于 1 时将缩小对象。

单击【缩放】按钮，选择缩放对象并指定缩放基点，然后在命令行中输入比例因子，并按下 Enter 键即可，效果如图 5-4 所示。

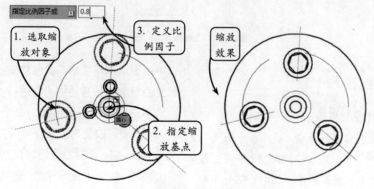

图 5-4　设定参数缩放图形

2．参照缩放

该缩放类型可以通过指定参照长度和新长度的方式，由系统计算两长度之间的比例数值，从而定义出图形的缩放因子来对图形进行缩放操作。当参照长度大于新长度时，图形将被缩小；反之将对图形执行放大操作。

单击【缩放】按钮，选择缩放对象并指定缩放基点，在命令行中输入字母 R，并按下 Enter 键。根据命令行提示依次设定参照长度和新长度，按下 Enter 键即可完成参照缩放操作，效果如图 5-5 所示。

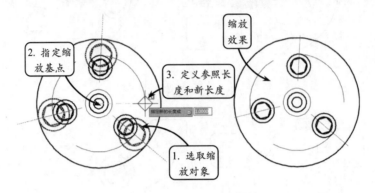

图 5-5　设定参照缩放图形

3．复制缩放

该缩放类型可以在保留源图形对象不变的情况下，创建出满足缩放要求的新图形对象。单击【缩放】按钮，选择缩放对象并指定缩放基点，需要在命令行中输入字母 C，然后利用设置缩放参数或参照的方法定义图形的缩放因子，即可完成复制缩放操作，效果如图 5-6 所示。

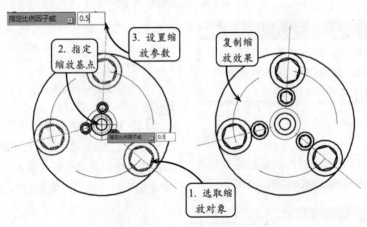

图 5-6　复制缩放效果

5.1.4　拉伸

执行拉伸操作能够将图形中的一部分拉伸、移动或变形，而其余部分保持不变，是一种十分灵活的调整图形大小的工具。选取拉伸对象时，可以使用"交叉窗口"的方式选取对象，其中全部处于窗口中的图形不作变形而只作移动，与选择窗口边界相交的对象将按移动的方向进行拉伸变形。

单击【拉伸】按钮，命令行将提示选取对象，用户便可以使用上面介绍的方式选取对象，并按下 Enter 键。此时命令行将显示"指定基点或[位移(D)]<位移>:"的提示信息。这两种拉伸方式现分别介绍如下。

1．指定基点拉伸对象

该拉伸方式是系统默认的拉伸方式。单击【拉伸】按钮，选取拉伸对象，并按下 Enter 键。然后按照命令行提示指定一点为拉伸基点，命令行将显示"指定第二个点或<使用第一个点作为位移>:"的提示信息。此时在绘图区中指定第二点，系统将按照这两点间的距离执行拉伸操作，效果如图 5-7 所示。

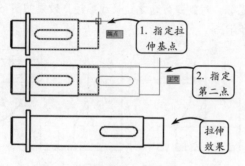

图 5-7　指定基点拉伸对象

2．指定位移量拉伸对象

该拉伸方式是指将对象按照指定的位移量进行拉伸，而其余部分并不改变。单击【拉伸】按钮，选取拉伸对象后，输入字母 D，然后设定位移参数并按下 Enter 键，系统即可按照指定的位移量进行拉伸操作，效果如图 5-8 所示。

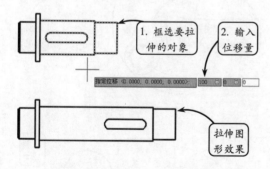

图 5-8　输入位移量拉伸对象

5.1.5　拉长

在 AutoCAD 中，拉伸和拉长工具都可以改变对象的大小，所不同的是拉伸操作可以一次框选多个对象，不仅改变对象的大小，同时改变对象的形状；而拉长操作只改变对象的长度，且不受边界的局限。其中，可用以拉长的对象包括直线、弧线和样条曲线等。

单击【拉长】按钮，命令行将显示"选择要测量的对象或[增量(DE)/百分比(P)/总计(T)/动态(DY)]:"的提示信息。此时指定一种拉长方式，并选取要拉长的对象，即可以该方式进行相应的拉长操作。各种拉长方式的设置方法分别介绍如下。

1．增量

该方式以指定的增量修改对象的长度，且该增量从距离选择点最近的端点处开始测量。单击【拉长】按钮，在命令行中输入字母 DE，命令行将显示"输入长度增量或[角度(A)]<0.0000>:"的提示信息。此时输入长度值，并选取对象，系统将以指定的增量修改对象的长度，效果如图 5-9 所示。此外，用户也可以输入字母 A，并指定角度值来修改对象的长度。

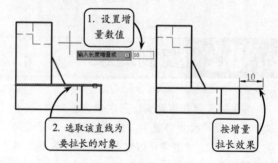

图 5-9　增量拉长对象

2．百分数

该方式以相对于原长度的百分比来修改直线或圆弧的长度。单击【拉长】按钮，在命令行中输入字母 P，命令行将显示"输入长度百分数<100.0000>:"的提示信息。此时如果输入的参数值小于 100 则缩短对象，大于 100 则拉长对象，效果如图 5-10 所示。

3．全部

该方式通过指定从固定端点处测量的总长度的绝对值来设置选定对象的长度。单击【拉长】按钮，在命令行中输入字母 T，然后输入对象的总长度，并选取要修改的对象。此时，选取的对象将按照设置的总长度相应地缩短或拉长，效果如图

5-11 所示。

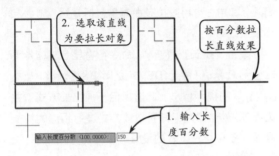

图 5-10　以百分数形式拉长对象

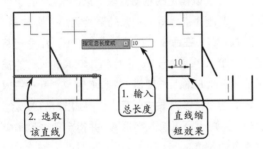

图 5-11　按输入的总长度缩短对象

4．动态

该方式允许动态地改变直线或圆弧的长度。用户可以通过拖动选定对象的端点之一来改变其长度，且其他端点保持不变。单击【拉长】按钮，在命令行中输入字母 DY，并选取对象，然后拖动光标，对象即可随之拉长或缩短，效果如图 5-12 所示。

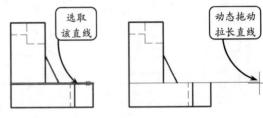

图 5-12　动态拉长线段

复制类工具是以现有图形对象为源对象，在不改变源对象形状的前提下，重复绘制多个相似对象。用户通过此类工具可以达到提高绘图效率和绘图精度的目的。

5.2.1　复制

复制工具是 AutoCAD 绘图中的常用工具，其主要用于绘制具有两个或两个以上的重复性图形，且各重复图形的相对位置不存在一定的规律性。复制操作可以省去重复绘制相同图形的步骤，大大提高了绘图效率。

在【修改】选项板中单击【复制】按钮，选取需要复制的对象后指定复制基点，然后指定新的位置点即可完成复制操作，效果如图 5-13 所示。

此外还可以单击【复制】按钮，选取对象并指定复制基点后，在命令行中输入新位置点相对于移动基点的相对坐标值来确定复制目标点，效果如图 5-14 所示。

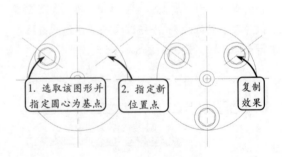

图 5-13　复制图形轮廓线

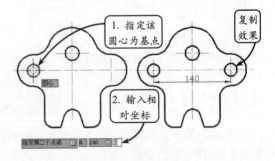

图 5-14　输入相对坐标复制对象

提示

在 AutoCAD 中执行复制操作时，系统默认的复制模式是多次复制。此时根据命令行提示输入数字O，即可将复制模式设置为单个。

5.2.2　镜像

该工具常用于绘制结构规则，且具有对称性特点的图形，如轴、轴承座和槽轮等零件图形。绘制这类对称图形时，只需绘制对象的一半或几分之一，然后将图形对象的其他部分对称复制即可。

在绘制该类图形时，可以先绘制出处于对称中心线一侧的图形轮廓线，然后单击【镜像】按钮，选取绘制的图形轮廓线为源对象后单击右键。接着指定对称中心线上的两点以确定镜像中心线，按下 Enter 键即可完成镜像操作，效果如图 5-15 所示。

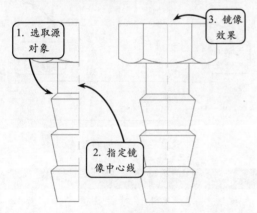

图 5-15　镜像图形

在系统默认情况下，对图形执行镜像操作后，系统仍然保留源对象。如果对图形进行镜像操作后需要将源对象删除，只需在选取源对象并指定镜像中心线后，在命令行中输入字母 Y，然后按下 Enter 键，即可完成删除源对象的镜像操作，效果如图 5-16 所示。

提示

如果镜像对象是文字，可以通过系统变量 MIRRTEXT 来控制镜像的方向。当 MIRRTEXT 的值为 1 时，则镜像后的文字翻转 180°；当 MIRRTEXT 的值为 0 时，镜像出来的文字不颠倒，即文字的方向不产生镜像效果。

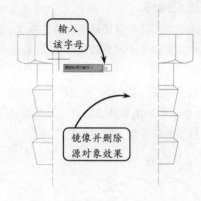

图 5-16　删除源对象镜像效果

5.2.3　偏移

利用该工具可以创建出与源对象成一定距离，且形状相同或相似的新对象。对于直线来说，可以绘制出与其平行的多个相同副本对象；对于圆、椭圆、矩形以及由多段线围成的图形来说，可以绘制出成一定偏移距离的同心圆或近似图形。

1. 定距偏移

该偏移方式是系统默认的偏移类型。它是根据输入的偏移距离数值为偏移参照，指定的方向为偏移方向，偏移复制出源对象的副本对象。

单击【偏移】按钮，根据命令行提示输入偏移距离，并按下 Enter 键。然后选取图中的源对象，并在偏移侧单击左键，即可完成定距偏移操作，效果如图 5-17 所示。

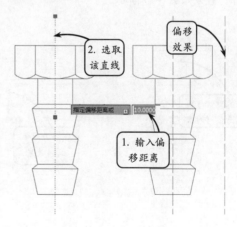

图 5-17　定距偏移效果

2．通过点偏移

该偏移方式能够以图形中现有的端点、各节点和切点等对象作为源对象的偏移参照，对图形执行偏移操作。

单击【偏移】按钮，并在命令行中输入字母 T，然后选取图中的偏移源对象，并指定通过点，即可完成该偏移操作，效果如图 5-18 所示。

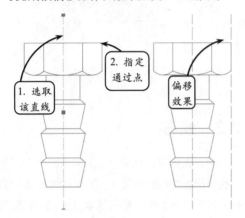

图 5-18　通过点偏移效果

3．删除源对象偏移

系统默认的偏移操作是在保留源对象的基础上偏移出新图形对象，但如果仅以源图形对象为偏移参照，偏移出新图形对象后需要将源对象删除，即可利用删除源对象偏移的方法。

单击【偏移】按钮，在命令行中输入字母 E，并根据命令行提示输入字母 Y 后按下 Enter 键。然后按上述偏移操作进行图形偏移时，即可将源对象删除，效果如图 5-19 所示。

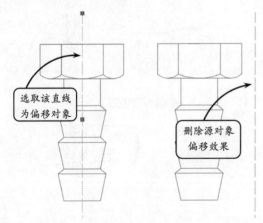

图 5-19　删除源对象偏移效果

4．变图层偏移

在默认情况下偏移图形对象时，偏移出新对象的图层与源对象的图层相同。通过变图层偏移操作，可以将偏移出的新对象图层转换为当前层，从而可以避免修改图层的重复性操作，大幅度地提高绘图速度。

先将所需图层置为当前层，然后单击【偏移】按钮，在命令行中输入字母 L，根据命令提示输入字母 C 并按下 Enter 键。然后按上述偏移操作进行图形偏移时，偏移出的新对象图层即与当前图层相同，效果如图 5-20 所示。

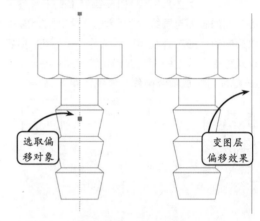

图 5-20　变图层偏移效果

> **提示**
>
> 在系统默认情况下，对对象进行偏移操作时，可以重复性地选取源图形对象进行图形的重复偏移。如果需要退出偏移操作，只需在命令行中输入字母 E，并按下 Enter 键即可。

5.2.4　阵列

利用该工具可以按照矩形、路径或环形的方式，以定义的距离或角度复制出源对象的多个对象副本。在绘制孔板、法兰等具有均布特征的图形时，利用该工具可以大量减少重复性图形的绘图步骤，提高绘图效率和准确性。

1．矩形阵列

矩形阵列是以控制行数、列数，以及行和列之间的距离，或添加倾斜角度的方式，使选取的阵列对象成矩形的方式进行阵列复制，从而创建出源对象的多个副本对象。

在【修改】选项板中单击【矩形阵列】按钮，并在绘图区中选取源对象后按下 Enter 键，系统将展开相应的【阵列】选项卡，如图 5-21 所示。

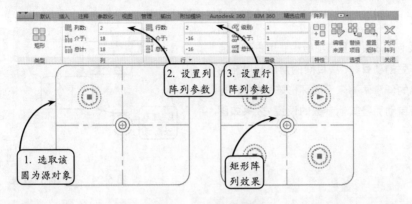

图 5-21　矩形阵列效果

此时，在该选项卡中依次设置矩形阵列的行数和列数，并设定行间距和列间距，即可完成矩形阵列特征的创建。

2．路径阵列

在路径阵列中，阵列的对象将均匀地沿路径或部分路径排列。在该方式中，路径可以是直线、多段线、三维多段线、样条曲线、螺旋、圆弧、圆或椭圆等。

在【修改】选项板中单击【路径阵列】按钮，并依次选取绘图区中的源对象和路径曲线，系统将展开相应的【阵列创建】选项卡，如图 5-22 所示。

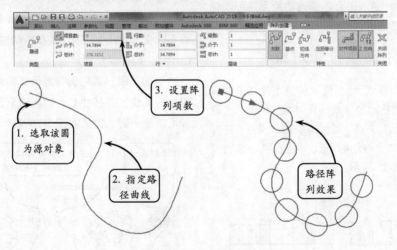

图 5-22　路径阵列效果

此时，在该选项卡中设置阵列项数，并指定沿路径的分布方式，即可生成相应的阵列特征。

3．环形阵列

环形阵列能够以任一点为阵列中心点，将阵列源对象按圆周或扇形的方向，以指定的阵列填充角度、项目数或项目之间夹角为阵列值，进行源图形的阵列复制。该阵列方法经常用于绘制具有圆周均布特征的图形。

在【修改】选项板中单击【环形阵列】按钮，然后在绘图区中依次选取要阵列的源对象和阵列中心点，系统将展开相应的【阵列】选项卡，如图 5-23 所示。

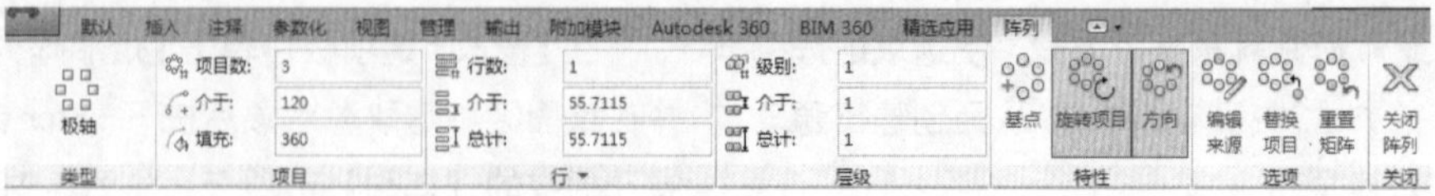

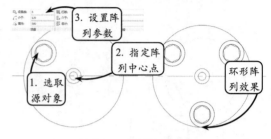

图 5-23　【阵列】选项卡

在该选项卡的【项目】选项板中，用户可以通过设置环形阵列的项目数、项目间的角度和填充角度 3 种参数中的任意两种来完成环形阵列的操作，且此时系统将自动完善其他参数的设置，效果如图 5-24 所示。

图 5-24　环形阵列效果

5.3　夹点应用

在编辑零件图的过程中，有时不需要启用某个命令，可通过夹点选取图形对象，且该对象周围出现的蓝色方框也能获得和该命令一样的编辑效果。如拖动夹点调整辅助线的长度，拖动孔对象的夹点进行快速复制等，通过夹点的编辑功能用户可以快速地调整图形的形状。

5.3.1　使用夹点拉伸对象

在夹点编辑模式下，当选取的夹点是线条的端点时，可以通过拖动拉伸或缩短对象。例如，选取一中心线将显示其夹点，然后选取顶部夹点，并打开正交功能，向上拖动即可改变竖直中心线的长度，效果如图 5-25 所示。

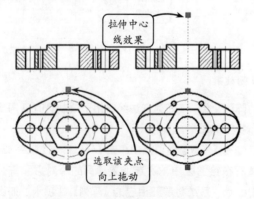

图 5-25　拖动夹点拉伸中心线长度

5.3.2　使用夹点移动和复制对象

在夹点编辑模式下，当选取的夹点是线条的中点、圆或圆弧的圆心，或者块、文字、尺寸数字等对象时，可以移动这些对象，以改变其放置位置，而不改变其大小和方向。且在移动的过程中如按住 Ctrl 键，则可以复制对象。

例如选取一圆轮廓将显示其夹点，然后选取圆心处的夹点，并按住 Ctrl 键拖动至合适位置单击，即可复制一圆，效果如图 5-26 所示。

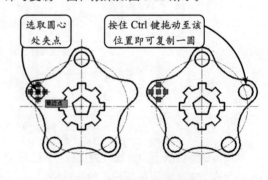

图 5-26　利用夹点编辑复制圆

5.3.3　使用夹点旋转对象

在夹点编辑模式下指定基点后，输入字母 RO

即可进入旋转模式。旋转的角度可以通过输入角度值精确定位，也可以通过指定点位置来实现。

　　例如框选一图形，并指定一基点，然后输入字母 RO 进入旋转模式，并输入旋转角度为 36°，即可旋转所选图形，效果如图 5-27 所示。

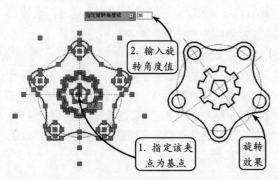

图 5-27　利用夹点旋转视图

5.3.4　使用夹点缩放对象

　　在夹点编辑模式下指定基点后，输入字母 SC 即可进入缩放模式。用户可以通过定义比例因子或缩放参照的方式缩放对象，且当比例因子大于 1 时放大对象，当比例因子大于 0 而小于 1 时缩小对象，效果如图 5-28 所示。

5.3.5　使用夹点镜像对象

　　该夹点编辑方式可以通过指定两夹点的方式定义出镜像中心线来进行图形的镜像操作。利用夹点镜像图形时，镜像后既可以删除源对象，也可以保留源对象。

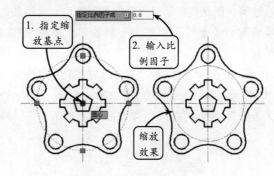

图 5-28　利用夹点缩放图形

　　进入夹点编辑模式后指定一基点，并输入字母 MI，即可进入镜像模式。此时系统将会自动以刚选择的基点作为第一镜像点，然后输入字母 C，并指定第二镜像点。接着按下 Enter 键，即可在保留源对象的情况下进行镜像复制操作，效果如图 5-29 所示。

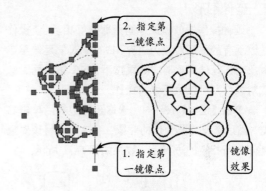

图 5-29　利用夹点镜像图形

5.4　对象编辑

　　在对象基本绘制完整之后，应用对象编辑工具，通过修剪、延伸、创建倒角和圆角等常规操作，使之达到预期的设计要求。用户还可以通过对象编辑进行复杂精细的图形绘制。

5.4.1　修剪和延伸

　　修剪和延伸工具的共同点都是以图形中现有的图形对象为参照，以两图形对象间的交点为切割点或延伸终点，对与其相交或成一定角度的对象进行去除或延长操作。

1. 修剪图形

　　利用【修剪】工具可以以某些图元为边界，删除边界内的指定图元。利用该工具编辑图形对象时，首先需要选择用以定义修剪边界的对象，且可作为修剪边的对象包括直线、圆弧、圆、椭圆和多段线等。默认情况下，指定边界对象后，选取的待修剪对象上位于拾取点一侧的部分图形将被切除。

单击【修剪】按钮✓，选取相应的边界曲线并单击右键，然后选取图形中要去除的部分，即可将多余的图形对象去除，效果如图 5-30 所示。

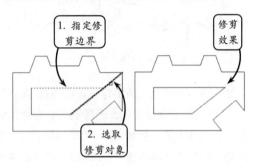

图 5-30 修剪线段

2．延伸图形

延伸操作的成型原理同修剪正好相反。该操作是以现有的图形对象为边界，将其他对象延伸至该对象上。延伸对象时，如果按下 Shift 键的同时选取对象，则可以执行修剪操作。

单击【延伸】按钮✓，选取延伸边界后单击右键，然后选取需要延伸的对象，系统自动将该对象延伸到所指定的边界上，效果如图 5-31 所示。

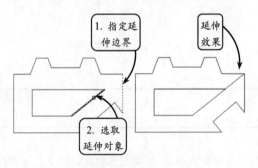

图 5-31 延伸线段

5.4.2 创建倒角

为了便于装配，且保护零件表面不受损伤，一般在轴端、孔口、抬肩和拐角处加工出倒角（即圆台面），这样可以去除零件的尖锐刺边，避免刮伤。

在 AutoCAD 中利用【倒角】工具可以很方便地绘制倒角结构造型，且执行倒角操作的对象可以是直线、多段线、构造线、射线或三维实体。

单击【倒角】按钮◢，命令行将显示"选择第一条直线或[放弃(U)/多段线(P)/距离(D)/角度(A)/修剪(T)/方式(E)/多个(M)]："的提示信息。现分别介绍常用倒角方式的设置方法。

1．多段线倒角

如果选择的对象是多段线，那么就可以方便地对整条多段线进行倒角。单击【倒角】按钮◢，在命令行中输入字母 P，然后选择多段线，系统将以当前设定的倒角参数对多段线进行倒角操作，效果如图 5-32 所示。

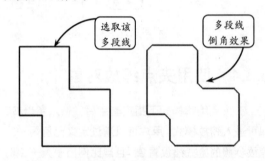

图 5-32 多段线倒角

2．指定距离绘制倒角

该方式通过输入直线与倒角线之间的距离来定义倒角。且如果两个倒角距离都为零，那么倒角操作将修剪或延伸这两个对象，直到它们相接，但不创建倒角线。

单击【倒角】按钮◢，在命令行中输入字母 D，然后依次输入两倒角距离，并分别选取两倒角边，即可获得倒角效果。例如依次指定两倒角距离均为 6，然后选取两倒角边，即可显示相应的倒角，效果如图 5-33 所示。

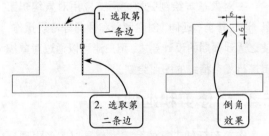

图 5-33 指定距离绘制倒角

3．指定角度绘制倒角

该方式通过指定倒角的长度以及它与第一条直线形成的角度来创建倒角。单击【倒角】按钮◻，在命令行中输入字母 A，然后分别输入倒角的长度和角度，并依次选取两对象，即可获得倒角效果，如图 5-34 所示。

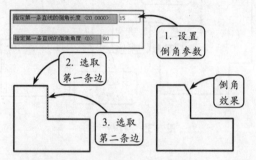

图 5-34　指定角度绘制倒角

4．指定是否修剪倒角

默认情况下，对象在倒角时需要修剪，但也可以设置为保持不修剪的状态。单击【倒角】按钮◻，在命令行中输入字母 T 后，选择【不修剪】选项，然后按照上述方法设置倒角参数即可，效果如图 5-35 所示。

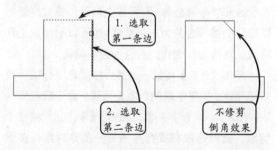

图 5-35　不修剪倒角

> **注意**
>
> 如果正在倒角的两个对象都在同一图层上，则倒角线将位于该图层。如果在图形界限内没有交点，且图形界限检查处于打开状态，AutoCAD 将拒绝倒角。

5.4.3　创建圆角

为了便于铸件造型时拔模，防止铁水冲坏转角处，并防止冷却时产生缩孔和裂缝，一般将铸件或锻件的转角处制成圆角，即铸造或锻造圆角。在 AutoCAD 中，圆角是指通过一个指定半径的圆弧来光滑地连接两个对象的特征，其中可以执行倒角操作的对象有圆弧、圆、椭圆、椭圆弧、直线和射线等。

单击【圆角】按钮◻，命令行将显示"选择第一个对象或[放弃(U)/多段线(P)/半径(R)/修剪(T)/多个(M)]："的提示信息。现分别介绍常用圆角方式的设置方法。

1．指定半径绘制圆角

该方式是绘图中最常用的创建圆角的方式。选择【圆角】工具后，输入字母 R，并设置圆角半径值。然后依次选取两操作对象，即可获得圆角效果，如图 5-36 所示。

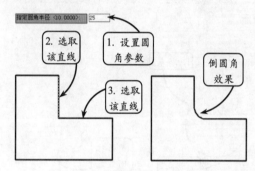

图 5-36　指定半径绘制圆角

2．不修剪圆角

选择【圆角】工具后，输入字母 T 就可以选择相应的倒圆角类型，即设置倒圆角后是否保留源对象。用户可以选择【不修剪】选项，获得不修剪的圆角效果，如图 5-37 所示。

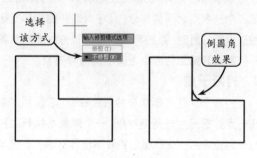

图 5-37　不修剪倒圆角效果

5.4.4　打断工具

在 AutoCAD 中，用户可以使用打断工具使对象保持一定的间隔，该类打断工具包括【打断】和【打断于点】两种类型。此类工具可以在一个对象上去除部分线段，以创建出间距效果，或者以指定分割点的方式将其分割为两部分。

1．打断

打断是删除部分对象或将对象分解成两部分，且对象之间可以有间隙，也可以没有间隙。其中，可以打断的对象包括直线、圆、圆弧、椭圆和参照线等。

单击【打断】按钮，命令行将提示选取要打断的对象。此时在对象上单击时，系统将默认选取对象时所选点作为断点 1，然后指定另一点作为断点 2，系统将删除这两点之间的对象，效果如图 5-38 所示。

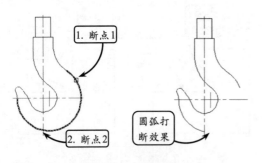

图 5-38　打断圆弧

此外，如果在命令行中输入字母 F，则可以重新定位第一点；在确定第二个打断点时，如果在命令行中输入@，则可以使第一个和第二个打断点重合，此时该操作将变为打断于点。

默认情况下，系统总是删除从第一个打断点到第二个打断点之间的部分，且在对圆和椭圆等封闭图形进行打断时，系统将按照逆时针方向删除从第一打断点到第二打断点之间的圆弧等对象。

2．打断于点

打断于点是打断命令的后续命令，它是将对象在一点处断开生成两个对象。一个对象在执行过打断于点命令后，从外观上并看不出什么差别。但当选取该对象时，可以发现该对象已经被打断为两

部分。

单击【打断于点】按钮，然后选取一对象，并在该对象上单击指定打断点的位置，即可将该对象分割为两个对象，效果如图 5-39 所示。

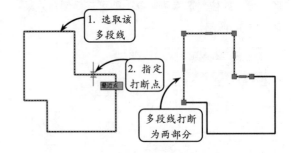

图 5-39　打断于点

5.4.5　合并与分解

除了利用上面介绍的各类工具对图形进行编辑操作外，还可以对图形对象进行合并和分解，使其在总体形状不变的情况下，对局部进行编辑。

1．合并

合并是指将相似的对象合并为一个对象，其中可以执行合并操作的对象包括圆弧、椭圆弧、直线、多段线和样条曲线等。利用该工具可以将被打断为两部分的线段合并为一个整体，也可以利用该工具将圆弧或椭圆弧创建为完整的圆和椭圆。

单击【合并】按钮，然后按照命令行提示选取源对象。如果选取的对象是圆弧，命令行将显示"选择圆弧，以合并到源或进行[闭合(L)]:"的提示信息。此时选取需要合并的另一部分对象，按下 Enter 键即可。如果在命令行中输入字母 L，系统将创建完整的对象，效果如图 5-40 所示。

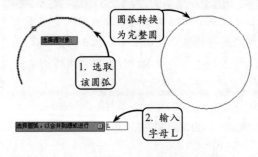

图 5-40　合并圆弧

2．分解

对于矩形、块、多边形和各类尺寸标注等特征，以及由多个图形对象组成的组合对象，如果需要对单个对象进行编辑操作，就需要先利用【分解】工具将这些对象拆分为单个的图形对象，然后再利用相应的编辑工具进行进一步地编辑。

单击【分解】按钮，然后选取要分解的对象特征，单击右键或者按下 Enter 键，即可完成分解操作，效果如图 5-41 所示。

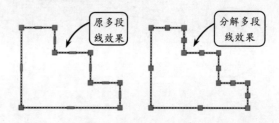

图 5-41　分解多段线效果

5.5　综合案例 5-1：绘制支承板零件

本例绘制支承板零件，效果如图 5-42 所示。该支承板零件结构规则，在机械装配中常与其他零件共同使用，起到定位和支撑的作用。其上遍布的螺栓孔，使该支承板零件与相连接的零件或地面之间的稳固性显著加强。

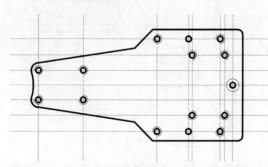

图 5-42　支承板零件图

分析该支承板零件，其主视图具有对称性的特点，是由直线和圆等构成。可以利用绘图工具绘制出图形轮廓的一半，然后利用【镜像】工具，进行镜像操作即可。

操作步骤 ▶▶▶

STEP|01 新建图层，在【图层】选项板中单击【图层特性】按钮，将打开【图层特性管理器】对话框。然后在该对话框中新建所需图层，如图 5-43 所示。

STEP|02 绘制并偏移中心线，切换【中心线】为当前层，单击【直线】按钮，绘制长 300、宽 200 的两条垂直交叉的中心线。然后单击【偏移】按钮，将竖直中心线向右依次偏移 56，50，58，20，5，35，5，31，5，9 和 6。将水平中心线向下依次偏移 5，5，10，8，17，16，16，17，8，10 和 10，效果如图 5-44 所示。

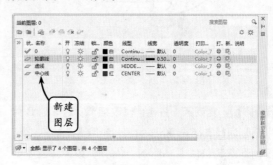

图 5-43　新建图层

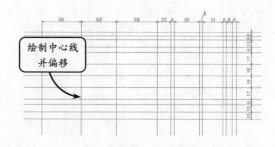

图 5-44　绘制并偏移中心线

STEP|03 绘制圆和线段，切换【轮廓线】为当前层，然后单击【圆】按钮，分别选取点 A、B、C 为圆心，绘制直径分别为 φ50，φ8/φ3 和 φ5 的圆。单击【直线】工具，用直线连接圆和点 D、E。效果如图 5-45 所示。

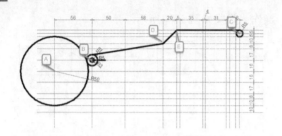

图 5-45　创建圆和线段

STEP|04 绘制圆并进行修剪，切换【虚线】为当前层，然后单击【圆】按钮，选取点 B 为圆心，绘制直径为 φ5 的圆，利用【修剪】工具选取圆，修剪圆左下部分。选择的效果如图 5-46 所示。

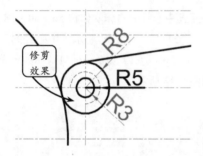

图 5-46　创建圆并修剪

STEP|05 复制圆，并逐个修改细节，选取以 B 为中心创建的直径 φ5 和 φ3 的圆，利用【复制】工具，复制到点 F、H、I、M、N、O、P。效果如图 5-47 所示。

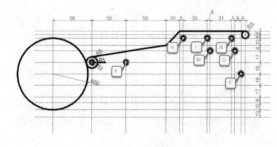

图 5-47　复制圆

STEP|06 旋转、删除和创建圆，选取以点 H 为圆心直径为 φ5 的圆，利用【旋转】工具，以点 H 为基点，旋转-90°。选取以点 I 为圆心直径为 φ5 的圆，进行删除。选取以点 P 为圆心直径为 φ5 的圆，删除并再次单击【圆】按钮，以 P 为圆心，绘制直径为 φ7 的圆。效果如图 5-48 所示。

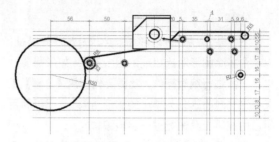

图 5-48　旋转、删除和创建圆

STEP|07 镜像图形，单击【镜像】按钮，选取如图 5-49 所示图形为要镜像的对象，并指定中心线上横线的两个端点确定镜像中心线，并进行镜像操作。

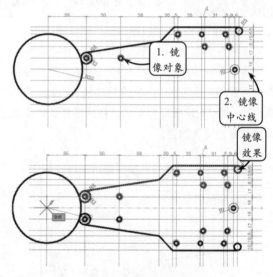

图 5-49　镜像图形

STEP|08 绘制选段连接与修剪图形。切换【轮廓线】为当前层，然后单击【直线】按钮，选取以点 C 为圆心的圆和镜像所出现的与之对应的圆连接，并利用【修剪】工具，选取点 A 为圆心的圆和与之相切的两个圆，以点 C 为圆心的圆和与之对应的镜像出的圆，进行修剪操作。效果如图 5-50 所示。

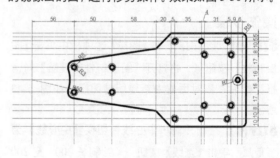

图 5-50　连接与修剪图形

5.6 综合案例 5-2：绘制法兰轴零件

本实例为绘制简单法兰轴零件的主视图，如图 5-51 所示。法兰轴是外轮上带有法兰的系列产品，使轴向定位变得简单，不再需要轴承座，且更经济。

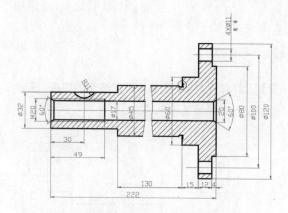

图 5-51 绘制法兰轴零件主视图

该二维图形虽然复杂,但可采用由外而内的绘图方式获得,即先使用【直线】和【圆弧】工具绘制上半部分主要轮廓线,然后使用【镜像】编辑工具编辑图形,从而获得完整的轮廓线。接下来同样利用【图像填充】填充图形,即可完成整个图形的绘制。

操作步骤 ▶▶▶▶

STEP|01 新建图层,在【图层】选项板中单击【图层特性】按钮，将打开【图层特性管理器】对话框,然后在该对话框中新建所需图层,效果如图 5-52 所示。

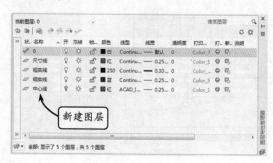

图 5-52 新建图层

STEP|02 绘制中心线并偏移,切换【中心线】图层为当前图层,单击【直线】按钮，分别绘制一条长为 200 的水平线段和长为 100 的竖直线段作为图形中心线。单击【偏移】按钮，将水平中心线向上分别偏移 16、7、8、10、20。选择竖直水平线依次向右偏移 30、19、12、25、7、27、15、12、4,效果如图 5-53 所示。

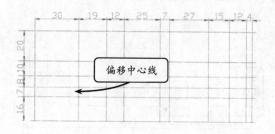

图 5-53 绘制中心线并偏移

STEP|03 绘制轮廓,切换【粗实线】图层为当前图层,再次单击【直线】按钮，如图 5-54 所示,以中心线交叉点为起点,绘出图形上半部分的外轮廓。

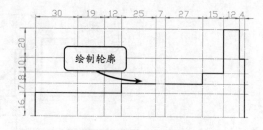

图 5-54 绘制大致轮廓

STEP|04 绘制直线并偏移,单击【偏移】按钮，选择图形中直线 A 向右偏移 3,直线 B 分别向下

偏移 5，1，2。直线 D 分别向下偏移 5，11，直线 C 向左偏移 3。单击【直线】按钮╱，绘制直线，

连接直线 B 和所向下偏移 5 的直线为 E，并分别向左右各偏移 9，效果如图 5-55 所示。

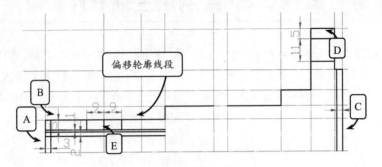

图 5-55　分别绘制直线并偏移

STEP|05 延伸和镜像图形，单击【修改】按钮的下拉列表选取【延伸】工具，将直线 F 延伸到最右侧轮廓线上。单击【直线】工具，绘制连接直线 A 和所偏移的直线的线段，并单击【镜像】按钮⚖，选择所绘线段为镜像对象，以直线 F 中点为镜像起点，向上绘制镜像线，镜像图形。效果如图 5-56 所示。

剪】工具和【删除】按钮✐清除多余的线段，整个上半部分大轮廓就出来了。

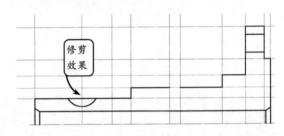

图 5-57　绘制圆弧

STEP|07 绘制细节，单击【直线】按钮╱，以直线交叉点 G 为起点，向下绘制长度为 1 的直线，然后向右绘制长度为 1 的直线，向上绘制长度为 3 的直线，向左上方 135°方向绘制直线，与竖线相交。选择绘出直线，单击【镜像】按钮，以 H 点到 G 点为镜像线，镜像图形。利用【修剪】工具，修剪多余线段。如图 5-58 所示。

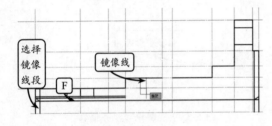

图 5-56　延伸和镜像

STEP|06 绘制圆弧，单击【圆弧】按钮下拉列表里的【圆弧，三点】按钮，如图 5-57 所示，以直线 C 所偏移的直线为起点绘制圆弧。然后利用【修

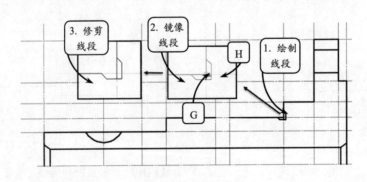

图 5-58　镜像线段

STEP|08 镜像图形，单击【直线】按钮∠，以点 L 为起点向上绘制长度为 10 的直线。然后选取全部图形，以最下方水平中心线为镜像线，镜像图形。如图 5-59 所示。

STEP|09 绘制线段并修剪，切换【细实线】图层为当前图层，单击【直线】按钮∠，绘制直线如图 5-60 所示连接线段。单击【样条曲线控制点】按钮 N，绘出样条曲线，并单击控制点调整曲线，利用【修剪】工具，以样条曲线为修剪边界，以其相交叉的直线为修剪对象，即可获得修剪效果。

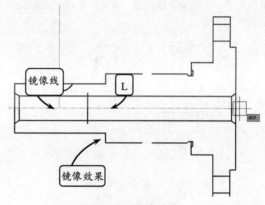

图 5-59 镜像图形

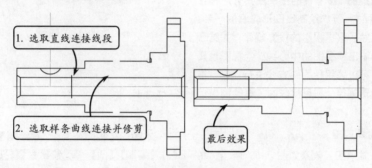

图 5-60 绘制线段并修剪

STEP|10 图案填充，单击【绘图】选项板中的【图案填充】按钮，选择【填充图案 ANSI31】，默认【填充比例】为 1，拾取所需填充区域，并按空格键完成填充。如图 5-61 所示。

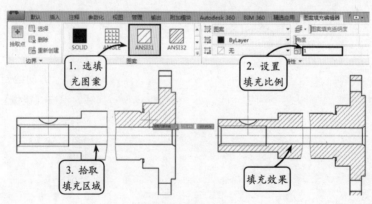

图 5-61 图案填充

练习 1 绘制轴承座 1

本练习绘制一轴承座的三视图，如图 5-62 所示。

该轴承座主要用于固定轴承，是支撑轴类零件。该三视图是由主视图、俯视图和左视图组成，如同此类的轴承座视图常出现在各类机械制图中，是一个比较典型的例子。因此通过该实例，着重介绍零件三视图的基本绘制方法。

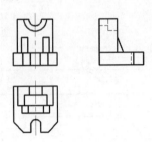

图 5-62　轴承座零件三视图

观察轴承座的视图，该零件的主视图具有对称性的特点，在绘制过程中，可先绘制出图形轮廓的一半，再进行镜像操作。然后根据视图的投影规律，并结合极轴追踪功能，绘制出俯视图的中心线。俯视图也具有对称性的特点，可以采用相同的方法进行绘制。最后再根据视图的投影规律，利用相应的工具绘制出该零件的左视图即可。

练习2　绘制轴承座2

本练习绘制一轴承图，效果如图 5-63 所示。轴承是用于确定旋转轴与其他零件相对运动位置，起支承或导向作用的零部件。它的主要功能是支撑机械旋转体，用以降低设备在传动过程中的机械载荷摩擦系数。根据运动元件摩擦性质的不同，轴承可分为滚动轴承和滑动轴承两类。该零件图主要是主视图，并对主视进行了标注。

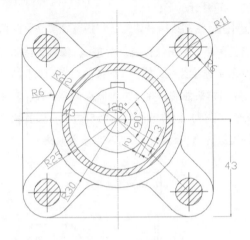

图 5-63　轴承平面图

本图形结构略微复杂，在绘制图形时，可利用【直线】【矩形】【圆】等，绘出主要轮廓，然后根据图片利用【修剪】【阵列】【圆角】【图案填充】等工具对图形做出修改即可。

第 6 章

块

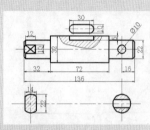

    块是指由多个图形对象组成的实体，以一名称来区分，该名称称为块名。组成块的图形对象可在不同的图层，具有各自的线型和颜色。组成块的图形对象形成一个整体，可以同时进行复制、移动、旋转、镜像等操作。用户通过对块的使用，可以加快绘图速度，方便图形的编辑修改和节省储存空间。

    本章包含了块的创建、储存和插入、编辑和属性及动态块、块参数和动作的创建和使用等。

6.1 创建块

图块是一组图形对象的集合，可以包括图形和尺寸标注，也可以包括文本。要使用图块辅助绘图，通常需要将图形对象的特性存储，然后再利用插入块的工具插入当前图形即可。

在【块】选项板中单击【创建】按钮，系统将打开【块定义】对话框，如图 6-1 所示。此时，在该对话框中输入新建块的名称，并设置块组成对象的保留方式。然后在【方式】选项组中定义块的显示方式。

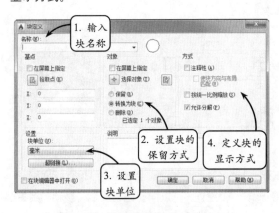

图 6-1 【块定义】对话框

完成上述设置后，单击【基点】选项组中的【拾取点】按钮，并在绘图区中选取基点。然后单击【对象】选项组中【选择对象】按钮，选取组成块的对象，并单击【确定】按钮，即可获得图块创建的效果，如图 6-2 所示。【块定义】对话框中各选项组中所包含选项的含义分别介绍如下。

图 6-2 创建块

❑ 名称

在该文本框中可以输入要创建的内部图块的名称。该名称应尽量反映创建图块的特征，从而和定义的其他图块有所区别，同时也方便调用。

❑ 基点

该选项组用于确定块插入时所用的基准点，相当于移动、复制对象时所指定的基点。该基点关系到块插入操作的方便性，用户可以在其下方的 X、Y、Z 文本框中分别输入基点的坐标值，也可以单击【拾取点】按钮，在绘图区中选取一点作为图块的基点。

❑ 对象

该选项组用于选取组成块的几何图形对象。单击【选择对象】按钮，可以在绘图区中选取要定义为图块的对象。该选项组中所包含的 3 个单选按钮的含义如下所述。

> 保留 选择该单选按钮，表示在定义好内部图块后，被定义为图块的源对象仍然保留在绘图区中，并且没有被转换为图块。

> 转换为块 选择该单选按钮，表示定义好内部图块后，在绘图区中被定义为图块的源对象也被转换为图块。

> 删除 选择该单选按钮，表示在定义好内部图块后，将删除绘图区中被定义为图块的源对象。

❑ 方式

在该选项组中可以设置图块的注释性、缩放，以及是否能够进行分解等参数选项。其所包含的 3 个复选框的含义如下所述。

> 注释性 启用该复选框，可以使当前所创建的块具有注释性功能。同时若再启用【使块方向与布局匹配】复选框，则可以在插入块时，使其与布局方向相匹配。且即使布局视口中的视

图被扭曲或者是非平面，这些对象的方向仍将与该布局方向相匹配。

➤ **按统一比例缩放** 启用该复选框，组成块的对象可以按比例统一进行缩放。

➤ **允许分解** 启用该复选框，系统将允许组成块的对象被分解。

❑ **设置**

当使用设计中心将块拖放到图形中时，可以指定块的缩放单位。

❑ **说明**

在该列表框中可以输入图块的说明文字。

AutoCAD 6.2 储存块

将块自由插入到任何图形中和对单个图块文件执行打开和编辑等操作的前提就是将创建的图块作为独立文件保存，即存储块，又称为创建外部图块。

在命令行中输入 WBLOCK 指令，并按下 Enter 键，系统将打开【写块】对话框。此时在该对话框的【源】选项组中选择【块】单选按钮，表示新图形文件将由块创建，并在右侧下拉列表框中指定要保存的块。接着在【目标】选项组中输入文件名称，并指定其具体的保存路径即可，如图 6-3 所示。

图 6-3 利用【块】创建新图形文件

在指定文件名时，只需输入文件名称而不用带扩展名，系统一般将扩展名定义为.dwg。此时如果在【目标】选项组中未指定文件名，系统将默认保存位置保存该文件。【源】选项组中另外两种存储块的方式如下所述。

❑ **整个图形**

选择该单选按钮，表示系统将使用当前的全部图形创建一个新的图形文件。此时只需单击【确定】按钮，即可将全部图形文件保存。

❑ **对象**

选择该单选按钮，系统将使用当前图形中的部分对象创建一个新图形。此时必须选择一个或多个对象，以输出到新的图形中。其操作方法同创建块的操作方法类似，这里不再赘述。

> **注意**
>
> 如果将其他图形文件作为一个块插入到当前文件中时，系统默认的是将坐标原点作为插入点，这样对于有些图形绘制来说，很难精确控制插入位置。因此在实际应用中，应先打开该文件，再通过输入 BASE 指令执行插入操作。

AutoCAD 6.3 插入块

在 AutoCAD 中，插入块用于将已经预定义好的块插入到当前图形文件中，利用该工具既可以调用内部块，也可以调用外部块，还可以改变所插入块的比例与旋转角度。插入图块的方法主要有以下两种方式。

6.3.1 直接插入单个图块

直接插入单个图块的方法是工程绘图中最常用的调用方式，即利用【插入】工具指定内部或外部图块插入到当前图形中。

在【块】选项板中单击【插入】按钮，系统将打开【插入】对话框，如图 6-4 所示。

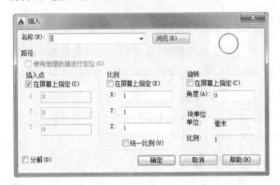

图 6-4 【插入】对话框

该对话框中各主要参数选项的含义分别介绍如下。

❑ 名称

在该文本框中可以指定需要插入块的名称，或指定作为块插入的图形文件名。单击该文本框右侧的按钮，可以在打开的下拉列表中指定当前图形文件中可供用户选择的块名。而若单击【浏览】按钮，则可以选择作为块插入的图形文件名。

❑ 插入点

该选项组用于确定插入点的位置。一般情况下有两种方法：在屏幕上使用鼠标单击指定插入点或直接输入插入点的坐标来指定。例如启用【在屏幕上指定】复选框，并单击【确定】按钮，即可在绘图区中指定相应的基点将图块插入当前图形中，如图 6-5 所示。

❑ 比例

该选项组用于设置块在 X、Y 和 Z 这 3 个方向上的比例。同样有两种方法决定块的缩放比例：在屏幕上使用鼠标单击指定或直接输入缩放比例因子。其中，启用【统一比例】复选框，表示在 X、

Y 和 Z 这 3 个方向上的比例因子完全相同。

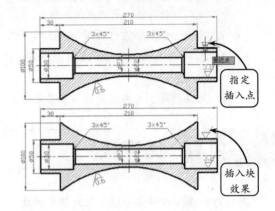

图 6-5 指定点插入图块

❑ 旋转

该选项组用于设置插入块时的旋转角度。同样也有两种方法确定块的旋转角度：在屏幕上指定块的旋转角度或直接输入块的旋转角度。

❑ 分解

该复选框用于控制图块插入后是否允许被分解。如果启用该复选框，则图块插入到当前图形时，组成图块的各个对象将自动分解成各自独立的状态。

6.3.2 阵列插入图块

在命令行中输入 MINSERT 指令即可阵列插入图块。该命令实际上是将阵列和块插入命令合二为一，当用户需要插入多个具有规律的图块时，即可输入 MINSERT 指令来进行相关操作。这样不仅能节省绘图时间，而且可以减少占用的磁盘空间。

输入 MINSERT 指令后，输入要插入的图块名称。然后指定插入点，并设置缩放比例因子和旋转角度。接着依次设置行数、列数、行间距和列间距参数，即可阵列插入所选择的图块，效果如图 6-6 所示。

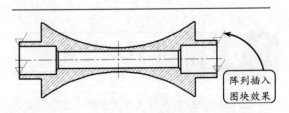

图 6-6 阵列插入图块

> **提示**
>
> 利用 MINSERT 指令插入的所有图块组成的是一个整体，不能用【分解】命令分解，但可以通过 DDMODIFY 指令改变插入块时所设的特性，如插入点、比例因子、旋转角度、行数、列数、行距和列距等参数。

AutoCAD 6.4 编辑块

块编辑是建立在已有块的基础上，对块对象进行相应的编辑操作，一般通过对块的分解、在位编辑和删除块等操作，使创建的图块满足实际要求，让用户在绘图过程中更加方便地插入所需的图块对象。

6.4.1 块的分解

在图形中无论是插入内部图块还是外部图块，由于这些图块属于一个整体，无法进行必要的修改，给实际操作带来极大不便。这就需要将图块在插入后转化为定义前各自独立的状态，即分解图块。常用的分解方法有以下两种。

1．插入时分解图块

插入图块时，在打开的【插入】对话框中启用【分解】复选框，插入图块后整个图块特征将被分解为单个的线条。若禁用该复选框，则插入后的图块仍以整体对象存在。

例如，启用【分解】复选框，并指定插入点将图块插入到当前图形中，则插入后的图块将转换为单独的线条，如图 6-7 所示。

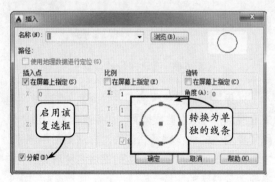

图 6-7 分解图块

2．插入后分解图块

插入图块后，可以利用【分解】工具执行分解图块的操作。该工具可以分解块参照、填充图案和关联性尺寸标注等对象，也可以将多段线或多段弧线分解为独立的直线和圆弧对象。

在【修改】选项板中单击【分解】按钮 ![图标]，然后选取要分解的图块对象，并按下 Enter 键即可，效果如图 6-8 所示。

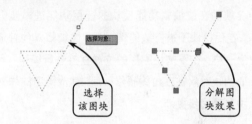

图 6-8 利用【分解】工具分解图块

> **注意**
>
> 在插入块时，如果 X 轴、Y 轴和 Z 轴方向设置的比例值相等，则块参照在被分解时，将分解为组成块参照时的原始对象。而当 X 轴、Y 轴和 Z 轴方向比例值不相等的块参照被分解时，则有可能会出现意想不到的效果。

6.4.2 在位编辑块

在绘图过程中，我们常常将已经绘制好的图块插入到当前图形中，但当插入的图块需要进行修改或所绘图形较为复杂时，如将图块分解后再删除或添加修改，很不方便，且容易发生人为的误操作。

此时，可以利用块的在位编辑功能，使其他对象作为背景或参照，只允许对要编辑的图块进行相应的修改操作。

利用块的在位编辑功能可以修改当前图形中的外部参照，或者重新定义当前图形中的块定义。在该过程中，块和外部参照都被视为参照，使用该功能进行块的编辑时，提取的块对象以正常方式显示，而图形中的其他对象，包括当前图形和其他参

照对象，都淡入显示，使需要编辑的块对象一目了然、清晰直观。在位编辑块功能一般用在对已有图块进行较小修改的情况下。

切换至【插入】选项卡，然后在绘图区中选取要编辑的块对象，并在【参照】选项板中单击【编辑参照】按钮，系统将打开【参照编辑】对话框。此时，在该对话框中单击【确定】按钮，即可对该块对象进行在位编辑，效果如图 6-9 所示。

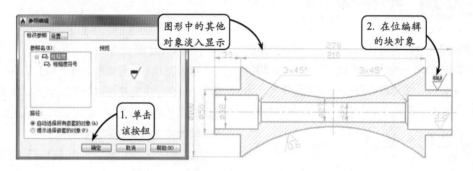

图 6-9　在位编辑块

块的在位编辑功能使块的运用功能进一步升华，在保持块不被打散的情况下，像编辑其他普通对象一样，在原来块图形的位置直接进行编辑。且选取的块对象被在位编辑修改后，其他同名的块对象将自动同步更新。

> **注意**
> 此外，在绘图区中选取要编辑的块对象并单击鼠标右键，在打开的快捷菜单中选择【在位编辑块】选项，也可以进行相应的块的在位编辑操作。

6.4.3　删除块

在绘制图形的过程中，往往需要对创建的没有必要的图块进行删除操作，使块的下拉列表框更加清晰、一目了然。

在命令行中输入 PURGE 指令，并单击 Enter键，此时系统将打开【清理】对话框，该对话框显示了可以清理的命名对象的树状图，如图 6-10所示。

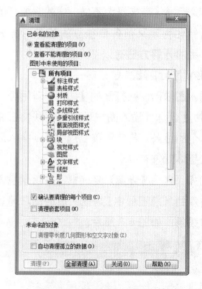

图 6-10　【清理】对话框

如果要清理所有未参照的块对象，在该对话框中直接选择【块】选项即可；如果在当前图形中使用了要清理的块，需要将该块对象从图形中删除，才可以在该对话框中将相应的图块名称清理掉；如果要清理特定的图块，在【块】选项上双击，并在展开的块的树状图上选择相应的图块名称即可；如

果清理的对象包含嵌套块，需在该对话框中启用 【清理嵌套项目】复选框。

6.5　块属性

AutoCAD 允许为图块附加一些文本信息，以增强图块的通用性，这些文本信息称之为块属性。如果某个图块带有属性，那么用户在插入该图块时可以根据具体情况，通过属性来为图块设置不同的文本信息。

块属性是一段非图形信息，是块的组成部分，没有图块也就没有属性。要使用具有属性的图块，必须先定义该图块的每个属性。

6.5.1　属性块的特点

插入图块时，通常需要附带一些文本类的非图形信息，例如表面粗糙度块中的粗糙度参数值。如果每次插入该类图块都进行分解修改操作，将极大地降低工作效率。这就需要在创建图块之前将这些文字赋予图块属性，从而增强图块的通用性。

一般情况下，通过将定义的属性附加到块中，然后通过插入块操作，即可使块属性成为图形中的一部分。这样所创建的属性块将是由块标记、属性值、属性提示和默认值 4 个部分组成，现分别介绍如下。

❑　块标记

每一个属性定义都有一个标记，就像每一个图层或线型都有自己的名称一样。属性标记实际上是属性定义的标识符，显示在属性的插入位置处。一般情况下，该标记用来描述文本尺寸、文字样式和旋转角度。

另外，在属性标记中不能包含空格，且两个名称相同的属性标记不能出现在同一个块定义中。属性标记仅在块定义前出现，在块被插入后将不再显示该标记。但是，如果当块参照被分解后，属性标记将重新显示，效果如图 6-11 所示。

❑　属性值

属性值实际上就是一些显示的字符串文本。且在插入块参照时，该属性值都是直接附着于属性上

的，并与块参照相关联。也正是这个属性值将来可被写入到数据库文件中。

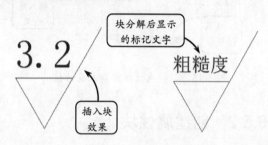

图 6-11　块标记效果

如图 6-12 所示图形中即为粗糙度符号和基准符号的属性值。如果要多次插入这些图块，则可以将这些属性值定义给相应的图块。在插入图块的同时，即可为其指定相应的属性值，从而避免了为图块进行多次文字标注的操作。

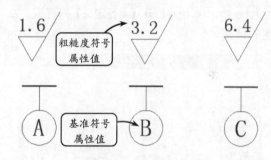

图 6-12　块属性值

❑　属性提示

属性提示是在插入带有可变的或预置的属性值的块参照时，系统显示的提示信息。在定义属性过程中，可以指定一个文本字符串，在插入块参照时该字符串将显示在提示行中，提示输入相应的属性值，效果如图 6-13 所示。

❑　默认值

在定义属性时，用户还可以指定一个属性的默认值。在插入块参照时，该默认值将出现在提示后

面的括号中。此时，如果按 Enter 键，则该默认值会自动成为该提示的属性值。

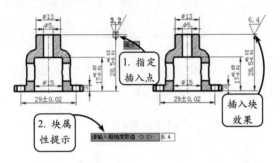

图 6-13　根据属性提示输入属性值

6.5.2　创建属性块

在 AutoCAD 中，为图块指定属性，并将属性与图块重新定义为一个新的图块后，该图块特征将成为属性块。只有这样才可以将定义好的带属性的块执行插入、修改以及编辑等操作。属性必须依赖于块而存在，没有块就没有属性，且通常属性必须预先定义而后选定。

创建图块后，在【块】选项板中单击【定义属性】按钮，系统将打开【属性定义】对话框，如图 6-14 所示。

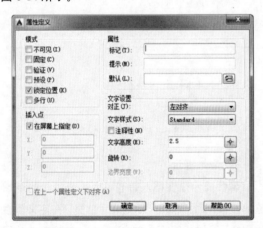

图 6-14　【属性定义】对话框

该对话框中各选项组所包含的选项含义分别介绍如下。

❑ 模式

该选项组用于设置属性模式，如设置块属性值

为一常量或者默认的数值。该选项组中各复选框的含义如下所述。

➢ **不可见**　启用该复选框，表示插入图块并输入图块的属性值后，该属性值将不在图形中显示出来。

➢ **固定**　启用该复选框，表示定义的属性值为一常量，在插入图块时，将保持不变。

➢ **验证**　启用该复选框，表示在插入图块时，系统将对用户输入的属性值再次给出校验提示，以确认输入的属性值是否正确。

➢ **预设**　启用该复选框，表示在插入图块时将直接以图块默认的属性值插入。

➢ **锁定位置**　启用该复选框，表示在插入图块时将锁定块参照中属性的位置。

➢ **多行**　启用该复选框，可以使用多段文字来标注块的属性值。

❑ 属性

该选项组用于设置属性参数，其中包括标记、提示和默认值。用户可以在【标记】文本框中设置属性的显示标记；在【提示】文本框中设置属性的提示信息，以提醒用户指定属性值；在【默认】文本框中设置图块默认的属性值。

❑ 插入点

该选项组用于指定图块属性的显示位置。

➢ **在屏幕上指定**　启用该复选框，可以用鼠标在图形上指定属性值的位置；若禁用该复选框，则可以在下面的坐标轴文本框中输入相应的坐标值来指定属性值在图块上的位置。

➢ **在上一个属性定义下对齐**　启用该复选框，表示该属性将继承前一次定义的属性的部分参数，如插入点、对齐方式、字体、字高和旋转角度等。该复选框仅在当前图形文件中已有属性设置时有效。

❑ 文字设置

该选项组用于设置属性的对齐方式、文字样

式、高度和旋转角度等参数。该选项组中各选项的含义如下所述。

> **对正** 在该下拉列表中可以选择属性值的对齐方式。

> **文字样式** 在该下拉列表中可以选择属性值所要采用的文字样式。

> **文字高度** 在该文本框中可以输入属性值的高度，也可以单击文本框右侧的按钮，在绘图区以选取两点的方式来指定属性值的高度。

> **旋转** 在该文本框中可以设置属性值的旋转角度，也可以单击文本框右侧的按钮，在绘图区以选取两点的方式来指定属性值的旋转角度。

在【属性定义】对话框中启用【锁定位置】复选框，然后分别定义块的属性和文字格式，如图6-15所示。

图 6-15　设置块属性

设置完成后单击【确定】按钮，然后在绘图区中依次选取文字对齐放置的两个端点，将属性标记文字插入到当前视图中。接着利用【移动】工具将插入的属性文字向上移动至合适位置，效果如图6-16所示。

在【块】选项板中单击【创建】按钮，并输入新建块的名称为【粗糙度】。然后框选组成块的对象，并单击【确定】按钮。接着在绘图区指定插入基点，并在打开的【编辑属性】对话框中接受默

认的粗糙度数值，单击【确定】按钮，即可获得由新定义的文本信息替代原来文本的属性块，效果如图6-17所示。

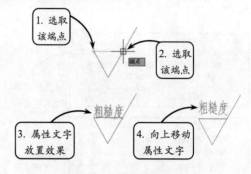

图 6-16　放置属性文字

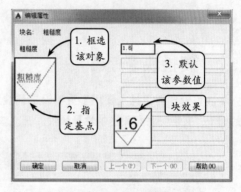

图 6-17　创建带属性的粗糙度图块

6.5.3　定义块属性

当图块中包含属性定义时，属性（如名称和数据）将作为一种特殊的文本对象也一同被插入。在【块】选项板中单击【单个】按钮，并选取一插入的带属性的块特征，系统将打开【增强属性编辑器】对话框。此时，在该对话框的【属性】选项卡中即可对当前的属性值进行相应的设置，效果如图6-18所示。

图 6-18　编辑块属性值

此外，在该对话框中切换至【文字选项】选项卡，可以设置块的属性文字特性；切换至【特性】选项卡，可以设置块所在图层的各种特性，如图6-19所示。

选项板中单击【属性，块属性管理器】按钮，系统将打开【块属性管理器】对话框，如图6-20所示。

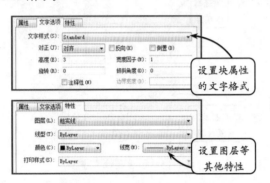

图 6-19　设置块属性的文字和图层特性

图 6-20　【块属性管理器】对话框

6.5.4　属性块管理器

块属性管理器工具主要用于重新设置属性定义的构成、文字特性和图形特性等属性。在【块】

此时，若在该对话框中单击【编辑】按钮，即可在打开的【编辑属性】对话框中编辑块的不同属性；若单击【设置】按钮，即可在打开的【块属性设置】对话框中通过启用相应的复选框来设置【块属性管理器】对话框中显示的属性内容，如图6-21所示。

图 6-21　编辑块属性和设置块属性显示内容

6.6　创建动态块

动态图块就是可以对某些参数进行修改的块，具有灵活性和智能性，在操作时可以轻松地更改图形中的动态块参照。用户可以通过自定义夹点或自定义特性来操作动态块参照中的几何图形，不仅提高了绘图效率，同时减小了图块库中的块数量。

在 AutoCAD 中，利用【块编辑器】工具可以

创建相应的动态块特征。块编辑器是一个专门的编写区域，用于添加能够使块成为动态块的元素。用户可以利用该工具向当前图形存在的块定义中添加动态行为，或者编辑其中的动态行为，也可以利用该工具创建新的块。

要使用动态编辑器，在【块】选项板中单击【块

编辑器】按钮，系统将打开【编辑块定义】对话
框。该对话框中提供了可供创建动态块的现有多种
图块，选择一种块类型，即可在右侧预览该块效果，
如图 6-22 所示。

　　此时单击【确定】按钮，系统展开【块编辑器】
选项卡，并将进入默认为灰色背景的绘图区域，该
区域即为专门的动态块创建区域。其左侧将自动打
开一个【块编写】选项板，该选项板包含参数、动
作、参数集和约束 4 个选项卡。选择不同选项卡中
的选项，即可为块添加所需的各种参数和对应的动
作，如图 6-23 所示。

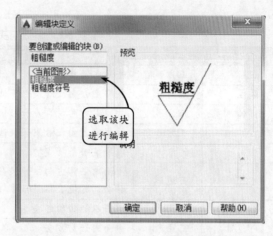

图 6-22 【编辑块定义】对话框

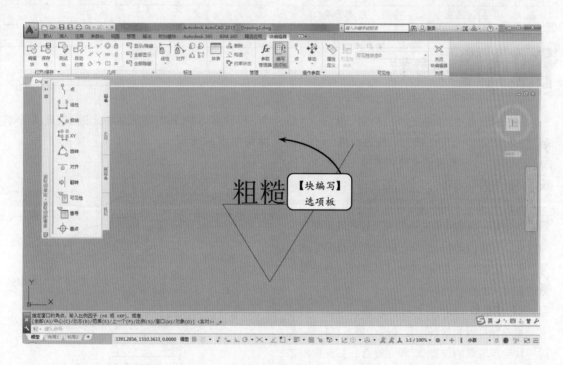

图 6-23 【块编辑器】选项卡

　　创建一完整的动态图块，必须包括一个或多个
参数，以及该参数所对应的动作。当添加参数到指
定的动态块后，夹点将添加到该参数的关键点。关
键点是用于操作块参照的参数部分，如线性参数在
其基点或端点具有关键点，拖动任一关键点即可操
作参数的距离，如图 6-24 所示。

　　添加到动态块的参数类型决定了添加的夹点
类型，且每种参数类型仅支持特定类型的动作。参
数、夹点和动作的关系如表 6-1 所示。

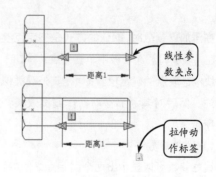

图 6-24 线性参数与拉伸动作

表 6-1 参数与夹点类型、动作的关系

参数类型	夹点样式	夹点在图形中的操作方式	可与参数关联的动作
点	正方形	平面内任意方向	移动、拉伸
线性	三角形	按规定方向或沿某一条轴移动	移动、缩放、拉伸、阵列
极轴	正方形	按规定方向或沿某一条轴移动	移动、缩放、拉伸、极轴拉伸、阵列
XY	正方形	按规定方向或沿某一条轴移动	移动、缩放、拉伸、阵列
旋转	圆点	围绕某一条轴旋转	旋转
对齐	五边形	平面内任意方向；如果在某个对象上移动，可使块参照与该对象对齐	无
翻转	箭头	单击以翻转动态块	翻转
可见性	三角形	平面内任意方向	无
查寻	三角形	单击以显示项目列表	查寻
基点	圆圈	平面内任意方向	无

6.7 块参数

在块编辑器中，参数的外观类似于标注，且动态块的相关动作是完全依据参数进行的。并且在 AutoCAD 中，参数和动作是创建一完整的动态图块所必需的两种元素。

在图块中添加的参数可以指定几何图形在参照中的位置、距离和角度等特性，其通过定义块的特性来限制块的动作。此外，对于同一图块，可以为几何图形定义一个或多个子定义特性。各主要参数的含义现分别介绍如下。

❑ 点参数

点参数可以为块参照定义两个自定义特性：相对于块参照基点的位置 X 和位置 Y。如果向动态块定义添加点参数，点参数将追踪 X 和 Y 的坐标值。

在添加点参数时，默认的方式是指定点参数位置。在【块编写】选项板中单击【点】按钮，并在图块中选取点的确定位置即可，其外观类似于坐标标注。然后对其添加移动动作测试效果，如图 6-25 所示。

❑ 线性参数

线性参数可以显示出两个固定点之间的距离，其外观类似于对齐标注。如果对其添加相应的拉伸、移动等动作，则约束夹点可以沿预置角度移动，效果如图 6-26 所示。

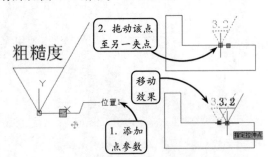

图 6-25 添加点参数并移动图块

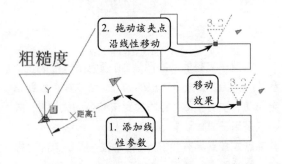

图 6-26 添加线性参数并移动图块

❑ 极轴参数

极轴参数可以显示出两个固定点之间的距离

并显示角度值，其外观类似于对齐标注。如果对其添加相应的拉伸、移动等动作，则约束夹点可沿预置角度移动，效果如图 6-27 所示。

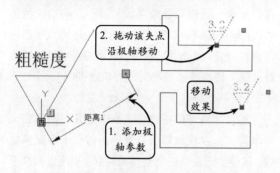

图 6-27 添加极轴参数并移动图块

❑ **XY 参数**

XY 参数显示出距参数基点的 X 距离和 Y 距离，其外观类似于水平和垂直两种标注方式。如果对其添加阵列动作，则可以将其进行阵列动态测试，效果如图 6-28 所示。

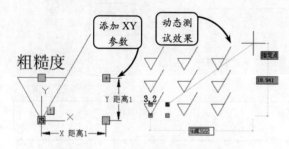

图 6-28 添加 XY 参数并动态测试

❑ **旋转参数**

旋转参数可以定义块的旋转角度，它仅支持旋转动作。在块编辑窗口，它显示为一个圆。其一般操作步骤为：首先指定参数半径，其次指定旋转角度，最后指定标签位置。如果为其添加旋转动作，则动态旋转效果如图 6-29 所示。

❑ **对齐参数**

对齐参数可以定义 X 和 Y 位置以及一个角度，其外观类似于对齐线，可以直接影响块参照的旋转特性。对齐参数允许块参照自动围绕一个点旋转，以便与图形中的另一对象对齐。它一般应用于整个块对象，并且无须与任何动作相关联。

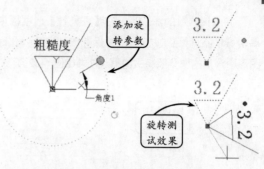

图 6-29 添加旋转参数并动态测试

要添加对齐参数，单击【对齐】按钮，并依据提示选取对齐的基点即可，保存该定义块，并通过夹点观察动态测试效果，如图 6-30 所示。

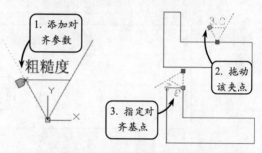

图 6-30 添加对齐参数并动态测试

❑ **翻转参数**

翻转参数可以定义块参照的自定义翻转特性，它仅支持翻转动作。在块编辑窗口，其显示为一条投影线，即系统围绕这条投影线翻转对象。例如单击投影线下方的箭头，即可将图块进行相应的翻转操作，如图 6-31 所示。

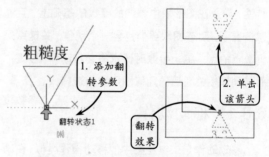

图 6-31 添加翻转参数并动态测试

❑ **可见性参数**

可见性参数可以控制对象在块中的可见性，在块编辑窗口显示为带有关联夹点的文字。可见性参数总是应用于整个块，并且不需要与任何动作相关联。

完成该参数的添加后,在【可见性】选项板中单击【使不可见】按钮,并保存该块定义。此时图形中添加的块参照将被隐藏,效果如图 6-32 所示。

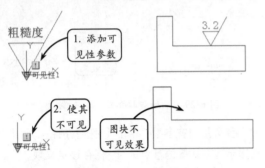

图 6-32　添加可见性参数

❏ **查寻参数**

查寻参数可以定义一个列表,列表中的值是用户自定义的特性,在块编辑窗口显示为带有关联夹点的文字,且查寻参数可以与单个查寻动作相关联。关闭块编辑窗口时,用户可以通过夹点显示可用值的列表,或者在【特性】选项面板中修改该参数自定义特性的值,效果如图 6-33 所示。

❏ **基点参数**

基点参数可以相对于该块中的几何图形定义一个基点,在块编辑窗口显示为带有十字光标的圆。该参数无法与任何动作相关联,但可以归属于某个动作的选择集。

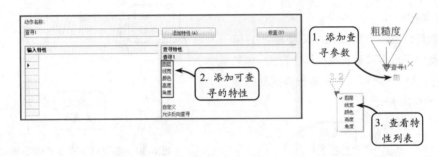

图 6-33　添加查寻参数并查看特性列表

AutoCAD

6.8　块动作

添加动作用于在图形中自定义动态块的动作特性,建立在图形块中添加的参数的基础上。且通常情况下,动态图块至少包含一个动作。关键点是参数上的点,编辑参数时该点将会与动作相关联,而与动作相关联后的几何图形称为选择集。

6.8.1　移动动作

移动动作与二维绘图中的移动操作类似。在动态块测试中,移动动作会使对象按定义的距离和角度进行移动。在编辑动态块时,移动动作可以与点参数、线性参数、极轴参数和 XY 轴参数相关联,效果如图 6-34 所示。

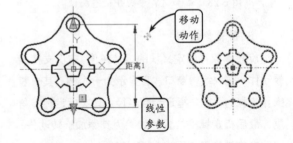

图 6-34　添加移动动作并测试

6.8.2　缩放动作

缩放动作与二维绘图中的缩放操作相似。它可以与线性参数、极轴参数和 XY 参数相关联,并且相关联的是整个参数,而不是参数上的关键点。在动态块测试中，通过移动夹点或使用【特性】选项面板编辑关联参数，缩放动作会使块的选择集进行缩放，效果如图 6-35 所示。

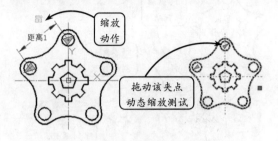

图 6-35 添加缩放动作并测试

6.8.3 拉伸动作

拉伸动作与二维绘图中的拉伸操作类似。在动态块拉伸测试中，拉伸动作将使对象按指定的距离和位置进行移动和拉伸。与拉伸动作相关联的有点参数、线性参数、极轴参数和 XY 轴参数。

将拉伸动作与某个参数相关联后，可以为该拉伸动作指定一个拉伸框，然后为拉伸动作的选择集选取对象即可。其中，拉伸框决定了框内部或与框相交的对象在块参照中的编辑方式，效果如图 6-36 所示。

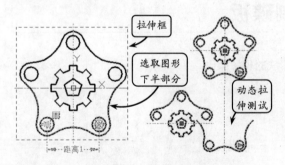

图 6-36 添加拉伸动作并测试

6.8.4 极轴拉伸动作

在动态块测试中，极轴拉伸动作与拉伸动作相似。极轴拉伸动作不仅可以按角度和距离移动和拉伸对象，还可以将对象旋转，但它一般只能与极轴参数相关联。

在定义该动态图块时，极轴拉伸动作拉伸部分的基点是关键点相对的参数点。关联后可以指定该动作的拉伸框，然后选取要拉伸的对象和要旋转的对象组成选择集即可，效果如图 6-37 所示。

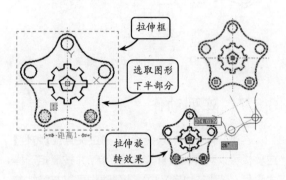

图 6-37 添加极轴拉伸动作并测试

6.8.5 旋转动作

旋转动作与二维绘图中的旋转操作类似。在定义动态块时，旋转动作只能与旋转参数相关联。与旋转动作相关联的是整个参数，而不是参数上的关键点。例如拖动夹点进行旋转操作，测试旋转动作的效果，如图 6-38 所示。

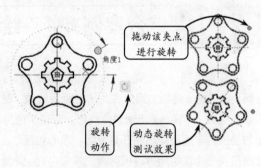

图 6-38 添加旋转动作并测试

6.8.6 翻转动作

使用翻转动作可以围绕指定的轴（即投影线），翻转定义的动态块参照。它一般只能与翻转参数相关联，其效果相当于二维绘图中的镜像复制效果，如图 6-39 所示。

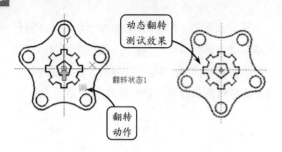

图 6-39　添加翻转动作并测试

6.8.7　阵列动作

在进行阵列动态块测试中,通过夹点或【特性】选项板可以对其关联对象进行复制,并按照矩形样式阵列。在动态块定义中,阵列动作可以与线性参数、极轴参数和 XY 参数中任意一个相关联。

如果将阵列动作与线性参数相关联,则用户可以通过指定阵列对象的列偏移,即阵列对象之间的距离来测试阵列动作的效果,如图 6-40 所示。

6.8.8　查询动作

要向动态定义块中添加查寻动作,必须和查寻参数相关联。在添加查寻动作时,其通过自定义的

特性列表创建查寻参数,使用查寻表可以将自定义特性和值指定给动态块,如图 6-41 所示。

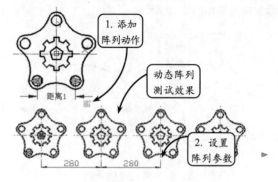

图 6-40　添加阵列动作并测试

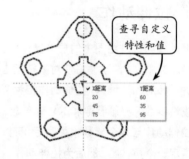

图 6-41　添加查寻动作并测试

6.9　综合案例 6-1:绘制碟板

本实例绘制一个副碟板,效果如图 6-42 所示。当阀门开启时,碟板与阀座在关闭时瞬间接触,利用碟板偏心 1、偏心 2 迅速脱离阀座,降低了密封副的磨损,摩擦力矩小,开启灵活。偏心锥面 3,使阀门在开启或关闭时碟板能通过阀座内孔,实现接触密封。另外,锥形碟板的旋转半径大于密封副接触位置的旋转半径,故碟板在阀门关闭时将出现越关越紧的状况。

分析其外形结构,该视图是一般的剖视图,轮廓具有对称性的特点。在绘图过程中可以先用【直线】工具绘制出图形的一半,再利用【镜像】工具操作,最后修改细节并利用【图案填充】工具绘制剖面线即可。另外,在标注过程中,通过【创建】和【插入】工具标注粗糙度符号,使读者了解添加

块的相关操作。

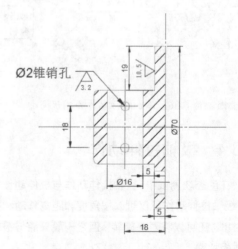

图 6-42　碟板视图效果

操作步骤 ▶▶▶▶

STEP|01 新建图层，在【图层】选项板中单击【图层特性】按钮🔲，将打开【图层特性管理器】对话框。然后在该对话框中新建所需图层，效果如图 6-43 所示。

图 6-43　新建图层

STEP|02 绘制中心线，切换【中心线】图层为当前层，单击【直线】按钮╱，绘制长分别为 100 和 70 的两条互相垂直的中心线。如图 6-44 所示。

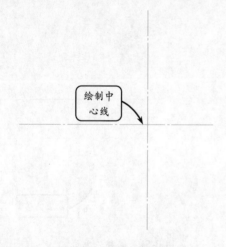

图 6-44　绘制中心线

STEP|03 偏移线段，单击【偏移】按钮▣，分别选取水平和竖直的中心线为偏移基准，按照如图 6-45 所示尺寸依次进行偏移操作。

STEP|04 绘制轮廓线，切换【轮廓线】为当前层。单击【直线】按钮╱，绘制如图 6-46 所示尺寸的轮廓线。

STEP|05 偏移线段，单击【偏移】按钮▣，选取最左端竖直的轮廓线向右依次偏移 6、16，效果如图 6-47 所示。

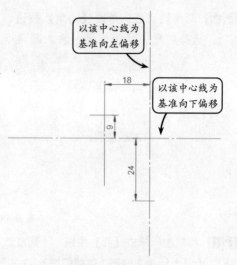

图 6-45　偏移线段

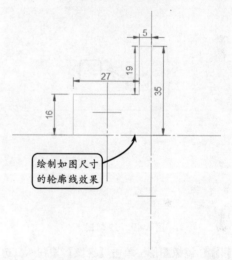

图 6-46　绘制轮廓线

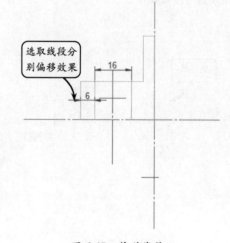

图 6-47　偏移线段

STEP|06 圆角轮廓线，单击【圆角】按钮◻，输入 r，选择圆角方式为半径，输入圆角半径为 2，选取所要圆角的两条线段，效果如图 6-48 所示。

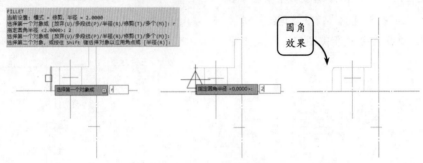

图 6-48 圆角轮廓线

STEP|07 绘制圆，单击【圆】按钮⊙，选取点 A 为圆心，绘制半径为 2 的圆。效果如图 6-49 所示。

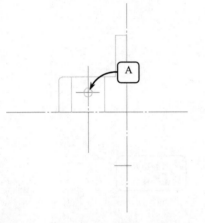

图 6-49 绘制圆

STEP|08 镜像图形，单击【镜像】按钮⚁，选取全部图形，以中间的中心线为镜像线，按照如图 6-50 所示进行镜像操作。

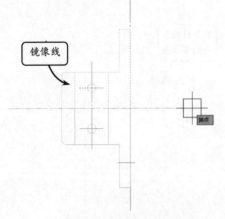

图 6-50 镜像图形

STEP|09 偏移轮廓线，再次单击【偏移】按钮⚁，选取最下端水平的轮廓线向上分别偏移 6、10，图形的轮廓就出来了，效果如图 6-51 所示。

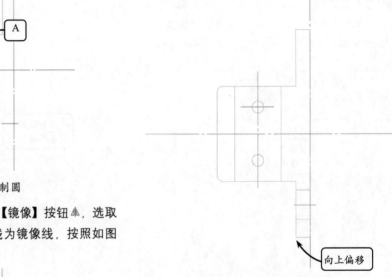

图 6-51 偏移轮廓线

STEP|10 图案填充，切换【0】为当前图层。然后单击【图案填充】按钮▨，在【图案填充创建】选项卡中选择填充图案为【ANSI31】，设置填充角度为 0°，填充比例为 1。然后选取填充区域即可，效果如图 6-52 所示。

STEP|11 标注线性尺寸，切换【尺寸线】为当前图层。然后单击【线性】按钮⊢，依次选取尺寸边线进行线性标注，效果如图 6-53 所示。

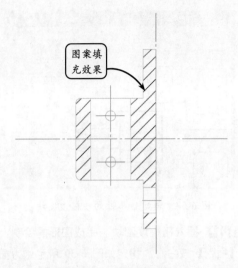

图 6-52 图案填充

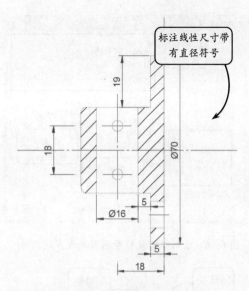

图 6-54 标注带直径符号的线性尺寸

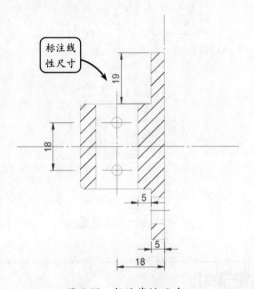

图 6-53 标注线性尺寸

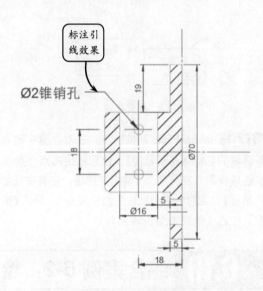

图 6-55 标注引线

STEP|12 标注带直径符号的线性尺寸,单击注释选项板中的【标注样式】按钮,在打开的对话框中单击【替代】按钮,并在打开的对话框中切换至【主单位】选项卡。然后在【前缀】文本框中输入直径代号【%%C】,单击【确定】按钮。接着利用【线性标注】工具标注线性尺寸时将自动带有直径前缀符号,效果如图 6-54 所示。

STEP|13 标注引线,单击【引线】按钮,在倒角处标注引线,并在打开的文本框中输入相应文本,单击鼠标左键结束操作,效果如图 6-55 所示。

STEP|14 利用【直线】和【修剪】工具绘制粗糙度符号图形。然后单击【属性定义】按钮,在打开的对话框中启用【锁定位置】复选框,并定义粗糙度块的属性和文字格式,如图 6-56 所示。

STEP|15 设置完成后单击【确定】按钮,依次选取文字对齐放置的两个端点,将属性标记文字插入到当前视图中。然后单击【移动】按钮,将插入的属性文字向上移动至合适位置,效果如图 6-57 所示。

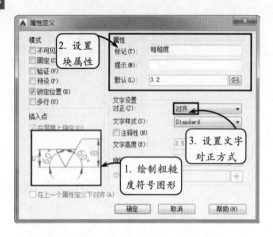

图 6-56　绘制粗糙度符号图形并设置块属性

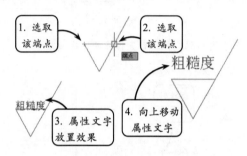

图 6-57　放置属性文字

STEP|16 单击【创建】按钮，在对话框中输入新建块的名称为【粗糙度】。然后指定基点，并框选组成块的对象，单击【确定】按钮。接着在【编辑属性】对话框中接受默认的粗糙度数值，单击【确定】按钮，效果如图 6-58 所示。

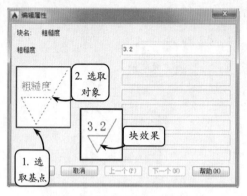

图 6-58　创建带属性的粗糙度图块

STEP|17 插入粗糙度图块，完成图形的绘制，单击【插入】按钮，指定如图 6-59 所示点为插入点，并默认粗糙度值，插入粗糙度图块。

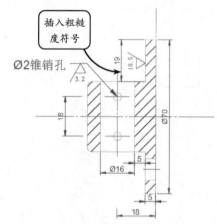

图 6-59　插入粗糙度图块

AutoCAD

6.10　综合案例 6-2：绘制减速机

　　本实例绘制一减速机零件图，效果如图 6-60 所示。减速机是变速器的一种，一般用于低转速大扭矩的传动设备，原理是把电动机、内燃机、马达或其他高速运转的动力，通过减速机输入轴上齿数少的齿轮啮合输出轴上的大齿轮，从而达到减速的目的。

　　在绘制该零件图时，可以大致分一下整体，图形具有局部对称的特点，可以先利用【直线】【圆】和【圆角】【镜像】【块】工具等绘出大的对称图形，再循序渐进，绘制小的细节，最后加上标注。本案例重点是【块】的运用。

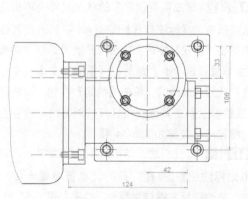

图 6-60　减速机零件图

操作步骤 ▶▶▶▶

STEP|01 新建图层，在【图层】选项板中单击【图层特性】按钮，将打开【图层特性管理器】对话框。然后在该对话框中新建所需图层，效果如图6-61所示。

图 6-61   新建图层

STEP|02 绘制中心线，切换【中心线】为当前层，单击【直线】按钮，在绘图区中绘制水平的中心线。效果如图6-62所示。

STEP|03 绘制矩形，切换【轮廓线】为当前层，单击【矩形】按钮，在绘图区中以水平中心线A为中线，绘制长56、宽15，长64、宽115，长104、宽23和长144、宽51的四个相邻的矩形。如图6-63所示。

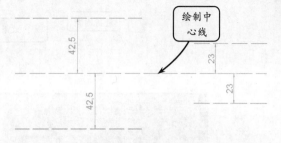

图 6-62   绘制中心线

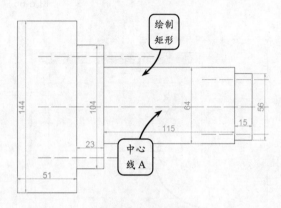

图 6-63   绘制矩形

STEP|04 分解图形，框选图形，单击【分解】按钮，效果如图6-64所示。

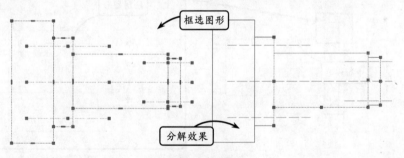

图 6-64   分解图形

STEP|05 偏移线段，分别选中两条线段，单击【偏移】按钮，偏移6和8，效果如图6-65所示。

STEP|06 圆角线段，单击【圆角】按钮，输入T，选择【不修剪】按钮，再输入半径R，分别设置为2和15，对线段进行圆角。效果如图6-66所示。

STEP|07 修剪线段，单击【修剪】按钮，修剪多余的线段，效果如图6-67所示。

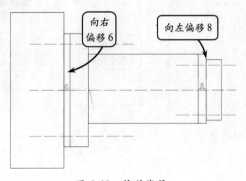

图 6-65   偏移线段

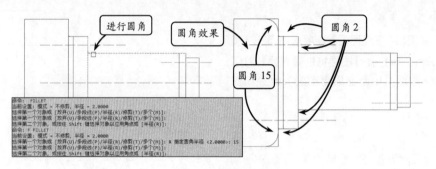

图 6-66　圆角线段

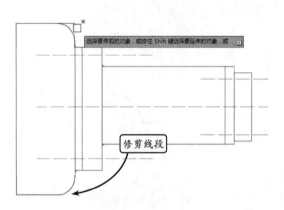

图 6-67　修剪线段

STEP|08 绘制矩形，切换【虚线】为当前图层，单击【矩形】按钮 □，在绘图区中以水平中心线 B 为中线，绘制长 5.5、宽 7，长 5、宽 6，长 2、宽 18，长 3、宽 17 和长 3.5、宽 18 的五个相交的矩形。效果如图 6-68 所示。

STEP|09 绘制直线并修剪，单击【直线】按钮 ╱，绘制直线，如图连接两个矩形并单击【修剪】按钮 ╱，修剪多余的线段，效果如图 6-69 所示。

STEP|10 镜像图形，单击【镜像】按钮 ⚏，选择图形以中心线 B 为镜像线，进行镜像，再选择刚才镜像的图形，以中心线 A 为镜像线进行镜像，效果如图 6-70 所示。

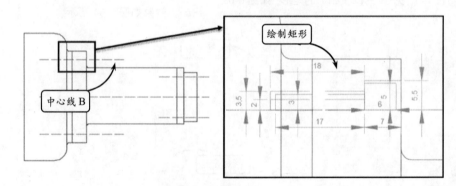

图 6-68　绘制矩形

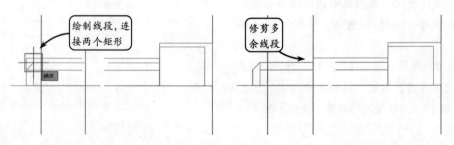

图 6-69　绘制直线并修剪

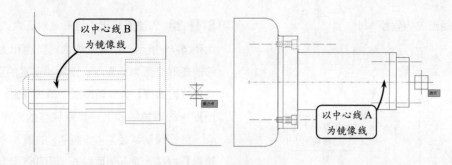

图 6-70　镜像图形

STEP|11 绘制直线和矩形并镜像，切换【轮廓线】为当前图层，选择线段，单击【偏移】按钮，向下偏移 7.3，再单击【矩形】按钮，绘制长 10、

宽 6 的矩形，并使该矩形关于偏移的线段对称。然后选择刚才所绘图形单击【镜像】按钮，以中心线 A 为镜像线镜像图形，如图 6-71 所示。

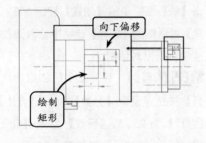
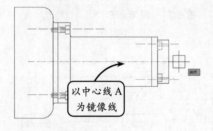

图 6-71　绘制直线和矩形并镜像

STEP|12 绘制中心线和矩形，切换【中心线】为当前图层，利用【偏移】工具按照如图 6-72 所示尺寸偏移并绘制中心线，再切换【轮廓线】为当前

图层，以刚绘制的两条十字交叉中心线的交叉点为中心，单击【矩形】工具，绘制长为 130、宽为 120 的矩形。

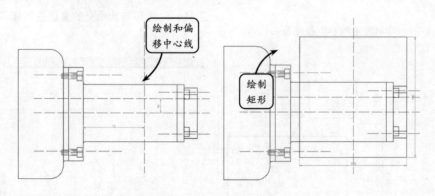

图 6-72　绘制中心线和矩形

STEP|13 圆角矩形，单击【圆角】工具，输入 T，选择 N，再输入半径 R，在设置半径为 2，将上一步绘制的矩形的四条边都进行圆角，效果如图 6-73 所示。

STEP|14 绘制对角线和偏移矩形，删去第（12）步中所绘中心线，再切换【中心线】为当前图层，并利用【直线】工具，分别选取矩形圆角的内侧绘制对角线，如图 6-74 所示，然后单击【偏移】按

钮，选择矩形向内偏移 12。

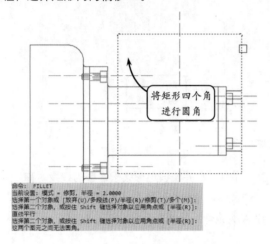

```
命令: FILLET
当前设置: 模式 = 修剪，半径 = 2.0000
选择第一个对象或 [放弃(U)/多段线(P)/半径(R)/修剪(T)/多个(M)]:
选择第二个对象，或按住 Shift 键选择对象以应用角点或 [半径(R)]:
直线平行
选择第二个对象，或按住 Shift 键选择对象以应用角点或 [半径(R)]:
这两个图元之间无法圆角。
```

图 6-73 圆角矩形

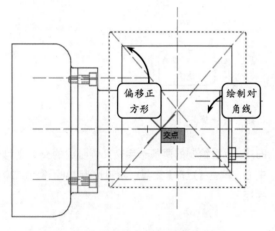

图 6-74 绘制对角线和偏移矩形

STEP|15 创建圆和正六边形并对正六边形旋转，如图 6-75 所示。以图形中的对角线和上一步所偏移的矩形交点为垂直点，绘制相垂直的正交线段，切换【轮廓线】为当前图层，单击【圆】按钮，以图形中的对角线和上一步所偏移的矩形交点为圆心，分别绘制半径为 6.5 和 4.5 的圆，再单击【多边形】按钮，输入侧面数 6，以圆心点为正多边形中心点，选择【内接与圆】，输入圆的半径为 4，绘制正六边形。并选择绘制的正六边形，单击【旋转】按钮，输入旋转角度为–30°，进行旋转。

STEP|16 创建块，选取如图 6-76 所示的图形，单击【块】面板中的【创建】按钮，在打开的【块定义】对话框的【名称】选项中输入圆，单击【确定】按钮，退出对话框。

STEP|17 阵列，选择上步所创建的块，单击【阵列】按钮，设置【列数】为 2，【介于】为 95.25，【总计】为 95.25，【行数】为 2，【介于】为–106，【总计】为–106，效果如图 6-77 所示，单击【关闭阵列】按钮，退出阵列选项板。

STEP|18 创建圆并对图形进行修剪，如图 6-78 所示，单击【圆】，以上一步阵列所得的左下角的块中圆心为圆心，绘制半径为 7 的圆，利用【修剪】工具，对圆和与其相交的直线进行修剪。

```
指定旋转角度，或 [复制(C)/参照(R)] <330>: -30
```

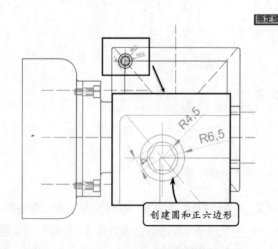

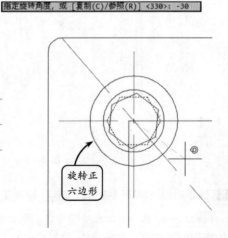

图 6-75 创建圆和正六边形并对正六边形旋转

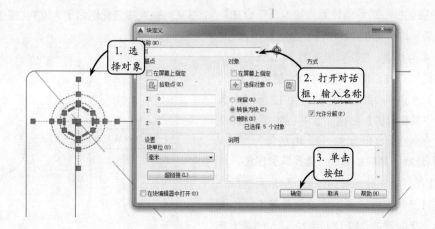

图 6-76 创建块

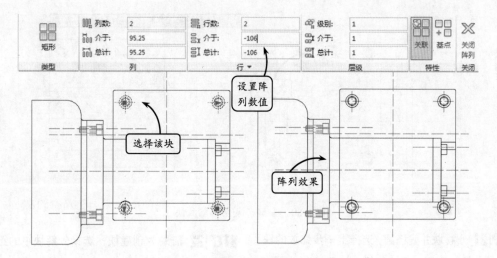

图 6-77 阵列

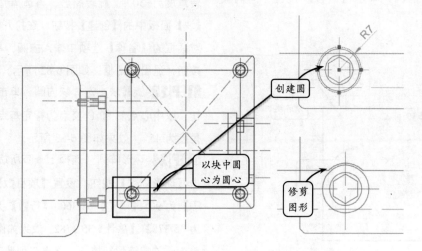

图 6-78 创建圆并对图形进行修剪

STEP|19 绘制中心线和创建圆，切换【中心线】为当前图层，单击【直线】按钮，如图 6-79 所示，以中心线 A 为基线，在距离它上方 36 毫米处绘制水平中心线 C，在距离圆角正方形左侧边右方 55 毫米处绘制竖直中心线 D。再次切换【轮廓线】为当前图层，单击【圆】按钮，以中心线 C 和 D 交点为圆心分别绘制半径为 32.5 和 40 的圆。

STEP|20 分解、复制和缩放，选择阵列图形，单击【分解】按钮，分解阵列图形，然后再选择块圆，单击【复制】按钮，以块中心为基点，如图 6-80 所示，复制到中心线 D 与半径 32.5 的圆上方交点处，选择块并单击【缩放】按钮，以中心点为基点，输入指定比例因子为 0.8，按空格键确定。

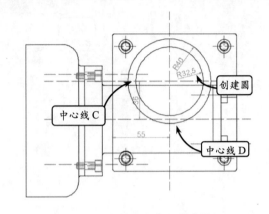

图 6-79　绘制中心线和创建圆

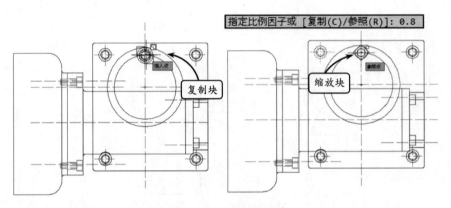

图 6-80　分解、复制和缩放块

STEP|21 分解块并偏移圆，选择上一步缩放的块，单击【分解】按钮，将块分解，如图 6-81 所示，选择块外端的圆，单击【偏移】按钮，向内偏移 0.4。

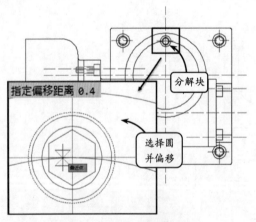

图 6-81　分解块并偏移圆

STEP|22 旋转并创建块，选择分解块中的正六边形，单击【旋转】按钮，以中心点为基点，输入旋转角度为-30°，旋转图形。再选择整个块，单击【块】面板中的【创建】按钮，在打开的【块定义】对话框的【名称】选项中输入内圆，单击【确定】按钮，退出对话框。如图 6-82 所示。

STEP|23 旋转块，选择块内圆，单击【旋转】按钮，以中心点 C 和 D 交点为指定基点，输入旋转角度为 45°，效果如图 6-83 所示。

STEP|24 环形阵列，选择上一步所旋转的块，单击【环形阵列】按钮，设置【项目数】为 4，【介于】为 90，【填充】为 360，【行数】为 1，【介于】为 35.3782，【总计】35.3782，效果如图 6-84 所示。单击【关闭阵列】按钮，退出阵列选项板。

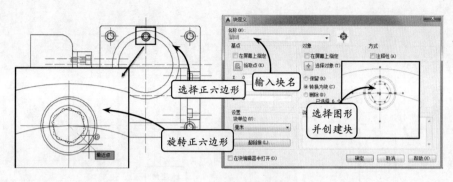

图 6-82　旋转并创建块

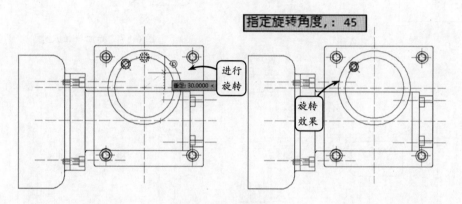

图 6-83　旋转块

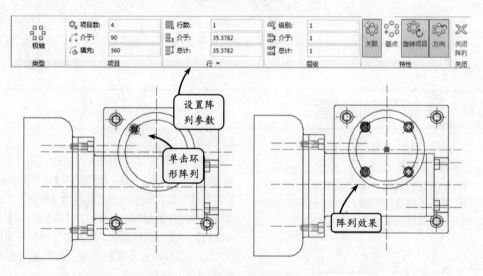

图 6-84　环形阵列

STEP|25 进行圆角，单击【圆角】按钮，输入修剪 T，选择不修剪 N，输入半径 R，再设置半径为 2，分别选取如图 6-85 所示的线段进行圆角。

STEP|26 绘制样条曲线并修剪图形，切换至【尺寸线】图层，然后单击【样条曲线控制点】按钮，

如图 6-86 所示，以最左侧长方形对角开始绘制，并单击【修剪】按钮，修剪多余线段。

STEP|27 标注尺寸，完成对图形的绘制，单击【线性】按钮，依次选取尺寸边线进行线性标注，效果如图 6-87 所示。

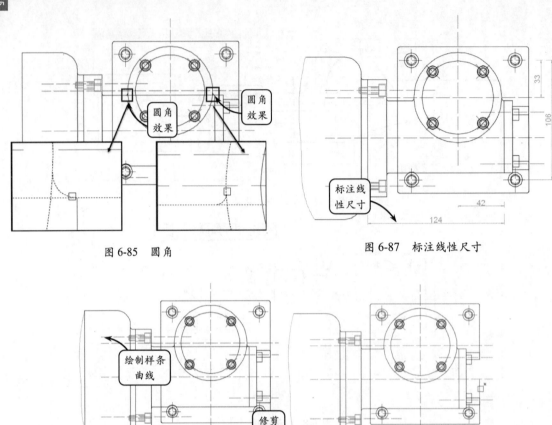

图 6-85　圆角

图 6-87　标注线性尺寸

图 6-86　绘制样条曲线并修剪图形

6.11　新手训练营

练习 1　绘制阶梯轴

本练习绘制一阶梯轴零件图，效果如图 6-88 所示。阶梯轴通常用于连接轴与轴上的旋转零件，起到轴向固定作用，以传递旋转运动成扭矩。

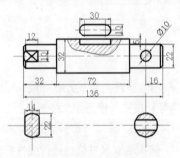

图 6-88　阶梯轴

通过该零件的结构分析，可首先利用【直线】工具绘制主视图的中心线，然后利用【偏移】和【修剪】等工具绘制轴的一半图形，并利用【镜像】工具完成该轴主体轮廓的绘制。接着利用【圆】【倒角】和【样条曲线】等工具绘制轴的其他部分，最后利用相应的尺寸标注工具标注出零件尺寸，即可完成该图形的绘制。

练习 2　绘制长轴

本练习绘制一长轴零件图，效果如图 6-89 所示。该长轴的主要作用是支承转动件，传递动力。该零件主要由轴体、螺栓孔和键槽构成。在轴的中心加工螺栓孔起到固定轴与零件的作用。该零件图主要是主视图和移出断面图，并对安装孔进行了局部剖。该零件图上标注的内容主要包括线性尺寸、基准符号和粗糙度符号等。

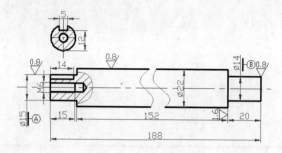

图 6-89　长轴零件图效果

绘制该长轴零件图时，首先绘制主视图的一半轮廓，并利用【镜像】工具镜像图形。然后利用【打断】和【样条曲线】工具绘制断裂线，并利用【圆】和【修剪】工具绘制键槽。接着利用【图案填充】工具填充各视图。标注该图形时，可利用【线性】工具标注线性尺寸。然后通过【创建】和【插入】工具标注基准和粗糙度符号即可。

第 7 章

外部参照和设计中心

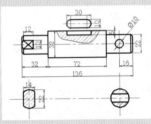

外部参照是在 CAD 中将其他图纸引用到当前图的一种方法。CAD 外部参照功能使设计图纸之间的共享更方便、更快捷，使不同设计人员之间可以共享设计信息，提高设计准确度及专业协作效率。而 AutoCAD 设计中心则是提供了查看和重复利用图形的强大工具。用户可以浏览本地系统、网络驱动器，甚至从 Internet 下载文件。使用 AutoCAD 设计中心可以管理块参照、外部参照、光栅图像以及来自其他源文件或应用程序的内容。

本章包含了外部参照的附着和编辑、剪裁和管理以及设计中心的使用和插入图形输入等操作。

AutoCAD

7.1 外部参照

外部参照是指将一幅图以参照的形式引用到另外一个或多个图形文件中,外部参照的每次改动后的结果都会及时地反映在最后一次被参照的图形中,另外使用外部参照还可以有效地减少图形的容量,因为当用户打开一个含有外部参照的文件时,系统仅会按照记录的路径去搜索外部参照文件,而不会将外部参照作为图形文件的内部资源进行储存。

7.1.1 附着外部参照

附着外部参照的目的是帮助用户用其他图形来补充当前图形,主要用在需要附着一个新的外部参照文件,或将一个已附着的外部参照文件的副本附着在文件中。执行附着外部参照操作,可以将以下 5 种主要格式的文件附着至当前图形。

1. 附着 DWG 文件

执行附着外部参照操作,其目的是帮助用户用其他图形来补充当前图形,主要用在需要附着一个新的外部参照文件,或将一个已附着的外部参照文件的副本附着文件。

切换至【插入】选项卡,在【参照】选项板中

单击【附着】按钮,系统将打开【选择参照文件】对话框,如图 7-1 所示。

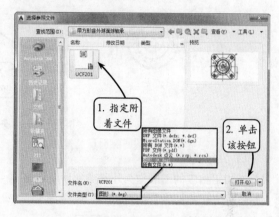

图 7-1　指定附着文件

在该对话框的【文件类型】下拉列表中选择【图形】选项,并指定要附着的文件,单击【打开】按钮,系统将打开【附着外部参照】对话框。此时,在【附着外部参照】对话框中指定相应的参照类型和路径类型,然后单击【确定】按钮,该外部参照文件将显示在当前图形中。接着指定插入点,即可将该参照文件添加到该图形中,如图 7-2 所示。

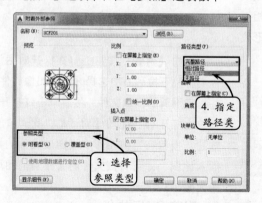

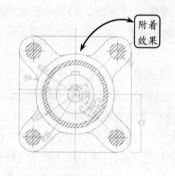

图 7-2　附着 DWG 文件

从图 7-2 可以看出,在图形中插入外部参照的方法与插入块的方法相同,只是该对话框增加了两个选项组,现分别介绍如下。

❏ 参照类型

在该选项组中可以选择外部参照的类型。其中,选择【附着型】单选按钮,如果参照图形中仍

包含外部参照，则在执行该操作后，都将附着在当前图形中，即显示嵌套参照中的嵌套内容；如果选择【覆盖型】单选按钮，系统将不显示嵌套参照中的嵌套内容，其对比效果如图 7-3 所示。

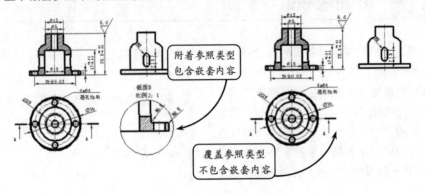

图 7-3　两种参照类型的对比

❏ **路径类型**

在指定相应的图形作为外部参照附着到当前主图形时，可以使用【路径类型】下拉列表中的 3 种方式附着该图形，具体含义如下所述。

➢ **完整路径**

选择该选项，外部参照的精确位置将保存到该图形中。该选项的精确度最高，但灵活性最小。如果移动工程文件夹，AutoCAD 将无法融入任何使用完整路径附着的外部参照。

➢ **相对路径**

选择该选项，附着外部参照将保存外部参照相对于当前图形的位置。该选项的灵活性最大。如果移动工程文件夹，AutoCAD 仍可以融入使用相对路径附着的外部参照，但要求该参照与当前图形位置不变。

➢ **无路径**

选择该选项可以直接查找外部参照，该操作适合外部参照和当前图形位于同一个文件夹的情况。

由于插入到当前图形中的外部参照文件为灰显状态，此时可以在【参照】选项板的【外部参照淡入】文本框中设置外部参照图形的淡入数值，或者直接拖动左侧的滑块调整参照图形的淡入度，效果如图 7-4 所示。

2．附着图像文件

利用参照选项板上的相关操作，用户还可以将图像文件附着到当前文件中，对当前图形进行辅助说明。

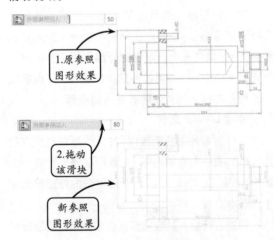

图 7-4　调整参照图形的淡入度

单击【附着】按钮，在打开对话框的【文件类型】下拉列表中选择【所有图像文件】选项，并指定附着的图像文件。然后单击【打开】按钮，系统将打开【附着图像】对话框。此时单击【确定】按钮，接着在当前图形中指定该文件的插入点和插入比例，即可将该文件附着在当前图形中，效果如图 7-5 所示。

3．附着 DWF 文件

DWF 格式文件是一种从 DWG 文件创建的高度压缩的文件格式。该文件易于在 Web 上发布和查看，并且支持实时平移和缩放，以及对图层显示和命名视图显示的控制。

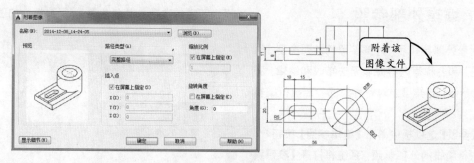

图 7-5 附着图像文件

单击【附着】按钮，在打开对话框的【文件类型】下拉列表中选择【DWF 文件】选项，并指定附着的 DWF 文件。然后单击【打开】按钮，在打开的对话框中单击【确定】按钮，并指定该文件在当前图形的插入点和插入比例，即可将该文件附着在当前图形中，效果如图 7-6 所示。

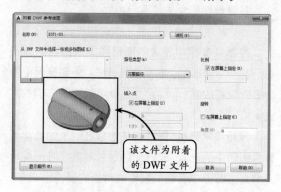

图 7-6 附着 DWF 文件

4．附着 DGN 文件

DGN 格式文件是 MicroStation 绘图软件生成的文件，该文件格式对精度、层数以及文件和单元的大小并不限制。另外该文件中的数据都是经过快速优化、检验并压缩的，有利于节省网络带宽和存储空间。

单击【附着】按钮，在打开对话框的【文件类型】下拉列表中选择【所有 DGN 文件】选项，并指定附着的 DGN 文件。然后单击【打开】按钮，在打开的对话框中单击【确定】按钮，并指定该文件在当前图形的插入点和插入比例，即可将该文件附着在当前图形中，效果如图 7-7 所示。

5．附着 PDF 文件

PDF 格式文件是一种非常通用的阅读格式，

而且 PDF 文档的打印和普通的 Word 文档打印一样简单。正是由于 PDF 格式比较通用而且是安全的，所以图纸的存档和外发加工一般都使用 PDF 格式。

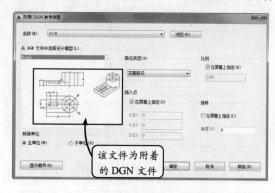

图 7-7 附着 DGN 格式文件

单击【附着】按钮，在打开对话框的【文件类型】下拉列表中选择【PDF 文件】选项，并指定附着的 PDF 文件。然后单击【打开】按钮，在打开的对话框中单击【确定】按钮，并指定该文件在当前图形的插入点和插入比例，即可将该文件附着在当前图形中，效果如图 7-8 所示。

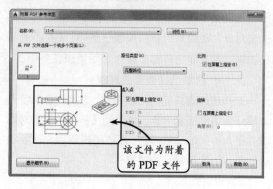

图 7-8 附着 PDF 格式文件

7.1.2 编辑外部参照

当附着外部参照后,外部参照的参照类型(附着或覆盖)和名称等内容并非无法修改和编辑,利用【编辑参照】工具可以对各种外部参照执行编辑操作。

在【参照】选项板中单击【编辑参照】按钮 ,然后选取待编辑的外部参照,系统将打开【参照编辑】对话框,如图 7-9 所示。

图 7-9 【参照编辑】对话框

该对话框中两个选项卡的含义分别介绍如下。

❏ **标识参照**

该选项卡为标识要编辑的参照提供形象化的辅助工具,其不仅能够控制选择参照的方式,并且可以指定要编辑的参照。如果选择的对象是一个或多个嵌套参照的一部分,则该嵌套参照将显示在对话框中。

➤ **自动选择所有嵌套的对象**

选择该单选按钮,系统将原来外部参照包含的嵌套对象自动添加到参照编辑任务中。如果不选择该按钮,则只能将外部参照添加到编辑任务中。

➤ **提示选择嵌套的对象**

选择该单选按钮,系统将逐个选择包含在参照编辑任务中的嵌套对象。当关闭【参照编辑】对话框并进入参照编辑状态后,系统将提示用户在要编辑的参照中选择特定的对象。

❏ **设置**

切换至【设置】选项卡,该选项卡为编辑参照提供所需的选项,共包含 3 个复选框,如图 7-10 所示。

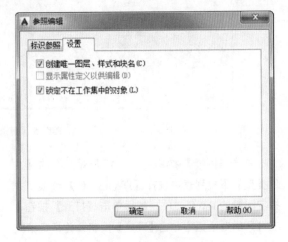

图 7-10 【设置】选项卡

各复选框的含义如下所述。

➤ **创建唯一图层、样式和块名**

控制从参照中提取的图层和其他命名对象是否是唯一可修改的。启用该复选框,外部参照中的命名对象将改变,与绑定外部参照时修改它们的方式类似。

禁用该复选框,图层和其他命名对象的名称与参照图形中的一致,未改变的命名对象将唯一继承当前宿主图形中有相同名称的对象的属性。

➤ **显示属性定义以供编辑**

控制编辑参照期间是否提取和显示块参照中所有可变的属性定义。启用该复选框,则属性(固定属性除外)变得不可见,同时属性定义可与选定的参照几何图形一起被编辑。

当修改被存回块参照时,原始参照的属性将保持不变。新的或改动过的属性定义只对后来插入的块有效,而现有块引用中的属性不受影响。值得提醒的是:启用该复选框对外部参照和没有定义的块参照不起作用。

➤ **锁定不在工作集中的对象**

锁定所有不在工作集中的对象,从而避免用户在参照编辑状态时意外地选择和编辑宿主图形中的对象。锁定对象的行为与锁定图层上的对象类似,如果试图编辑锁定的对象,则它们将从选择集中过滤。

7.1.3　剪裁外部参照

【参照】选项板中的【剪裁】工具可以剪裁多种对象，包括外部参照、块、图像或 DWF 文件格式等。通过这些剪裁操作，可以控制所需信息的显示。执行剪裁操作并非真正修改这些参照，而是将其隐藏显示，同时可以根据设计需要，定义前向剪裁平面或后向剪裁平面。

在【参照】选项板中单击【剪裁】按钮 🖺，选取要剪裁的外部参照对象。此时命令行将显示："[开（ON）/关（OFF）/剪裁深度（C）/删除（D）/生成多段线（P）/新建边界（N）]<新建边界>："的提示信息，选择不同的选项将获取不同的剪裁效果。

❏　新建剪裁边界

通常情况下，系统默认选择【新建边界】选项，命令行将继续显示："[选择多段线(S)/多边形(P)/矩形(R)/反向剪裁(I)]<矩形>："的提示信息，各个选项的含义现分别介绍如下。

➢　多段线

在命令行中输入字母 S，并选择指定的多段线边界即可。选择该方式前，应在需要剪裁的图像上利用【多段线】工具绘制出剪裁边界，然后在该方式下，选择相应的边界即可，效果如图 7-11 所示。

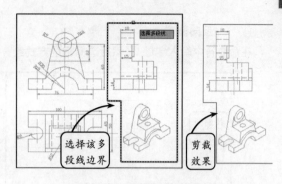

图 7-11　多段线方式剪裁图像

➢　多边形

在命令行中输入字母 P，然后在要剪裁的图像中绘制出多边形的边界即可，效果如图 7-12 所示。

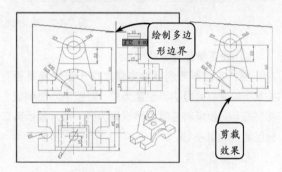

图 7-12　多边形方式剪裁图像

➢　矩形

该方式同【多边形】方式相似，在命令行中输入字母 R，然后在要剪裁的图像中绘制出矩形边界即可，效果如图 7-13 所示。

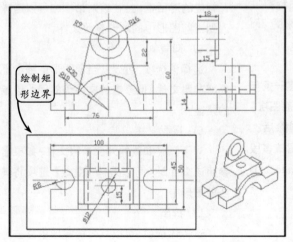

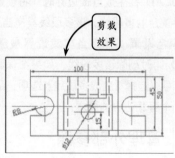

图 7-13　矩形方式剪裁图像

> 反向剪裁

在命令行中输入字母 I，然后选择相应方式绘

制剪裁边界，系统将显示该边界范围以外的图像，效果如图 7-14 所示。

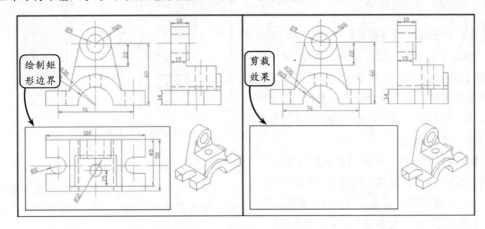

图 7-14 反向剪裁方式剪裁图像

□ 设置剪裁开或关

执行剪裁参照的系统变量取决于该边界是否关闭。如果将剪裁边界设置为关，则整个外部参照都将显示；如果将剪裁边界设置为开，则只显示剪裁区域的外部参照。

□ 剪裁深度

该选项用于在一个外部参照上设置前向剪裁平面或后向剪裁平面，在定义的边界及指定的深度之外将不被显示。该操作主要用在三维模型参照的剪裁。

□ 删除

该选项可以删除选定的外部参照或块参照的剪裁边界，暂时关闭剪裁边界可以选择【关】选项。其中【删除】选项将删除剪裁边界和剪裁深度，而使整个外部参照文件显示出来。

□ 生成多段线

AutoCAD 在生成剪裁边界时，将创建一条与剪裁边界重合的多段线。该多段线具有当前图层、线型和颜色设置，并且当剪裁边界被删除后，AutoCAD 同时删除该多段线。如果要保留该多段线副本，可以选择【生成多段线】选项，AutoCAD 将生成一个剪裁边界的副本。

7.1.4 管理外部参照

在 AutoCAD 中，可以在【外部参照】选项板

中对附着或剪裁的外部参照进行编辑和管理。

单击【参照】选项板右下角的箭头按钮，系统将打开【外部参照】选项板。在该选项板的【文件参照】列表框中显示了当前图形中各个外部参照文件名称、状态、大小和类型等内容，如图 7-15 所示。

此时，在列表框的文件上右击将打开快捷菜单，该菜单中各选项的含义介绍如下。

□ 打开

选择该选项，可以在新建的窗口中对打开选定的外部参照进行编辑。

□ 附着

选择该选项，系统将根据所选择的文件对象打开相应的对话框。且在该对话框中可以选择需要插入到当前图形中的外部参照文件。

□ 卸载

选择该选项，可以从当前图形中移走不需要的外部参照文件，但移走的文件仍然保留该参照文件的路径。

□ 重载

对于已经卸载的外部参照文件，如果需要再次参照该文件时，可以选择【重载】选项将其更新到当前图形中。

□ 拆离

选择该选项，可以从当前图形中移去不再需要的外部参照文件。

❑ 绑定

该选项对于具有绑定功能的参照文件有可操

作性。选择该选项，可以将外部参照文件转换为一个正常的块。

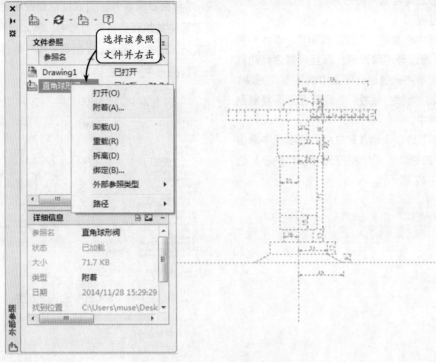

图 7-15　【外部参照】选项板

❑ 外部参照类型

在该选项的子菜单中可以选择相应文件的参照类型为"附着"或"覆盖"

❑ 路径

在该选项的子菜单中可以把相应文件的参照路径类型改为"相对路径"或"无路径"。

在过去版本中，一旦外部参照插入好以后，参照的路径类型就被固定下来难以再进行修改。且之后如果项目文件的路径结构发生变化，或者项目文件被移动，就很可能会出现外部参照文件无法找到的问题。而在 AutoCAD 2015 中，用户可以轻松地改变外部参照的路径类型，其可以将"相对路径"或"无路径"的参照的保存位置进行修改，使其路径类型变为"绝对路径"，如图 7-16 所示。

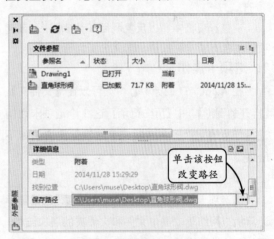

图 7-16　改变参照路径

AutoCAD 7.2 AutoCAD 设计中心

重复利用和共享图形内容是有效管理绘图项目的基础。使用 AutoCAD 设计中心可以管理块参照、外部参照、光栅图像以及来自其他源文件或应用程序的内容。不仅如此，如果同时打开多个图形，就可以在图形之间复制和粘贴内容（如图层定义）来简化绘图过程。

利用设计中心功能，不仅可以浏览、查找和管理 AutoCAD 图形等不同资源，而且只需要拖动鼠标，就能轻松地将一张设计图纸中的图层、图块、文字样式、标注样式、线框、布局及图形等复制到当前图形文件中。

在【视图】选项卡的【选项板】选项板中单击【设计中心】按钮，系统将打开【设计中心】选项板，如图 7-17 所示。

图 7-17 【设计中心】选项板

在该选项板中可以反复利用和共享图形，该选项板中各选项卡和按钮的含义分别介绍如下。

1．选项卡操作

在 AutoCAD 设计中心中，可以在【文件夹】【打开的图形】和【历史记录】这 3 个选项卡之间进行任意的切换，各选项卡参数设置的方法如下所述。

❑ 文件夹

该选项卡用于显示设计中心的资源，包括显示计算机或网络驱动器中文件和文件夹的层次结构。要使用该选项卡调出图形文件，用户可以在【文件夹列表】框中指定文件路径，右侧将显示图形预览信息，效果如图 7-18 所示。

❑ 打开的图形

该选项卡用于显示当前已打开的所有图形，并在右方的列表框中列出了图形中包括的块、图层、

线型、文字样式、标注样式和打印样式等。单击某个图形文件，并在其下拉列表框中选择一个定义表，然后在右侧展开的列表框中双击所需的加载类型即可将其加载到当前图形中。例如选择【线型】选项后，双击 continuous 图标，即可将该线型加载到当前图形中，如图 7-19 所示。

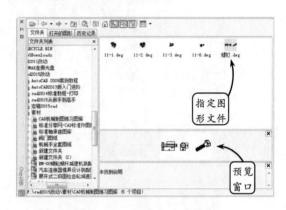

图 7-18 指定图形文件并预览

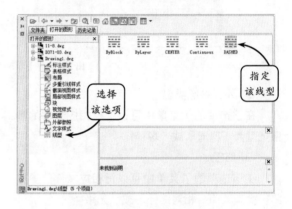

图 7-19 【打开的图形】选项卡

❑ 历史记录

该选项卡用于显示最近在设计中心打开的文件列表，且双击列表中的某个图形文件，还可以在【文件夹】选项卡的树状视图中定位该图形文件，并在右侧的列表框中显示该图形的各个定义表，效果如图 7-20 所示。

2．按钮操作

在【设计中心】选项板最上方一行排列有多个按钮图标，可以执行切换、搜索、预览和说明等操作。这些按钮对应的功能如表 7-1 所示。

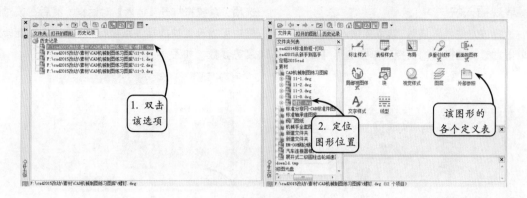

图 7-20　【历史记录】选项卡

表 7-1　设计中心窗口图标的功能

按 钮 名 称	功　　能
加载	单击该按钮，系统将打开"加载"对话框，用户可以浏览本地、网络驱动器或 Web 上的文件，选择相应的文件加载到指定的内容区域
上一页	单击该按钮，返回到历史记录列表中最近一次的位置
下一页	单击该按钮，返回到历史记录列表中下一次的位置
上一级	单击该按钮，显示上一级内容
搜索	单击该按钮，系统将显示"搜索"对话框。用户可以从中指定搜索条件，以便在图形中查找图形、块和非图形对象
收藏夹	单击该按钮，在内容区中将显示"收藏夹"文件夹中的内容
主页	单击该按钮，设计中心将返回到默认文件夹。安装时，默认文件夹被设置为…\Sample\Design Center，可以使用树状图中的快捷菜单更改默认文件
树状图切换	单击该按钮，可以显示和隐藏树状视图
预览	单击该按钮，可以显示和隐藏内容区窗格中选定项目的预览。如果选定项目没有保存的预览图像，"预览"区域将为空
说明	单击该按钮，可以显示和隐藏内容区窗格中选定项目的文字说明。如果选定项目没有保存的说明，"说明"区域将为空
视图	单击该按钮，可以为加载到内容区中的内容提供不同的显示格式

AutoCAD 7.3　插入设计中心图形

在当前图形中调入块特征、引用图像和外部参照等内容，并且在图形之间复制块、图层、线型、文字样式、标注样式以及用户定义的内容等都要使用 AutoCAD 设计中心。插入设计中心图形的种类主要有插入块、复制对象、以动态块形式插入图形文件和引入外部参照。

7.3.1　插入块

通常在执行插入块操作时，可以根据设计需要选择在插入时确定插入点、插入比例和旋转角度，或者选择自动换算插入比例，现分别介绍如下。

1. 常规插入块

选择该方法插入块时，选取要插入的图形文件并单击右键，在打开的快捷菜单中选择【插入块】选项，系统将打开【插入】对话框。然后在该对话框中可以设置块的插入点坐标、缩放比例和旋转角度等参数，如图 7-21 所示。

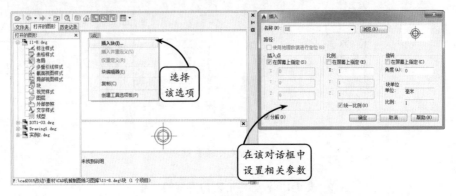

图 7-21 常规插入块

2. 自动换算比例插入块

选择该方法插入块时，可以从设计中心窗口中选择要插入的块，并拖动到绘图窗口。且当移动到插入位置时释放鼠标，即可实现块的插入。这样系统将按照【选项】对话框的【用户系统配置】选项卡中确定的单位，自动转换插入比例。此外，如果插入属性块，系统将允许修改属性参数，效果如图 7-22 所示。

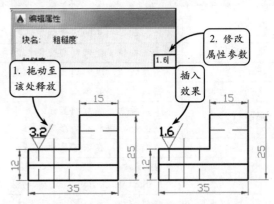

图 7-22 自动换算比例插入块

7.3.2 复制对象

复制对象可以将选定的块、图层、标注样式等内容复制到当前图形。只需选中某个块、图层或标注样式，并将其拖动到当前图形，即可获得复制对象效果。

例如，选择【图层】选项，并指定【中心线】图层，然后将其拖动到当前的绘图区中，释放鼠标即可将【中心线】图层复制到当前图形中，效果如图 7-23 所示。

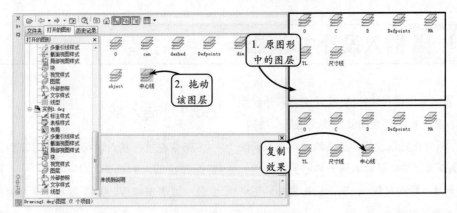

图 7-23 将选定的图层复制到当前图形中

7.3.3　以动态块形式插入图形文件

要以动态块形式在当前图形中插入外部图形

文件，只需要通过右击快捷菜单，选择【块编辑器】选项即可。此时系统将打开【块编辑器】窗口，用户可以在该窗口中将选中的图形创建为动态图块。效果如图 7-24 所示。

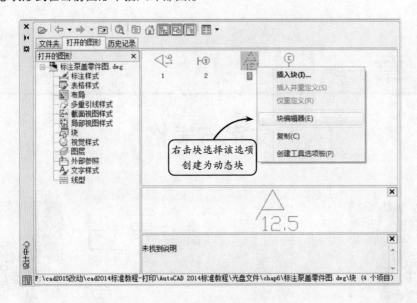

图 7-24　以动态块形式插入图形文件

7.3.4　引入外部参照

在【设计中心】对话框的【打开的图形】选项

卡中选择相应的外部参照，并单击右键选择快捷菜单中的【附着外部参照】选项，即可按照插入块的方法指定插入点，插入比例和旋转角度来插入该参照。

第 8 章

文字与表格

  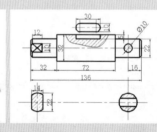 

文字与表格在 AutoCAD 的图形设计中发挥着重要的作用，可以标注各种零件的尺寸、技术要求、详情说明等重要信息，让设计产品以更加清晰明了和全面的形象进行展示。同时也可以在 AutoCAD 中插入各种表格，使 AutoCAD 和表格产生链接，方便设计人员对于信息的查询和修改等操作，增加设计图形的易懂性，丰富设计产品资料的详尽度。

本章主要介绍的是文字和表格在 AutoCAD 中的添加和编辑方法，同时也根据知识的讲解，列出了综合案例，进行实际的练习和操作体验。

8.1 文字样式

在文字添加之前，要提前完成文字的样式设置，不同的文字要求不同，所需要的文字样式也就不同，设置不同的文字样式，可以方便对文字进行相应的修改和调整。

8.1.1 创建文字样式

与设置尺寸标注样式一样，在添加文字说明或注释过程中，不同的文字说明需要使用的文字样式各不相同，可以根据具体要求新建多个文字样式。

在【注释】选项板中单击【文字样式】按钮 ，系统将打开【文字样式】对话框，如图 8-1 所示。

图 8-1　【文字样式】对话框

此时单击该对话框中的【新建】按钮，并输入新样式名称，然后设置相应的文字参数选项，即可创建新的文字样式。该对话框中各主要选项的含义分别介绍如下。

❑ **置为当前**

【样式】列表框中显示了图样中所有文字样式的名称，用户可以从中选择一个，并单击该按钮，使其成为当前样式。

❑ **字体名**

该下拉列表列出了所有的字体类型。其中带有双 "T" 标志的字体是 Windows 系统提供的 "TrueType" 字体，其他字体是 AutoCAD 提供的字体（*.shx）。而 "gbenor.shx" 和 "gbeitc.shx"（斜

体西文）字体是符合国标的工程字体，如图 8-2 所示。

图 8-2　字体类型

❑ **字体样式**

如果用户指定的字体支持不同的样式，如粗体或斜体等，该选项将被激活以供用户选择。

❑ **使用大字体**

大字体是指专为亚洲国家设计的文字字体。该复选框只有在【字体名】列表框中选择 shx 字体时才处于激活状态。当启用该复选框时，可在右侧的【大字体】下拉列表中选择所需字体，如图 8-3 所示。

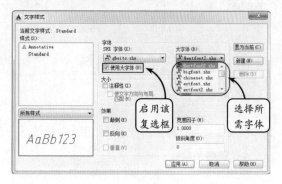

图 8-3　使用大字体

提示

其中"gbcbig.shx"字体是符合国标的工程汉字字体，并且该字体中不包含西文字体定义，因而使用时可将其与"gbenor.shx"和"gbeitc.shx"字体配合使用。

□ 高度

在该文本框中可以键入数值以设置文字的高度。如果对文字高度不进行设置，其默认值为 0，且每次使用该样式时，命令行都将提示指定文字高度，反之将不会出现提示信息。另外，该选项不能决定单行文字的高度。

□ 注释性

启用该复选框，在注释性文字对象添加到视图文件之前，将注释比例与显示这些对象的视口比例设置为相同的数值，即可使注释对象以正确的大小在图纸上打印或显示。

□ 效果

在该选项组中可以通过启用 3 个复选框来设置输入文字的效果。其中，启用【颠倒】复选框，文字将上下颠倒显示，且其只影响单行文字；启用【反向】复选框，文字将首尾反向显示，其仅影响单行文字；启用【垂直】复选框，文字将垂直排列，效果如图 8-4 所示。

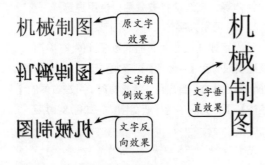

图 8-4　文字的各种效果

□ 宽度因子

缺省的宽度因子为 1。若输入小于 1 的数值，文本将变窄；反之将变宽，效果如图 8-5 所示。

□ 倾斜角度

该文本框用于设置文本的倾斜角度。输入的角度为正时，向右倾斜；输入的角度为负时，向左倾斜，效果如图 8-6 所示。

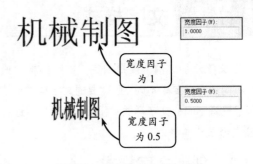

图 8-5　设置文字的宽度因子

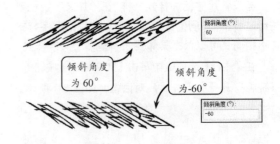

图 8-6　设置文字的倾斜角度

8.1.2　修改文字样式

文字样式的修改和设置都是在【文字样式】对话框中进行的，为了完成特定文字对象的修改和调整，在文字样式的修改过程中需要特别注意以下几点要求。

□ 修改完成后，单击【应用】按钮，修改才会生效。且此时 AutoCAD 将立即更新图样中与该文字样式相关联的文字。

□ 当修改文字样式连接字体文件时，AutoCAD 将改变所有文字外观。

□ 当修改文字的"颠倒""反向"和"垂直"特性时，AutoCAD 将改变单行文字外观。而修改文字高度、宽度因子和倾斜角度时，则不会引起已有单行文字外观的改变，但将影响此后创建的文字对象。

□ 对于多行文字，只有设定"垂直""宽度因子"和"倾斜角度"选项，才会影响已有多行文字的外观。

8.2　单行文字

使用单行文字（TEXT）创建文字时，按 Enter 键结束每行。创建的每行文字都是独立的对象，可以重新定位、调整格式，也可以设定文本的对齐方式和文本的倾斜角度等其他设置。适用于标注一些不需要多种字体样式的标签或规格说明，内容都比较简短。

8.2.1　创建单行文字

在【注释】选项板中单击【单行文字】按钮 A，

并在绘图区中任意单击一点指定文字起点。然后设定文本的高度，并指定文字的旋转角度为 0°，即可在文本框中输入文字内容。完成文本的输入后，在空白区域单击，并按下 Esc 键，即可退出文字输入状态，效果如图 8-7 所示。

> **提示**
>
> 在输入文字时，屏幕上将显示所输入的文字内容，这一屏幕预演功能使用户可以很容易地发现文本输入的错误，以便及时进行修改。

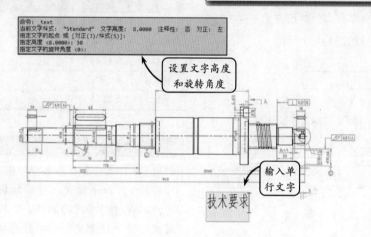

```
命令: _text
当前文字样式: "Standard" 文字高度: 8.0000 注释性: 否 对正: 左
指定文字的起点 或 [对正(J)/样式(S)]:
指定高度 <8.0000>: 30
指定文字的旋转角度 <0>:
```

设置文字高度和旋转角度

输入单行文字

技术要求

图 8-7　输入单行文字

8.2.2　对正单行文字

启用【单行文字】命令后，系统提示输入文本的起点。该起点和实际字符的位置关系由对正方式所决定。默认情况下文本是左对齐的，即指定的起点是文字的左基点。如果要改变单行文字的对正方式，可以输入字母 J，并按下 Enter 键，系统将打开对正快捷菜单，如图 8-8 所示

该菜单中各主要对正方式的含义分别介绍如下。

❑ 对齐

选择该选项，系统将提示选择文字基线的第一个端点和第二个端点。当用户指定两个端点并输入文本

后，系统将把文字压缩或扩展，使其充满指定的宽度范围，而文字高度则按适当的比例变化以使文本不至于被扭曲。

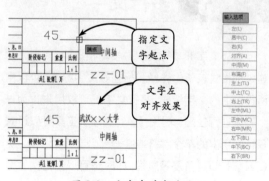

图 8-8　文字左对齐效果

❏ **布满**

选择该选项，系统也将压缩或扩展文字，使其充满指定的宽度范围，但保持文字的高度等于所输入的高度值，效果如图 8-9 所示。

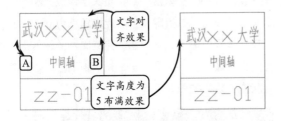

图 8-9　对齐和布满的对比效果

❏ **其他对正方式**

在【对正】快捷菜单中还可以通过另外的 12 种主要类型来设置文字起点的对正方式，这 12 种类型对应的起点效果如图 8-10 所示。

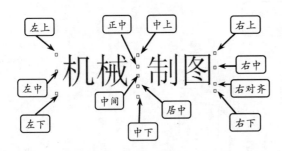

图 8-10　设置起点位置

8.2.3　输入特殊符号

在零件图的绘制过程中，经常会遇到一些特殊

符号的输入，这时候则需要在标注注释时，输入一些特定的字符，如图 8-11 所示。

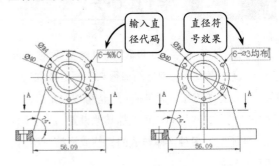

图 8-11　输入直径符号

这些代码及对应的特殊符号如表 8-1 所示。

表 8-1　特殊字符所对应的代码

代　码	字　　符
%%o	文字的上划线
%%u	文字的下划线
%%d	角度符号
%%p	表示"±"
%%c	直径符号

> **提示**
>
> 利用【单行文字】工具也可以输入多行文字，只需按下 Enter 键进行行的切换即可。虽然用户不能控制各行的间距，但其优点是文字对象的每一行都是一个单独的实体，对每一行都可以很容易地进行定位和编辑。

8.3　多行文字

多行文字和单行文字是相辅相成的，多用来创建内部格式较长的注释和标签等文字标注，可以由两行以上的文字组成，每行文字都可以用来作为一个整体进行处理。利用【多行文字】工具可以设置多行文字中的单个字符或某一部分文字的字体、宽度因子和倾斜角度等属性，同时也可以指定文本分布的宽度，且沿竖直方向可以无限延伸。

8.3.1　创建多行文字

在【注释】选项板中单击【多行文字】按钮A，并在绘图区中任意位置单击一点确定文本框的第一个角点，然后拖动光标指定矩形分布区域的另一个角点。该矩形边框即确定了段落文字的左右边界，且此时系统将打开【文字编辑器】选项卡和文字输入窗口，如图 8-12 所示。

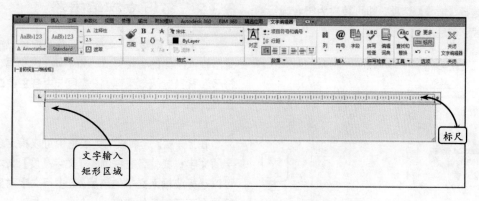

图 8-12　【文字编辑器】选项卡和文字输入窗口

　　输入多行文字时，用户可以随时选择不同字体和指定不同字高，并可以输入任何特殊字符，以及一些公差类文字。接下来以输入一零件图的技术要求为例，介绍多行文字的具体操作过程。

　　例如指定两个对角点确定矩形文本区域，并指定文字样式和字体类型，以及字体高度。此时输入第一行标题后，按下 Enter 键即可输入第二行文字。然后在【插入】选项卡中单击【符号】按钮 @，并在其下拉列表中选择角度符号，如图 8-13 所示。

　　接着输入锥形角的符号。同样在【插入】选项卡中单击【符号】按钮 @，并在其下拉列表中选择【其他】选项。然后在打开的【字符映射表】对话框的【字体】下拉列表中选择字体样式为

"Symbol"，选择所需字符 α，并单击【选择】按钮，再单击【复制】按钮。接着返回至多行文字编辑器窗口，在需要插入 α 符号的位置单击右键，在打开的快捷菜单中选择【粘贴】即可，效果如图 8-14 所示。

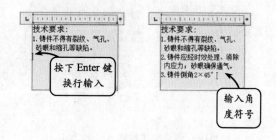

图 8-13　输入倒角角度符号

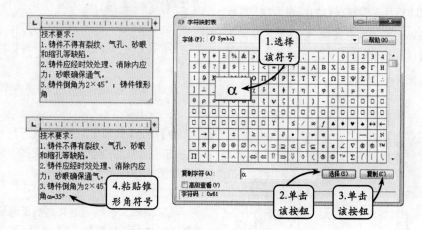

图 8-14　输入锥形角符号

　　接下来输入公差形式文字。选取所输入的公差文字 "+0.2^-0.1"，然后单击右键，在打开的快捷

菜单中选择【堆叠】选项，即可转换为符合国标的公差形式，如图 8-15 所示。

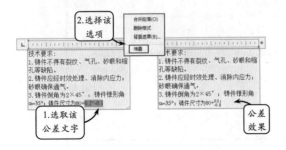

图 8-15　输入公差文字

选取第一行文字修改其高度。然后拖动标尺右侧的按钮调整多行文字的宽度，拖动矩形框下方的按钮调整多行文字段落的高度，效果如图 8-16 所示。

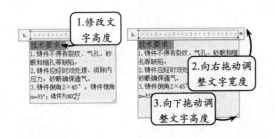

图 8-16　调整文字输入区域的大小

此外，拖动标尺左侧第一行的缩进滑块，可以改变所选段落第一行的缩进位置；拖动标尺左侧第二行的缩进滑块，可以改变所选段落其余行的缩进位置，效果如图 8-17 所示。

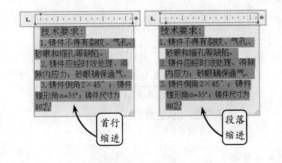

图 8-17　调整文字段落的缩进

8.3.2　多行文字编辑器

在【文字编辑器】选项卡的各选项板中可以设置所输入字体的各种样式，如字体、大小写、特殊符号和背景遮蔽效果等。该选项卡中各主要选项的含义介绍如下。

❑　样式

在【样式】选项板的列表框中可以指定多行文字的文字样式，而在右侧的【文字高度】文本框中可以选择或输入文字的高度。且多行文字对象中可以包含不同高度的字符。

❑　格式

在该选项板的【字体】下拉列表中可以选择所需的字体，且多行文字对象中可以包含不同字体的字符。如果所选字体支持粗体，单击【粗体】按钮 B，文本将修改为粗体形式；如果所选字体支持斜体，单击【斜体】按钮 I，文本将修改为斜体形式；而单击【上划线】按钮 O 或【下划线】按钮 U，系统将为文本添加上划线或下划线，效果如图 8-18 所示。

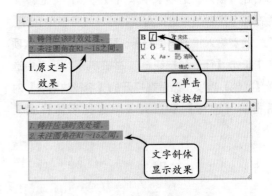

图 8-18　以倾斜方式显示文字

❑　大小写

在【格式】选项板中单击【大写】按钮 或【小写】按钮，可以控制所输入的英文字母的大小写，效果如图 8-19 所示。

❑　遮罩

通常输入文字的矩形文本框是透明的。若要关闭其透明性，可以在【样式】选项板中单击【遮罩】按钮，此时在打开的对话框中启用【使用背景遮罩】复选框，并在【填充颜色】下拉列表中选择背景的颜色即可。此外，在【边界偏移因子】文本框中还可以设置遮蔽区域边界相对于矩形文本框边界的位置，如图 8-20 所示。

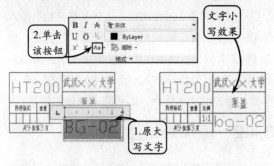

图 8-19　控制字母的大小写

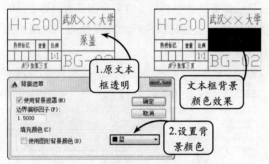

图 8-20　设置背景遮罩

❑ **段落**

单击该选项板中的各功能按钮，或者在【对正】下拉列表中选择对应的对齐选项，即可设置文字的对齐方式，如图 8-21 所示。

❑ **插入**

在该选项板中单击【符号】按钮@，可以在其下拉列表中选择各种要插入的特殊符号，如图 8-22 所示。

❑ **工具**

在该选项板中单击【查找和替换】按钮，可以利用打开的对话框查找文本并进行替换，如图 8-23 所示。

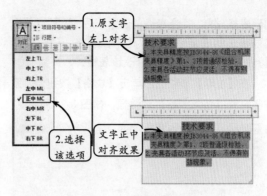

图 8-21　设置正中对齐

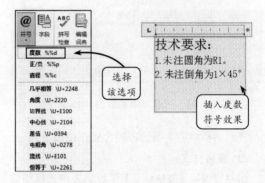

图 8-22　插入度数符号

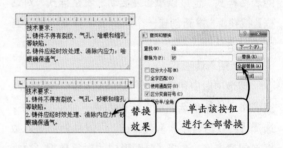

图 8-23　查找并替换文本

此外，如在该选项板中选择【全部大写】选项，则所输入的英文字母均为大写状态。

AutoCAD 8.4　表格

表格在图形的绘制和编辑过程可以起到解释说明的作用，大量重要信息的补充和注释都需要表格来完成。表格的添加可以让整个绘图界面更加简洁醒目，同时不同类型的图形需要根据其图形需求的不同来设置不同的表格样式，更好地让表格为图形服务。

8.4.1　插入表格

表格是在行和列中包含数据的对象，在完成表格样式的设置后，便可以从空表格或表格样式开始创建表格对象。且当表格创建完成后，还可以单击该表格上的任意网格线以选中该表格，通过使用【特性】选项板或夹点来修改该表格。

在【注释】选项板中单击【表格】按钮，系统将打开【插入表格】对话框，如图 8-24 所示。

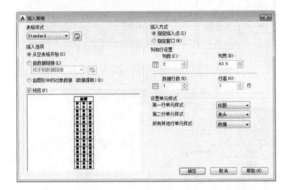

图 8-24　【插入表格】对话框

该对话框中各主要选项的含义介绍如下。

❏ **表格样式**

用户可以在【表格样式】下拉列表中选择相应的表格样式，也可以单击【启动"表格样式"对话框】按钮，重新创建一个新的表格样式应用于当前的对话框。

❏ **插入选项**

该选项组中包含 3 个单选按钮。其中，选择【从空表格开始】单选按钮，可以创建一个空的表格；选择【自数据链接】单选按钮，可以从外部导入数据来创建表格；选择【自图形中的对象数据（数据提取）】单选按钮，可以用于从可输出到表格或外部文件的图形中提取数据来创建表格。

❏ **插入方式**

该选项组中包括两个单选按钮。其中，选择【指定插入点】单选按钮，可以在绘图窗口中的某点插入固定大小的表格；选择【指定窗口】单选按钮，可以在绘图窗口中通过指定表格两对角点来创建任意大小的表格。

❏ **列和行设置**

在该选项组中可以通过改变【列数】【列宽】【数据行数】和【行高】文本框中的数值来调整表格的外观大小。

❏ **设置单元样式**

在该选项组中可以设置各行的单元格样式。

一般情况下，系统均以"从空表格开始"插入表格，分别设置好列数和列宽、行数和行宽后，单击【确定】按钮。然后在绘图区中指定相应的插入点，即可在当前位置插入一个表格。接着在该表格中添加相应的文本信息，即可完成表格的创建。

8.4.2　添加表格注释

单击【表格】按钮，并在打开的对话框中选择已设定好的表格样式。然后分别设置列数、列的宽度数值、数据行数、行的高度数值，效果如图 8-25 所示。

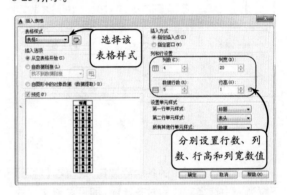

图 8-25　设置表格参数

单击【确定】按钮，然后在绘图区中指定一点以放置表格。且此时标题单元格将处于自动激活状态，并打开【文字编辑器】选项卡。接着在该单元格中输入相应的文字，效果如图 8-26 所示。

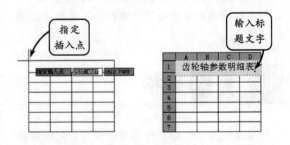

图 8-26　输入标题栏文字

完成标题栏文字的输入后，在该表格的其他指定位置依次双击相应的单元格，使其处于激活状态，然后输入要添加的文字，即可完成零件图明细表的创建，效果如图 8-27 所示。

图 8-27　输入其他单元格文字

8.4.3　设置表格样式

根据制图标准的不同，对应表格表现的数据信息也会有不同的情况，仅仅使用系统默认的表格样式远远不能达到制图的需求，这就需要定制单个或多个表格，使其符合当前产品的设计要求。

表格对象的外观由表格样式控制，默认情况下表格样式是 Standard，用户可以根据需要创建新的表格样式。在【注释】选项板中单击【表格样式】按钮，即可在打开的【表格样式】对话框中新建、修改和删除相应的表格样式，如图 8-28 所示。

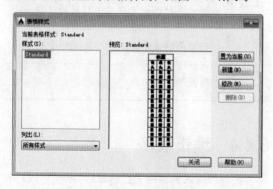

图 8-28　【表格样式】对话框

在该对话框中单击【新建】按钮，在打开的对话框中输入新样式名称，并在【基础样式】下拉列表中选择新样式的原始样式。然后单击【继续】按钮，即可在打开的【新建表格样式】对话框中对新表格样式进行详细地设置，如图 8-29 所示。

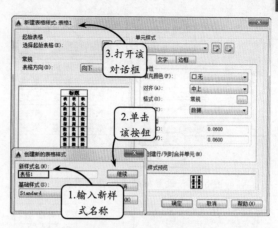

图 8-29　创建新表格样式

【新建表格样式】对话框中各主要选项的含义介绍如下。

❑ **表格方向**

在该下拉列表中可以指定表格的方向：选择【向下】选项将创建从上到下的表对象，标题行和列标题行位于表的顶部；选择【向上】选项将创建从下到上的表对象，标题行和列标题行位于表的底部，效果如图 8-30 所示。

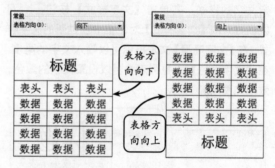

图 8-30　设置表格方向

❑ **常规**

在该选项卡的【填充颜色】下拉列表中可以指定表格单元的背景颜色，默认为【无】；在【对齐】下拉列表中可以设置表格单元中文字的对齐方式，效果如图 8-31 所示。

❑ **页边距**

该选项组用于控制单元边界和单元内容之间的间距：【水平】选项用于设置单元文字与左右单元边界之间的距离；【垂直】选项用于设置单元文字与上下单元边界之间的距离，效果如图 8-32 所示。

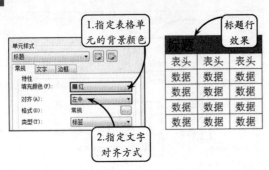

图 8-31　设置标题单元格的特性

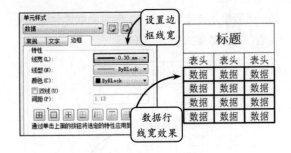

图 8-34　设置边框的宽度

此外单击下方的一排按钮,可以将设置的特性应用到指定的边框。各个功能按钮的含义如表 8-2 所示。

表 8-2　边框各按钮的含义

按　钮	含　义
所有边框 ⊞	将边界特性设置应用于所有单元
外边框 ⊡	将边界特性设置应用于单元的外部边界
内边框 ⊞	将边界特性设置应用于单元的内部边界
底部边框 ⊡	将边界特性设置应用于单元的底边界
左边框	将边界特性设置应用于单元的左边界
上边框	将边界特性设置应用于单元的顶边界
右边框	将边界特性设置应用于单元的右边界
无边框	隐藏单元的边框

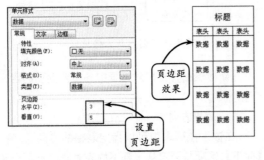

图 8-32　设置页边距

❏ **文字**

在该选项卡的【文字样式】下拉列表中可以指定文字的样式,若单击【文字样式】按钮 ,可以在打开的【文字样式】对话框中创建新的文字样式;在【文字高度】文本框中可以输入文字的高度;在【文字颜色】下拉列表中可以设置文字的颜色,效果如图 8-33 所示。

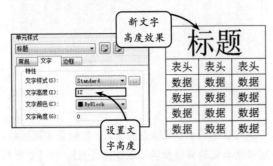

图 8-33　设置标题文字的高度

❏ **边框**

该选项卡用于控制数据单元、列标题单元和标题单元的边框特性。其中【线宽】列表框用于指定表格单元的边界线宽;【线型】列表框用于控制表格单元的边界线类型;【颜色】列表框用于指定表格单元的边界颜色,如图 8-34 所示。

8.4.4　编辑表格

在对所插入的表格进行编辑时,不仅可以对表格进行整体编辑,还可以对表格中的各单元进行单独地编辑。

1. 通过夹点编辑表格单元

单击需要编辑的表格单元,此时该表格单元的边框将加粗亮显,并在表格单元周围出现夹点。拖动表格单元上的夹点,可以改变该表格单元及其所在列或行的宽度或高度,效果如图 8-35 所示。

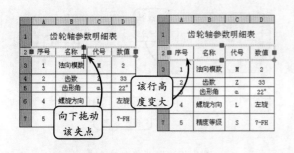

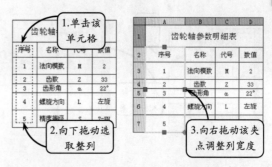

图 8-35　拖动夹点调整单元格大小

图 8-36　拖动夹点调整整列单元格的大小

如果要选取多个单元格,可以在欲选取的单元格上单击并拖动。例如在一单元格上单击并向下拖动,即可选取整列。然后向右拖动该列的夹点可以调整整列的宽度。此外也可以按住 Shift 键在欲选取的两个单元格内分别单击,可以同时选取这两个单元格以及它们之间的所有单元格,如图 8-36 所示。

2.通过菜单编辑表格单元

选取表格单元或单元区域并右击,在打开的快捷菜单中选择【特性】选项,即可在打开的【特性】面板中修改单元格的宽度和高度,效果如图 8-37 所示。

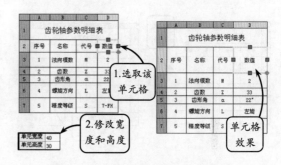

图 8-37　通过菜单修改单元格特性

3.通过工具编辑表格单元

选取一单元格,系统将打开【表格单元】选项卡,如图 8-38 所示。

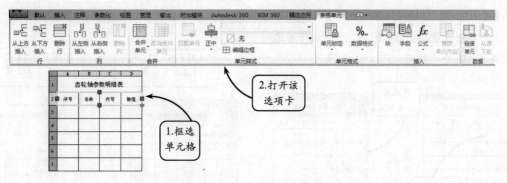

图 8-38　【表格单元】选项卡

在该选项卡的【行】和【列】选项板中,可以通过各个工具按钮来对行或列进行添加或删除操作。此外通过【合并】选项板中的工具按钮还可以对多个单元格进行合并操作,具体操作介绍如下。

❑ 插入行

框选表格中一整行,在【行】选项板中单击【从上方插入】按钮,系统将在该行正上方插入新的空白行;单击【从下方插入】按钮,系统将在该行正下方插入新的空白行,效果如图 8-39 所示。

❑ 插入列

框选表格中一整列,在【列】选项板中单击【从左侧插入】按钮,系统将在该列左侧插入新的空白列;而单击【从右侧插入】按钮,系统将在该列右侧插入新的空白列,效果如图 8-40 所示。

图 8-39　从上方插入行

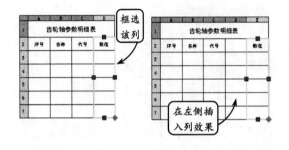

图 8-40　从左侧插入列

❑ 合并行或列

在【合并】选项板中单击【按列合并】按钮，可以将所选列的多个单元格合并为一个；单击【按行合并】按钮，可以将所选行的多个单元格合并为一个；单击【合并全部】按钮，可以将所选行和列合并为一个，效果如图 8-41 所示。

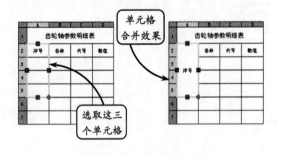

图 8-41　按列合并单元格

❑ 取消合并

如果要取消合并操作，可以选取合并后的单元格，在【合并】选项板中单击【取消合并单元】按钮，即可恢复原状，效果如图 8-42 所示。

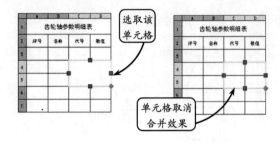

图 8-42　取消单元格合并

❑ 编辑表指示器

表指示器的作用是标识所选表格的列标题和行号，在 AutoCAD 中可以对表指示器进行以下两种类型的编辑。

➤ 显示 / 隐藏操作

默认情况下，选定表格单元进行编辑时，表指示器将显示列标题和行号。为了便于编辑表格，可以使用 TABLEINDICATOR 系统变量指定打开和关闭该显示。

当在命令行中输入该命令后，将显示"输入 TABLEINDICATOR 的新值<1>："的提示信息。如果直接按 Enter 键，系统将使用默认设置，显示列标题和行号；如果在命令行中输入 0，则系统将关闭列标题和行号的显示，效果如图 8-43 所示。

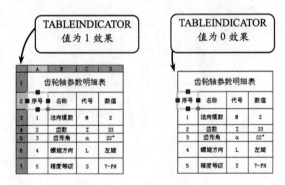

图 8-43　控制表指示器的显示

➤ 设置表格单元背景色

默认状态下，当在表格中显示列标题和行号时，表指示器均有一个背景色区别于其他表格单元，并且这个背景色也是可以编辑的。

要设置新的背景色，可以选中整个表格并单击右键，在打开的快捷菜单中选择【表指示器颜色】选项，然后在打开的对话框中指定所需的背景色即可，效果如图 8-44 所示。

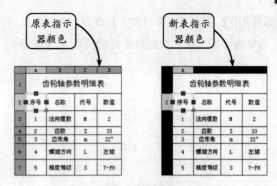

图 8-44 设置表指示器背景色

8.5 综合案例 8-1：为安全阀零件图添加技术要求

本例为安全阀零件图添加技术要求，效果如图 8-45 所示。安全阀用于防止管路或装置中的介质压力超过规定数值，从而达到安全保护的目的。当设备或管道内的介质压力升高，超过规定值时自动开启，通过向系统外排放介质来防止管道或设备内介质压力超过规定数值。

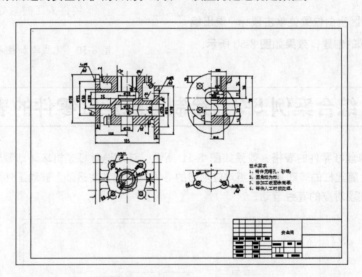

图 8-45 绘制安全阀零件文字

在为安全阀零件图添加技术要求时，可以利用【多行文字】工具，在安全阀零件图纸中的合适位置添加相应的技术要求和文字。

操作步骤 》》》

STEP|01 在【注释】选项板中单击【文字样式】按钮 A，在打开的【文字样式】对话框中单击【新建】按钮，分别新建文字样式为【机械文字】，并分别设置字体为宋体，接着设置高度为 4，如图 8-46 所示。

图 8-46 设置文字样式

STEP|02 输入【T 多行文字】命令，在图形的右下角的合适位置，根据命令行的提示创建多行文字，如图 8-47 所示。

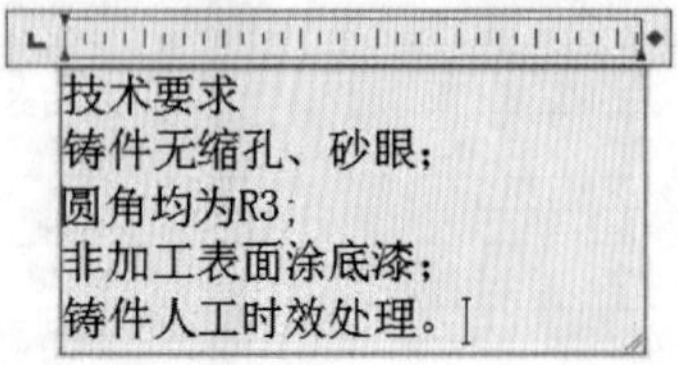

技术要求
铸件无缩孔、砂眼；
圆角均为R3；
非加工表面涂底漆；
铸件人工时效处理。

图 8-47　输入多行文字

STEP|03 在【文字编辑器】中，单击【段落】面板上的【项目符号和编号】按钮右侧的三角按钮，在弹出的下拉列表中选择【以数字标记】选项，选中需要添加编号的文字即可，效果如图 8-48 所示。

STEP|04 在【文字编辑器】中单击【段落】面板中的【居中】按钮，使其居中显示，效果如图 8-49 所示。

STEP|05 在绘图区空白位置处单击鼠标，退出编辑，完成技术要求的创建，效果如图 8-50 所示。

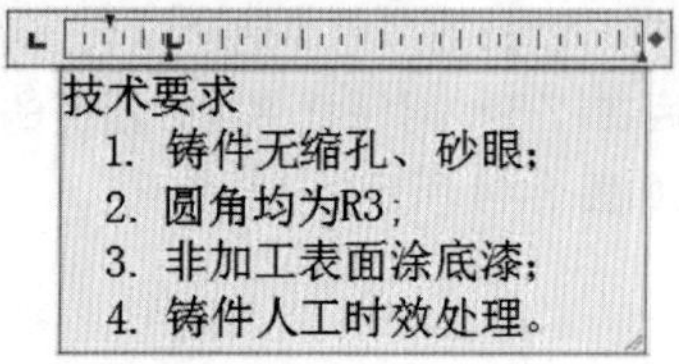

技术要求
1. 铸件无缩孔、砂眼；
2. 圆角均为R3；
3. 非加工表面涂底漆；
4. 铸件人工时效处理。

图 8-48　添加序号

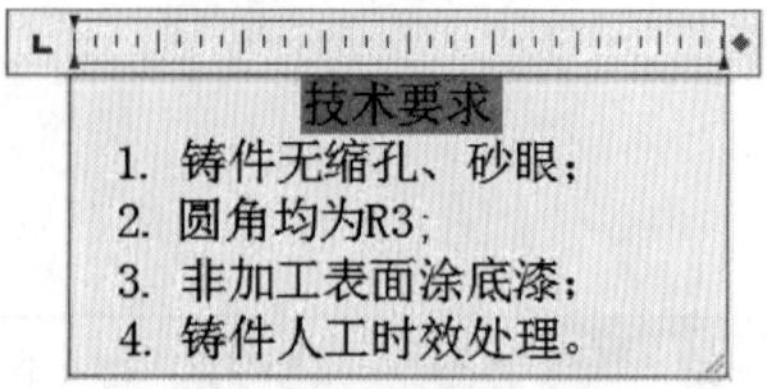

技术要求
1. 铸件无缩孔、砂眼；
2. 圆角均为R3；
3. 非加工表面涂底漆；
4. 铸件人工时效处理。

图 8-49　居中显示多行文字

技术要求
1. 铸件无缩孔、砂眼；
2. 圆角均为R3；
3. 非加工表面涂底漆；
4. 铸件人工时效处理。

图 8-50　完成添加技术要求

8.6　综合案例 8-2：绘制滚珠丝杠零件的表格

　　本例绘制滚珠丝杠零件的表格，效果如图 8-51 所示。该滚珠丝杠是机床转动零件，当丝杠作为主动体时，螺母就会随丝杠的转动角度按照对应规格的导程转化成直线运动，被动工件可以通过螺母座和螺母连接，从而实现对应的直线运动。

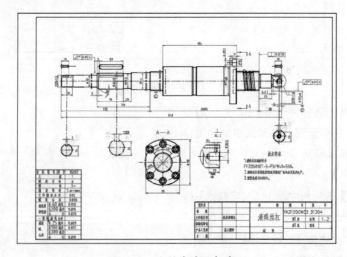

图 8-51　绘制滚珠丝杠表

绘制工程滚珠丝杠表格时，可以利用【表格】工具绘制图纸的标题栏和明细表。然后可以利用右键的快捷菜单选项编辑表格。最后利用【多行文字】工具，添加技术要求和文字。

操作步骤 >>>>

STEP|01 单击【表格】按钮，在打开的对话框中设置列数为 10、列宽为 36、行数为 8、行高为 1 行。然后设置每个单元行的样式均为【数据】，效果如图 8-52 所示。

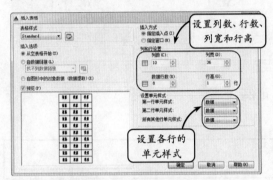

图 8-52　设置插入表格的属性

提示

在该步中实际上可以任意设置行数、列数、行高和列宽等参数。因为这些表格参数在绘图区创建表格后，可以根据需要任意进行编辑修改。

STEP|02 单击【确定】按钮，指定图纸边框的右下角为插入点，插入表格。然后利用【合并】选项板中的【按行合并】和【按列合并】工具，选取表格中相应的单元格，进行表格编辑操作，效果如图 8-53 所示。

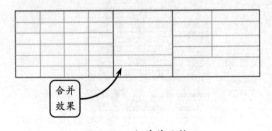

图 8-53　合并单元格

STEP|03 双击标题栏中的各个单元格，在打开的文字编辑器中输入相应的文字内容。然后依次选取各个单元格的相应文字，编辑各文字的高度，效果如图 8-54 所示。

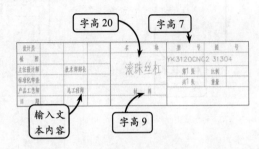

图 8-54　编辑文字

STEP|04 利用相同的方法，在图纸边框的左下角添加明细表表格，并添加相应的文本内容，效果如图 8-55 所示。

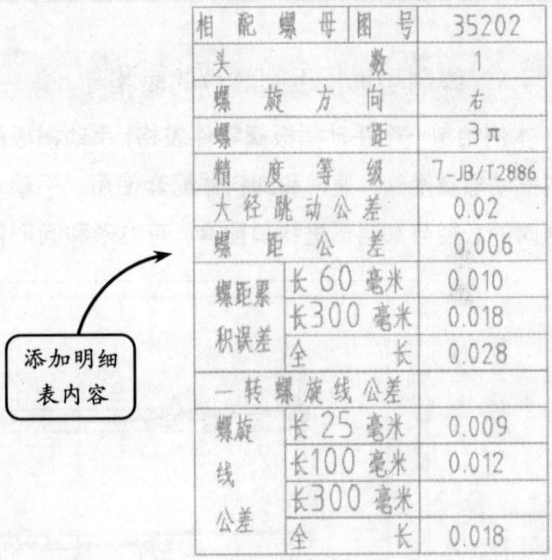

图 8-55　添加明细表

STEP|05 单击【多行文字】按钮 A，指定两个对角点后，将打开文字编辑器。然后输入如图 8-56 所示的技术要求文字。至此该零件图标注完成。

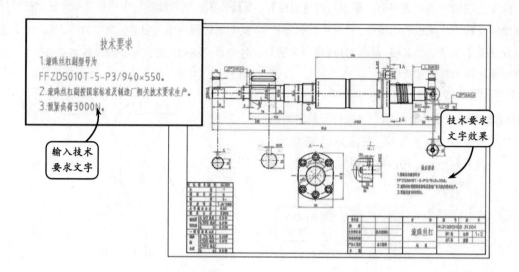

图 8-56　添加技术要求

8.7　新手训练营

练习 1　绘制手动插板阀零件的表格

本例绘制一个手动插板阀零件表格，手动插板阀也叫手动螺旋闸阀，通常和卸料器配套使用，手动螺旋闸阀的直径与卸料器进料口配套，有方形和圆形两种。此阀门的优点在于阀体通径无凹槽，介质不会卡阻堵塞，并且具有全通径流通特性，适合在粉体颗粒介质的管道中使用。插板阀密封结构可以分软密封和硬密封结构。如图 8-57 所示。

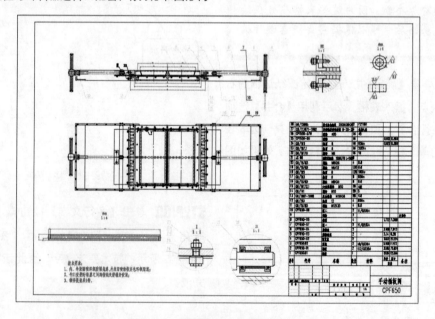

图 8-57　绘制手动插板阀零件表

绘制该零件表格时，可以利用【表格】工具创建图纸的标题栏和明细表。最后利用【多行文字】工具添加技术要求文字即可。

练习 2 为滑动轴承零件图添加技术要求

本练习为滑动轴承零件添加技术要求，在滑动摩擦下工作的轴承。滑动轴承工作平稳、可靠、无噪声。在液体润滑条件下，滑动表面被润滑油分开而不发生

直接接触，还可以大大减小摩擦损失和表面磨损，油膜还具有一定的吸振能力，但启动时摩擦阻力较大。如图 8-58 所示。

在为滑动轴承零件图添加技术要求时，可以利用【多行文字】工具在滑动轴承零件图纸中的合适位置处添加相应的技术要求和文字。

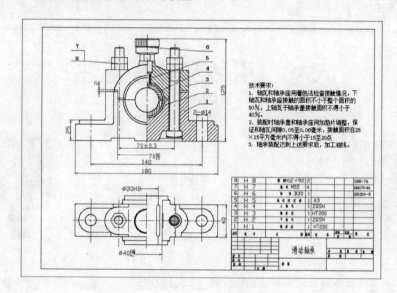

图 8-58 为滑动轴承零件图添加技术要求

第9章

尺寸、引线和公差标注

 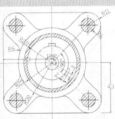 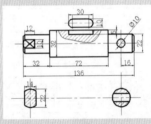 

　　尺寸、引线和公差标注属于不同类型的标注样式，在图形的绘制过程中，它们都起到更好的标注和补充作用，以不同的标注形式呈现不同的标注内容，使图纸一目了然，传达的设计思想更加明确，方便设计人员进行阅读和查看。

　　本章则主要讲解了尺寸、引线和公差标注的设置和操作方法，根据图纸的实际需求进行不同标注的创建。并且针对读者的实际动手能力，添加了具体的操作案例。

AutoCAD

9.1　线性尺寸标注

　　线性尺寸标注是 AutoCAD 绘图过程中最常使用的尺寸标注类型，经常被使用在两点之间的水平、竖直或具有一定旋转角度的尺寸添加上。同时根据实际需求的不同，将线性尺寸又进行了不同的分类，主要包括线性标注、对齐标注、角度标注、基线标注、连续标注。

9.1.1　线性标注

　　利用【线性】工具可以为图形中的水平或竖直对象添加尺寸标注，或根据命令行提示，添加两点之间具有一定旋转角度的尺寸。

　　单击【注释】选项板中的【线性】按钮，然后选取一现有图形的端点为第一条尺寸界线的原点，并选取现有图形的另一端点为第二条尺寸界线的原点。此时，拖动光标至适当位置单击，即可将尺寸线放置，效果如图 9-1 所示。

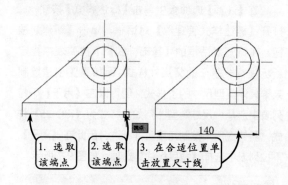

图 9-1　线性标注

　　当指定好两点时，拖动光标的方向将决定创建何种类型的尺寸标注。如果上下拖动光标将标注水平尺寸；如果左右拖动光标将标注竖直尺寸，效果如图 9-2 所示。

　　此外指定尺寸端点后，还可以选择多种方式定义尺寸显示样式，包括角度、文字、水平和旋转等参数的设置。如在指定第二点后输入字母 A，并输

入标注文字的旋转角度为 45°，然后拖动光标至适当位置单击，即可显示指定角度后的尺寸标注效果，如图 9-3 所示。

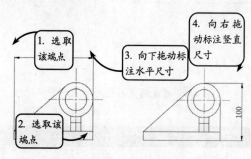

图 9-2　拖动光标标注不同方向尺寸

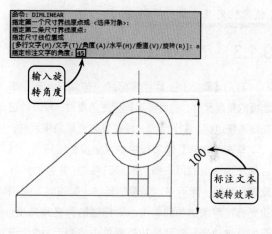

图 9-3　标注文本旋转效果

9.1.2　对齐标注

　　要标注倾斜对象的真实长度可以利用【对齐】工具。利用该工具添加的尺寸标注，其尺寸线与用于指定尺寸界限两点之间的连线平行。使用该工具可以方便快捷地对斜线、斜面等具有倾斜特征的线性尺寸进行标注。

　　单击【注释】选项板中的【对齐】按钮，然后选取一点确定第一条尺寸界线原点，并选取另

一点确定第二条尺寸界线原点。接着拖动光标至适当位置单击放置尺寸线即可，效果如图9-4所示。

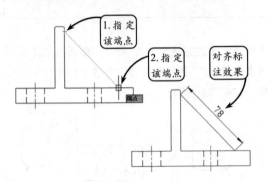

图9-4　指定两点标注对齐尺寸

9.1.3　角度标注

利用【角度】工具经常标注一些倾斜图形，如肋板的角度尺寸。利用该工具标注角度时，可以通过选取两条边线、3个点或一段圆弧来创建角度尺寸。

单击【注释】选项板中的【角度】按钮△，然后依次选取角的第一条边和第二条边，并拖动光标放置尺寸线，即可完成角度的标注。其中，如果拖动光标在两条边中间单击，则标注的为夹角角度；而如果拖动光标在两条边外侧单击，则标注的为该夹角的补角角度，效果如图9-5所示。

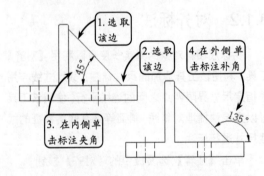

图9-5　选取两条边标注角度尺寸

此外，当选择【角度】工具后，直接按下 Enter 键，还可以通过指定3个点来标注角度尺寸。其中指定的第一个点为角顶点，另外两个点为角的端点。且指定的角顶点不同，标注的角度也会不同，效果如图9-6所示。

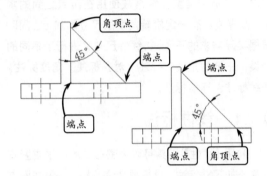

图9-6　指定3个点标注角度尺寸

对于某种类型的尺寸，其标注外观有时需要作一些调整。如创建角度尺寸时，需要文本放置在水平位置；标注直径时，需要创建圆的中心线等，此时便可以通过创建尺寸标注的子样式来对某些特定类型的尺寸进行控制。

在【注释】选项板中单击【标注样式】按钮，打开【标注样式管理器】对话框，单击【新建】按钮，在打开对话框的【基础样式】下拉列表中指定新标注样式基于的父尺寸样式。而如果要创建控制某种具体类型尺寸的子样式，便可以在【用于】下拉列表中选择一尺寸类型。例如父样式为【ISO-25】样式，新样式用来控制角度尺寸标注，因此在【用于】下拉列表中选择【角度标注】选项，如图9-7所示。

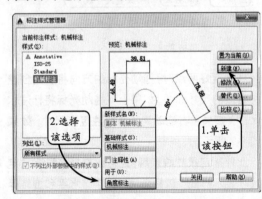

图9-7　创建新标注样式

此时单击【继续】按钮，便可以在打开的对话框内修改子样式中的某些尺寸变量，以形成特殊的标注形式。例如，修改子样式中文字的位置为【水平】，然后单击【确定】按钮返回到【标注样式管理器】对话框，可以发现新创建的子样式以树状节点的形式显示在【ISO-25】样式下方，如图9-8所示。

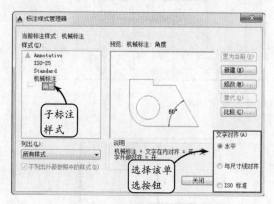

图 9-8　设置角度标注的变量

当再次启用【角度】命令标注角度时，标注的角度文本均将水平放置，即当前【机械标注】样式下的角度尺寸文本外观均由修改变量后新创建的子样式所控制，效果如图9-9所示。

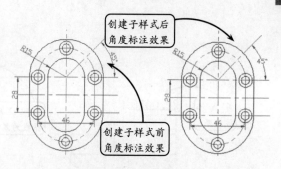

图 9-9　新的角度标注效果

9.1.4　基线标注

基线标注是指所有尺寸都从同一点开始标注，即所有标注共用一条尺寸界线。该标注类型常用于一些盘类零件的尺寸标注。

创建该类型标注时，应首先创建一个尺寸标注，以便以该标注为基准，创建其他尺寸标注。例如首先创建一线性标注，然后在【注释】选项卡的【标注】选项板中单击【基线】按钮，并依次选取其他端点。此时系统将以刚创建的尺寸标注的第一条尺寸界线为基准线，创建相应的基线型尺寸，如图9-10所示。

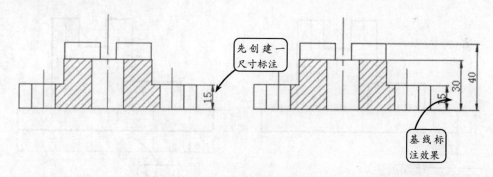

图 9-10　创建基线型尺寸标注

如果不想在前一个尺寸的基础上创建基线型尺寸，则可以在启用【基线】命令后直接按下 Enter 键，此时便可以选取某条尺寸界线作为创建新尺寸的基准线，效果如图9-11所示。

9.1.5　连续标注

连续标注是指一系列首尾相连的标注形式，该标注类型常用于一些轴类零件的尺寸标注。创建该类型标注时，同样应先创建一个尺寸标注，以便以该标注为基准创建其他标注。

例如先创建一线性标注，然后在【注释】选项卡的【标注】选项板中单击【连续】按钮，并依次选取其他端点。此时系统将以刚创建的尺寸标注的第一条尺寸界线为基准线，创建相应的连续型尺寸，如图9-12所示。

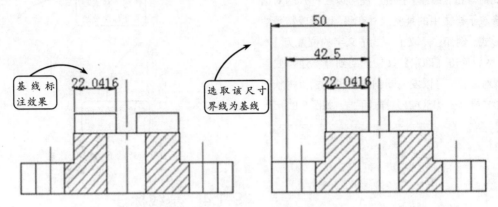

图 9-11　选取尺寸界线创建基线型标注

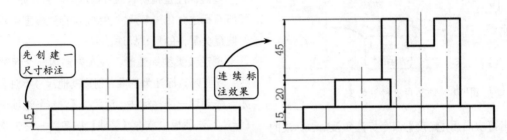

图 9-12　创建连续型尺寸标注

如果不想在前一个尺寸的基础上创建连续型尺寸，可以在启用【连续】命令后直接按下 Enter 键，此时便可以选取某条尺寸界线作为创建新尺寸的基准线，效果如图 9-13 所示。

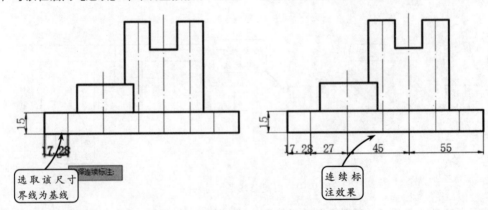

图 9-13　选取尺寸界线创建连续型标注

9.2　弧线尺寸标注

AutoCAD 针对曲线图形对象的特点，设置了专门的曲线尺寸工具，包括弧长、直径和半径等多种标注工具，这些工具可以根据曲线图形不同部位的特征和标注要求，进行不同的标注操作，使图形

的绘制更加精准、便捷。各个工具的具体操作方法
分别介绍如下。

9.2.1　弧长标注

弧长标注用于测量圆弧或多段线弧线段的距
离。该标注方式常用于测量围绕凸轮的距离或标注
电缆的长度。为区别于角度标注,弧长标注将显示
一个圆弧符号,而角度标注则显示度数符号。

在【注释】选项板中单击【弧长】按钮 ,然
后根据命令行提示选取圆弧,并拖动标注线至合适
位置单击,确定弧长标注的位置即可,效果如图
9-14 所示。

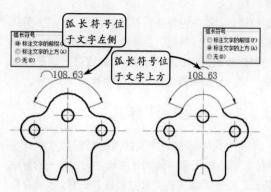

图 9-15　设置弧长符号相对于文字的位置

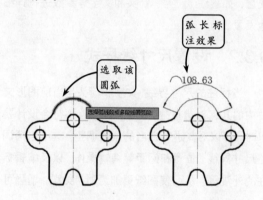

图 9-14　选取圆弧标注弧长

弧长标注中的弧长符号既可以在文本的侧方,
也可以在文本的上方。要控制弧长符号的位置,可
以在【修改标注样式】对话框中切换至【符号和箭
头】选项板,然后在【弧长符号】选项组中即可设
置弧长符号相对于文字的位置效果,如图 9-15 所示。

9.2.2　直径标注

直径标注用于圆或圆弧的直径尺寸标注。在
【注释】选项板中单击【直径】按钮 ,然后选取
图中的圆弧,并移动光标使直径尺寸文字位于合适
位置,单击左键即可标注直径,效果如图 9-16 所示。

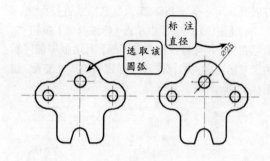

图 9-16　标注直径

9.2.3　半径标注

半径标注用于圆或圆弧的半径尺寸标注。单击
【半径】按钮 ,然后选取绘图区中的圆弧,并移
动光标使半径尺寸文字位于合适位置,单击左键即
可标注半径,效果如图 9-17 所示。

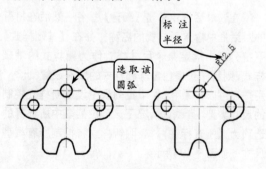

图 9-17　标注半径

AutoCAD **9.3**　使用表格

尺寸标注详细添加和解释了图形对象的各个　　　尺寸数值,更加具体、详尽地对图形对象进行了表

达和描述。其中包括各种参数的调整，如线、箭头和符号、文字、调整、主单位、换算单位等，设计师可以根据具体的要求对各项参数进行调整和设置，更充分和全面地表达设计创意。

9.3.1　新建标注样式

由于尺寸标注的外观都是由当前尺寸样式控制的，且在向图形中添加尺寸标注时，单一的标注样式往往不能满足各类尺寸标注的要求。因此在标注尺寸前，一般都要创建新的尺寸样式，否则系统将以默认尺寸样式 ISO-25 为当前样式进行标注。

在【注释】选项板中单击【标注样式】按钮，即可在打开的【标注样式管理器】对话框中创建新的尺寸标注样式或修改尺寸样式中的尺寸变量，如图 9-18 所示。

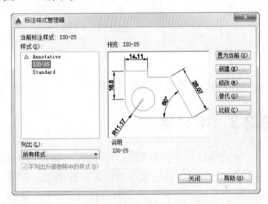

图 9-18　【标注样式管理器】对话框

在该对话框中单击【新建】按钮，然后在打开的对话框中输入新样式的名称，并在【基础样式】下拉列表中指定某个尺寸样式作为新样式的基础样式，则新样式将包含基础样式的所有设置。此外，用户还可以在【用于】下拉列表中设置新样式控制的尺寸类型，且默认情况下该下拉列表中所选择的选项为【所有标注】，表明新样式将控制所有类型尺寸，如图 9-19 所示。

> **提示**
>
> 在【标注样式管理器】对话框的【样式】列表框中选择一标注样式并单击右键，在打开的快捷菜单中选择【删除】选项，即可将所选样式删除。但前提是保证该样式不是当前标注样式。

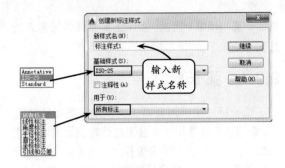

图 9-19　创建新标注样式

完成上述设置后，单击【继续】按钮，即可在打开的【新建标注样式】对话框中对新样式的各个变量，如直线、符号、箭头和文字等参数进行详细地设置。

9.3.2　设置尺寸线样式

当标注的尺寸界线、文字和箭头与当前图形文件中的几何对象重叠，或者标注位置不符合设计要求时，可以对其进行适当的位置调整，其中包括调整尺寸界线、位置和间距等编辑操作，以及编辑标注的外观等，从而使图纸更加清晰、美观，增强可读性。

在【标注样式管理器】对话框中选择一标注样式，并单击【修改】按钮，然后在打开的对话框中切换至【线】选项卡，即可对尺寸线和尺寸界线的样式进行设置，如图 9-20 所示。

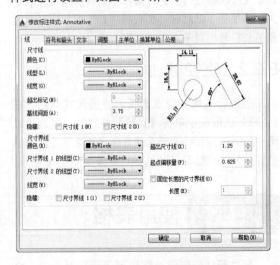

图 9-20　【线】选项卡

该选项卡中各常用选项的含义介绍如下。

❑ **基线间距**

该文本框用于设置平行尺寸线间的距离。如利用【基线】标注工具标注尺寸时，相邻尺寸线间的距离由该选项参数控制，效果如图 9-21 所示。

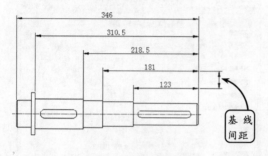

图 9-21　设置基线间距

❑ **隐藏尺寸线**

在该选项组中可以控制第一尺寸线或第二尺寸线的显示状态。例如启用【尺寸线 2】复选框，则系统将隐藏第二尺寸线，如图 9-22 所示。

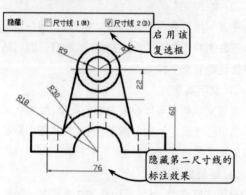

图 9-22　隐藏第二尺寸线

❑ **超出尺寸线**

该文本框用于控制尺寸界线超出尺寸线的距离。国标规定尺寸界线一般超出尺寸线 2～3mm。如果准备 1:1 的比例出图，则超出距离应设置为 2 或 3mm，效果如图 9-23 所示。

❑ **起点偏移量**

该文本框用于控制尺寸界线起点和标注对象端点间的距离，效果如图 9-24 所示。

通常应使尺寸界线与标注对象间不发生接触，

这样才能很容易地区分尺寸标注和被标注的对象。

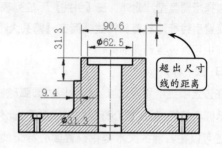

图 9-23　设置超出尺寸线的距离

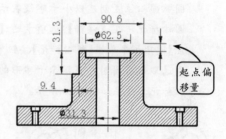

图 9-24　设置起点偏移量

9.3.3　设置尺寸符号和箭头样式

在【修改标注样式】对话框中切换至【符号和箭头】选项卡，即可对尺寸箭头和圆心标记的样式进行设置，如图 9-25 所示。

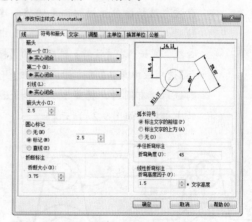

图 9-25　【符号和箭头】选项卡

该选项卡中各常用选项的含义介绍如下。

❑ **箭头**

在该选项组中可以设置尺寸线两端箭头的样

式。系统提供了 19 种箭头类型，用户可以为每个箭头选择所需类型。此外，在【引线】下拉列表中可以设置引线标注的箭头样式，而在【箭头大小】文本框中可以设置箭头的大小。

❑ 圆心标记

在该选项组中可以设置当标注圆或圆弧时，是否显示圆心标记，以及圆心标记的显示类型。此外，用户还可以在右侧的文本框中设置圆心标记的大小。圆心标记的两种类型如下所述。

➤ 标记　选择该单选按钮，系统在圆或圆弧圆心位置创建以小十字线表示的圆心标记。在【注释】选项卡的【标注】选项板中单击【圆心标记】按钮⊕，则选取现有圆时，将显示十字形的圆心标记，效果如图 9-26 所示。

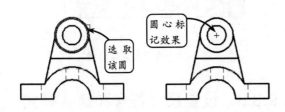

图 9-26　标记圆心

➤ 直线　选择该单选按钮，系统将创建过圆心并延伸至圆周的水平和竖直中心线。例如，在【注释】选项卡的【标注】选项板中单击【圆心标记】按钮⊕，则选取现有圆时，将显示水平和竖直的中心线，如图 9-27 所示。

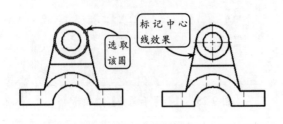

图 9-27　标记中心线

9.3.4　设置尺寸文字样式

在【修改标注样式】对话框中切换至【文字】选项卡，即可调整文本的外观，并控制文本的位置，如图 9-28 所示。

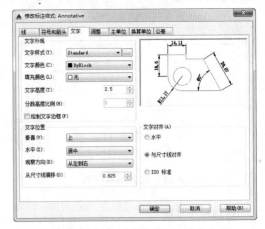

图 9-28　【文字】选项卡

该选项卡中各常用选项的含义介绍如下。

❑ 文字样式

在该下拉列表中可以选择文字样式，用户也可以单击右侧的【文字样式】按钮，在打开的对话框中创建新的文字样式。

❑ 文字高度

在该文本框中可以设置文字的高度。如果在文本样式中已经设定了文字高度，则该文本框中所设置的文本高度将是无效的。

❑ 绘制文字边框

启用该复选框，系统将为标注文本添加一矩形边框，效果如图 9-29 所示。

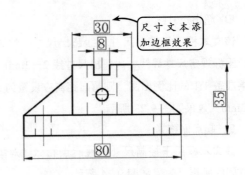

图 9-29　带边框的尺寸标注文字

❑ **垂直**

在该下拉列表中可以设置标注文本垂直方向上的对齐方式，包括 5 种对齐类型。一般情况下，对于国标标注应选择【上】选项，效果如图 9-30 所示。

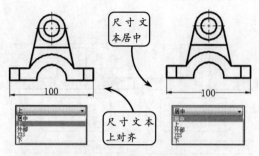

图 9-30　文字垂直方向上的对齐效果

❑ **水平**

在该下拉列表中可以设置标注文本水平方向上的对齐方式，包括 5 种对齐类型。一般情况下，对于国标标注应选择【居中】选项，效果如图 9-31 所示。

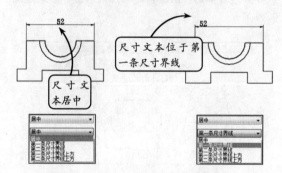

图 9-31　文字水平方向上的对齐效果

❑ **从尺寸线偏移**

在该文本框中可以设置标注文字与尺寸线间的距离，效果如图 9-32 所示。

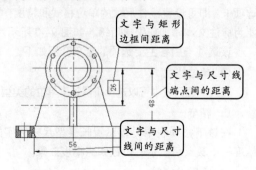

图 9-32　设置文字从尺寸线偏移的距离

如果标注文本在尺寸线的中间，则该值表示断开处尺寸线端点与尺寸文字的间距。此外，该值也可以用来控制文本边框与其文本的距离。

❑ **文字对齐**

设置文字相对于尺寸线的放置位置。其中，选择【水平】单选按钮，系统将使所有的标注文本水平放置；选择【与尺寸线对齐】单选按钮，系统将使文本与尺寸线对齐，这也是国标标注的标准；选择【ISO 标准】单选按钮，当文本在两条尺寸界线的内部时，文本将与尺寸线对齐，否则标注文本将水平放置，效果如图 9-33 所示。

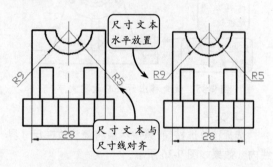

图 9-33　文字对齐方式

9.3.5　设置调整样式

在【修改标注样式】对话框中切换至【调整】选项卡，即可调整标注文字、尺寸箭头和尺寸界线间的位置关系，如图 9-34 所示。

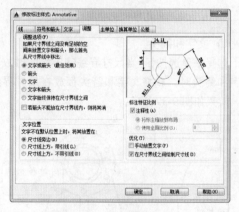

图 9-34　【调整】选项卡

标注时如果两条尺寸界线之间有足够的空间，系统将自动将箭头、标注文字放在尺寸界线之间；如果两条尺寸界线之间没有足够的空间，便可以在该选项卡中调整箭头或文字的位置。

❏ **文字或箭头**

选择该单选按钮,系统将对标注文本和箭头进行综合考虑,自动选择其中之一放在尺寸界线外侧,以获得最佳标注效果。

❏ **箭头**

选择该单选按钮,系统将尽量使文字放在尺寸界线内,效果如图 9-35 所示。

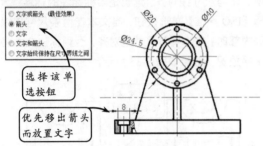

图 9-35　优先移出箭头而放置文字

❏ **文字**

选择该单选按钮,系统尽量将箭头放在尺寸界线内,效果如图 9-36 所示。

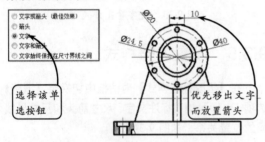

图 9-36　优先移出文字而放置箭头

❏ **文字和箭头**

选择该单选按钮,当尺寸界线间不能同时放下文字和箭头时,就将文字和箭头都放在尺寸界线外,效果如图 9-37 所示。

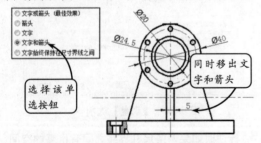

图 9-37　将文字和箭头同时移出

❏ **文字始终保持在尺寸界线之间**

选择该单选按钮,系统总是把文字和箭头都放在尺寸界线内。

❏ **使用全局比例**

在该文本框中输入全局比例数值,将影响标注的所有组成元素大小,效果如图 9-38 所示。

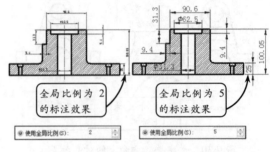

图 9-38　全局比例对尺寸标注的影响

❏ **在尺寸界线之间绘制尺寸线**

当启用该复选框时,系统总是在尺寸界线之间绘制尺寸线;禁用该复选框时,当将尺寸箭头移至尺寸界线外侧时,系统将不添加尺寸线,效果如图 9-39 所示。

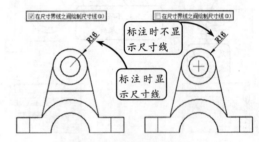

图 9-39　控制是否绘制尺寸线

9.3.6　设置主单位样式

在【修改标注样式】对话框中切换至【主单位】选项卡,即可设置线性尺寸的单位格式和精度,并能为标注文本添加前缀或后缀,如图 9-40 所示。

该选项卡中各主要选项的含义介绍如下。

❏ **单位格式**

在该下拉列表中可以选择所需长度单位的类型。

❏ **精度**

在该下拉列表中可以设置长度型尺寸数字的精度,小数点后显示的位数即为精度效果。

❏ **小数分隔符**

如果单位类型为十进制,即可在该下拉列表中选择分隔符的形式，包括句点、逗点和空格 3 种分隔符类型。

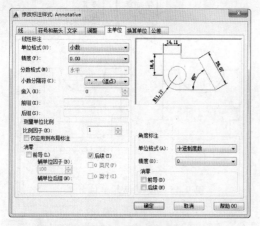

图 9-40 【主单位】选项卡

❏ 舍入

该文本框用于设置标注数值的近似效果。如果在该文本框中输入 0.06，则标注数字的小数部分近似到最接近 0.06 的整数倍。

❏ 前缀

在该文本框中可以输入标注文本的前缀。例如输入文本前缀为"%%c"，则使用该标注样式标注的线性尺寸文本将均带有直径符号φ，如图 9-41 所示。

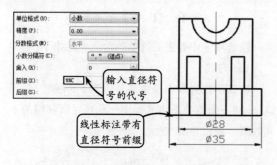

图 9-41 设置标注文本的前缀

❏ 后缀

在该文本框中可以设置标注文本的后缀。

❏ 比例因子

在该文本框中可以输入尺寸数字的缩放比例因子。当标注尺寸时，系统将以该比例因子乘以真实的测量数值，并将结果作为标注数值。该参数选项常用于标注局部放大视图的尺寸，效果如图 9-42 所示。

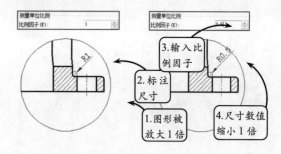

图 9-42 设置比例因子标注局部放大图尺寸

❏ 消零

该选项组用于隐藏长度型尺寸数字前面或后面的 0。当启用【前导】复选框，系统将隐藏尺寸数字前面的零；当启用【后续】复选框，系统将隐藏尺寸数字后面的零，效果如图 9-43 所示。

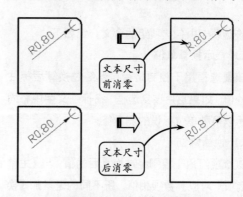

图 9-43 尺寸文字消零效果

提示

标注局部放大视图的尺寸时，由于图形对象已被放大，相应地标注出的尺寸也会成倍变大，但这并不符合图形的实际尺寸。此时可以在【主单位】选项卡中设置测量单位的【比例因子】数值，使尺寸标注数值成比例的缩小。如图形放大 2 倍，测量单位比例因子则应设置为 0.5，以使标注的数值缩小 1/2 倍。

9.3.7 设置换算单位样式

在【修改标注样式】对话框中切换至【换算单位】选项卡，即可控制是否显示经过换算后标注文字的值、指定主单位和换算单位之间的换算因子，以及控制换算单位相对于主单位的位置，如图9-44所示。

如图9-46所示。

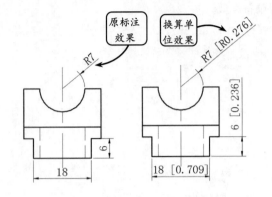

图 9-45 设置换算单位效果

图 9-44 【换算单位】选项卡

该选项卡中各选项组的含义介绍如下。

❑ 显示换算单位

该复选框用于控制是否显示经过换算后标注文字的值。如果启用该复选框，在标注文字中将同时显示以两种单位标识的测量值。

❑ 换算单位

该选项组用于控制经过换算后的值，与【主单位】选项卡对应参数项相似。所不同的是增加【换算单位倍数】列表项，它是指主单位和换算单位之间的换算因子，即通过线性距离与换算因子相乘确定出换算单位的数值。

❑ 位置

该选项组用于控制换算单位相对于主单位的位置。如果选择【主值后】单选按钮，则换算单位将位于主单位之后；如果选择【主值下】单选按钮，则换算单位将位于主单位之下，对比效果如图9-45所示。

9.3.8 设置尺寸公差样式

在【修改标注样式】对话框中切换至【公差】选项卡，即可设置公差格式，并输入相应的公差值，

图 9-46 【公差】选项卡

该选项卡中各主要选项的含义介绍如下。

❑ 方式

在该下拉列表中提供了公差的5种格式。使用这5种不同的公差格式标注一孔直径所获得的不同效果，如图9-47所示。

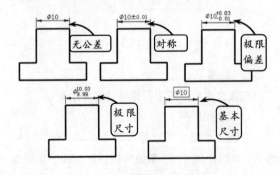

图 9-47 5种不同的公差格式

这 5 种公差格式的含义如下所述。

> **无** 选择该选项，系统将只显示基本尺寸。

> **对称** 选择该选项，则只能在【上偏差】文本框中输入数值。此时标注尺寸时，系统将自动添加符号"±"。

> **极限偏差** 选择该选项后，可以在【上偏差】和【下偏差】文本框中分别输入尺寸的上下偏差值。默认情况下系统会自动在上偏差前添加符号"+"，在下偏差前添加符号"-"。如果在输入偏差值时输入了"+"号或"-"号，则最终显示的符号将是默认符号与输入符号相乘的结果。例如输入正、负号与标注效果的对比关系，如图 9-48 所示。

> **极限尺寸** 选择该选项，系统将同时显示最大极限尺寸和最小极限尺寸。

> **基本尺寸** 选择该选项，系统将尺寸标注数值放置在一个长方形的框中。

❑ **精度**

在该下拉列表中可以设置上下偏差值的精度，即小数点后的位数。

❑ **高度比例**

在该文本框中可以设置偏差值文本相对于尺寸文本的高度。默认值为 1，此时偏差文本与尺寸文本高度相同。一般情况下，国标设置为 0.7，但如果公差格式为【对称】，则高度比例仍设置为 1。

❑ **垂直位置**

在该下拉列表中可以指定偏差文字相对于基本尺寸的位置关系，包括上、中和下三种类型，效果如图 9-49 所示。

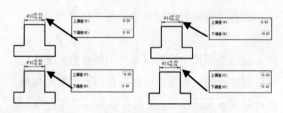

图 9-48 极限偏差的各种标注效果

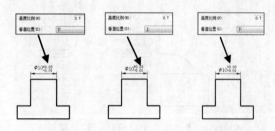

图 9-49 偏差文字与基本尺寸的位置关系

9.4 引线标注

在 AutoCAD 中，使用引线标注，就是利用箭头和文字对图形进行标记和说明，增加图形信息的详细度，同时也使整个设计页面格式更加统一，简洁清晰。

9.4.1 创建多重引线标注

利用【多重引线】工具可以绘制一条引线来标注对象，且在引线的末端可以输入文字或者添加块等。该工具经常用于标注孔、倒角和创建装配图的零件编号等。

要使用多重引线标注图形对象，可在【注释】选项板中单击【引线】按钮 ⁄°，然后依次在图中指

定引线的箭头位置、基线位置并添加标注文字，即可完成多重引线的创建，效果如图 9-50 所示。

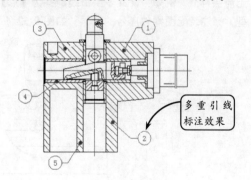

图 9-50 创建多重引线

不管利用【多重引线】工具标注何种注释尺寸，首先需要设置多重引线的样式，如引线的形式、箭头的外观和注释文字的大小等，这样才能更好地完成引线标注。

在【注释】选项板中单击【多重引线样式】按钮，并在打开的对话框中单击【新建】按钮，系统将打开【创建新多重引线样式】对话框。此时，在该对话框中输入新样式名称，并单击【继续】按钮，即可在打开的【修改多重引线样式】对话框中对多重引线的格式、结构和文本内容进行详细设置，如图 9-51 所示。

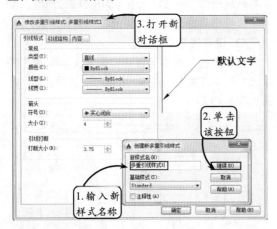

图 9-51　【修改多重引线样式】对话框

该对话框中各选项卡的选项含义分别介绍如下。

❑ 引线格式

在该选项卡中可以设置引线和箭头的外观效果。其中在【类型】下拉列表中可指定引线形式为【直线】【样条曲线】或【无】；在【符号】下拉列表中可以设置箭头的各种形式，当然也可以设置为无箭头样式。例如，设置多重引线箭头为【点】类型，标注装配图零件序号的效果，如图 9-52 所示。

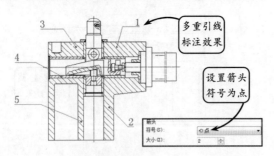

图 9-52　设置多重引线箭头为点

❑ 引线结构

在该选项卡中可以设置引线端点的最大数量、是否包括基线，以及基线的默认距离，如图 9-53 所示。

图 9-53　【引线结构】选项卡

该选项卡中各选项的含义如下所述。

➢ 约束

在该选项组中启用【最大引线点数】复选框，可以在其后的文本框中设置引线端点的最大数量。而当禁用该复选框时，引线可以无限制地折弯。此外启用【第一段角度】和【第二段角度】复选框，可以分别设置引线第一段和第二段的倾斜角度，效果如图 9-54 所示。

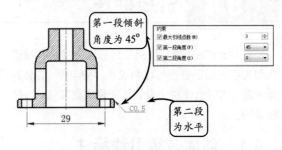

图 9-54　设置引线的倾斜角度

➢ 自动包含基线

启用该复选框，则绘制的多重引线将自动包含引线的基线。如果禁用该复选框，并设置【最大引线点数】为 2，则可以绘制零件图中常用的剖切符号，效果如图 9-55 所示。

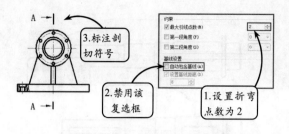

图 9-55 不包含基线绘制剖切符号

➤ 设置基线距离

该复选框只有在启用【自动包含基线】复选框时才会被激活，激活后可以设置基线距离的默认值。例如，设置默认基线距离为 2，引线点数为 3。此时在指定两点后单击右键，则基线距离为默认值；如果在指定两点后继续向正右方拖动光标并单击，则基线距离为默认值与拖动的距离之和，如图 9-56 所示。

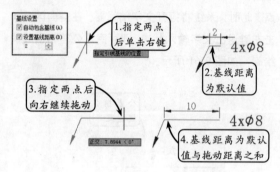

图 9-56 设置基线距离

❑ 内容

在该选项卡的【多重引线类型】下拉列表中，可以设置多重引线的注释文本类型为【多行文字】【块】或【无】；在【文字选项】选项组中可以设置引线的文本样式；在【引线连接】选项组中，可以设置多行文字在引线左边或右边时相对于引线末端的位置，如图 9-57 所示。

其中，当多重引线类型为【多行文字】，且多行文字位于引线右边时，在【连接位置－左】下拉列表中依次选择各选项，所获得的多行文字与引线末端位置的对比效果如图 9-58 所示。

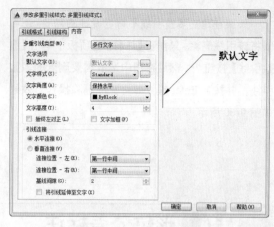

图 9-57 【内容】选项卡

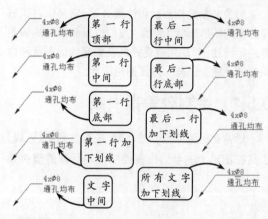

图 9-58 多行文字相对于引线末端的位置对比效果

9.4.2 添加与删除引线

如果需要将引线添加至现有的多重引线对象，只需在【注释】选项板中单击【添加引线】按钮，然后依次选取需添加引线的多重引线和需要引出标注的图形对象，按下 Enter 键，即可完成多重引线的添加，效果如图 9-59 所示。

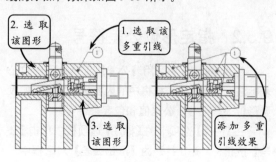

图 9-59 添加多重引线

如果创建的多重引线不符合设计的需要,还可以将该引线删除。只需在【注释】选项板中单击【删除引线】按钮，然后在图中选取需要删除的多重引线,并按下 Enter 键,即可完成删除操作,效果如图 9-60 所示。

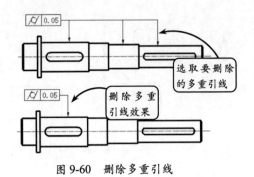

图 9-60　删除多重引线

9.5　形位公差标注

形位公差是指形状和位置公差,它可以对机械零件图的图形形状、轮廓、方向位置和跳动的偏差等进行标注。帮助用户更好地设置零件的形状和位置公差,减少误差,方便图形设计。

9.5.1　绘制公差指引线

通常在标注形位公差之前,应首先利用【引线】工具在图形上的合适位置绘制公差标注的箭头指引线,为后续形位公差的放置提供依据和参照。

单击【引线】按钮，选取指定的尺寸线上一点作为第一点,然后向上竖直拖动至合适位置单击指定第二点,并向右拖动至合适位置单击指定第三点。此时,系统将打开文字编辑器,在空白区域单击左键退出文字输入状态,即可完成公差指引线的绘制,如图 9-61 所示。

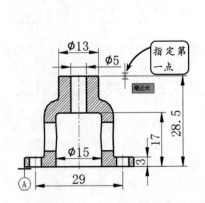

图 9-61　绘制公差指引线

9.5.2　指定形位公差符号

在 AutoCAD 中利用【公差】工具进行形位公差标注,主要对公差框格中的内容进行定义,如设置形位公差符号、公差值和包容条件等。

在【注释】选项卡的【标注】选项板中单击【公差】按钮，并在打开的【形位公差】对话框中单击【符号】色块,即可在打开的【特征符号】对话框中选择相应的公差符号,如图 9-62 所示。

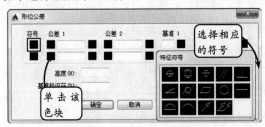

图 9-62　指定形位公差符号

在【特征符号】对话框中，系统给出了国家规定的 14 种形位公差符号，各种公差符号的具体含义如表 9-1 所示。

表 9-1　形位公差符号含义

符　号	含　义	符　号	含　义
⌖	位置度	▱	平面度
◎	同轴度	○	圆度
⌯	对称度	—	直线度
//	平行度	⌓	面轮廓度
⊥	垂直度	⌒	线轮廓度
∠	倾斜度	↗	圆跳度
⌭	圆柱度	⌰	全跳度

9.5.3　指定公差值、包容条件和基准

指定完形位公差符号后，在【公差 1】文本框中输入公差数值。且此时如果单击该文本框左侧的黑色小方格，可以在该公差值前面添加直径符号；如果单击该文本框右侧的黑色小方格，可以在打开的【附加符号】对话框中选择该公差值后面所添加的包容条件。最后在【基准 1】文本框中输入相应的公差基准代号即可，效果如图 9-63 所示。

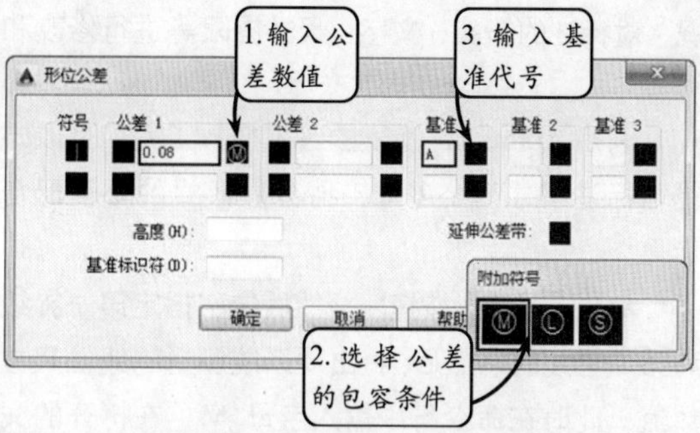

图 9-63　指定形位公差的内容

【附加符号】对话框中各符号的含义如表 9-2 所示。

表 9-2　附加符号

符　号	含　义
Ⓜ	材料的一般中等状况
Ⓛ	材料的最大状况
Ⓢ	材料的最小状况

9.5.4　放置形位公差框格

设置好要标注的形位公差内容后，单击【确定】按钮，返回到绘图窗口。然后选取前面绘制的指引线末端点放置公差框格，即可完成形位公差标注，效果如图 9-64 所示。

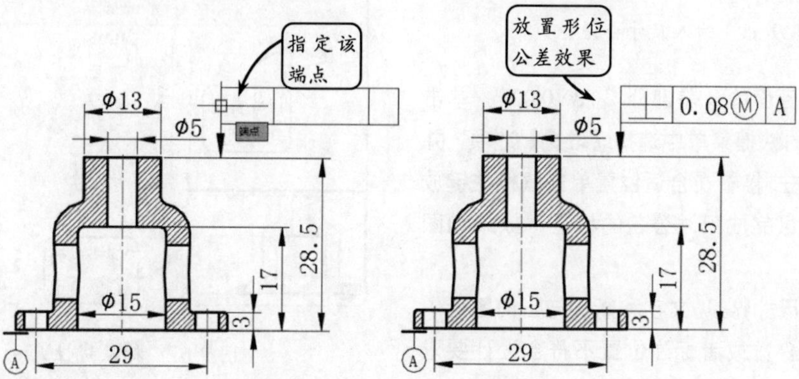

图 9-64　放置形位公差框格

9.6　编辑尺寸标注

AutoCAD

尺寸公差标注就是对零件尺寸所允许的变动量进行标注，帮助设计者了解应该注意的设计偏差，做出可以跟其他零件配套使用的合格产品。当尺寸标注与当前图形不相符时，可以根据实际情

况，对标注的箭头、文字、尺寸界限等进行修改和编辑。

利用 AutoCAD 提供的【堆叠】工具，可以方便地标注尺寸的公差或一些分数形式的公差配合代号。

单击【线性】按钮□，然后依次指定第一界线和第二界线的端点后，将出现系统测量的线性尺寸数值。此时在命令行中输入字母 M，在打开的文字编辑器中输入线性尺寸数值，并输入公差数值"+0^-0.02"，效果如图 9-65 所示。

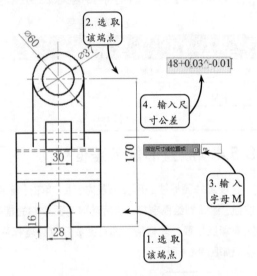

图 9-65　输入尺寸公差

然后选取后面的公差部分"+0^-0.02"，单击右键，在打开的快捷菜单中选择【堆叠】选项，并在空白区域单击。接着在合适位置单击鼠标左键放置尺寸线，即可完成尺寸公差的标注，效果如图 9-66 所示。

当标注的尺寸界线、文字和箭头与当前图形中的几何对象重叠，或者标注位置不符合设计要求时，可以对其进行适当地编辑，从而使图纸更加清晰美观，增强可读性。

9.6.1　替代标注样式

当修改一标注样式时，系统将改变所有与该样式相关联的尺寸标注。但有时绘制零件图需要创建个别特殊形式的尺寸标注，如标注公差或是给标注

数值添加前缀和后缀等。此时用户不能直接修改当前尺寸样式，但也不必再去创建新的标注样式，只需采用当前样式的覆盖方式进行标注即可。

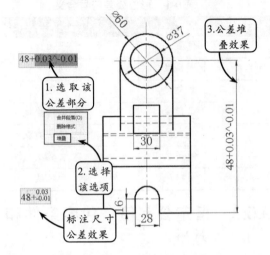

图 9-66　通过堆叠标注尺寸公差

例如，当前标注样式为 ISO-25，使用该样式连续标注多个线性尺寸。此时想要标注带有直径前缀的尺寸，可以单击【替代】按钮，系统将打开【替代当前样式】对话框，如图 9-67 所示。

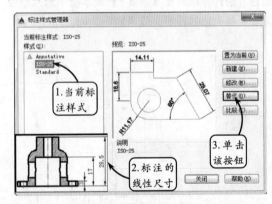

图 9-67　标注线性尺寸

在【替代当前样式】对话框中切换至【主单位】选项卡，并在【前缀】文本框中输入【%%c】。然后单击【确定】按钮，返回到【标注样式管理器】对话框后，单击【关闭】按钮。此时标注尺寸，系统将暂时使用新的尺寸变量控制尺寸外观，标注的尺寸数值前将添加直径符号，如图 9-68 所示。

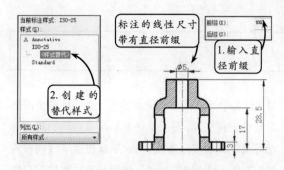

图 9-68　样式替代标注效果

如果要恢复原来的尺寸样式，可以再次打开【标注样式管理器】对话框。在该对话框中选择原来的标注样式 ISO-25，并单击【置为当前】按钮。此时在打开的提示对话框中单击【确定】按钮，再次进行标注时，可以发现标注样式已返回原来状态，效果如图 9-69 所示。

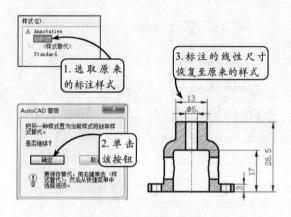

图 9-69　返回到原来标注样式

9.6.2　关联标注样式

在 AutoCAD 中对图形对象进行标注时，如果标注的尺寸值是按自动测量值标注的，且标注模式是尺寸关联模式，那么标注的尺寸和标注对象之间将具有关联性。此时，如果标注对象被修改，与之对应的尺寸标注将自动调整其位置、方向和测量值；反之，当两者之间不具有关联性时，尺寸标注不随标注对象的修改而改变。

在【注释】选项卡的【标注】选项板中单击【重

新关联】按钮，然后依次指定标注的尺寸和与其相关联的位置点或关联对象，即可将无关联标注改为关联标注。例如，将圆的直径标注与该圆建立关联性，当向外拖动该圆的夹点时，直径尺寸标注值将随之产生变化，如图 9-70 所示。

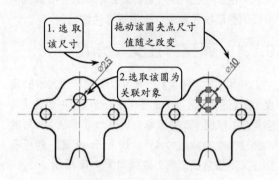

图 9-70　关联性标注

9.6.3　更新标注样式

利用【更新】工具可以以当前的标注样式来更新所选的现有标注尺寸效果，如通过尺寸样式的覆盖方式调整样式后，可以利用该工具更新选取的图中尺寸标注。

在【标注样式管理器】对话框中单击【替代】按钮，系统将打开【替代当前样式】对话框。在该对话框中切换至【主单位】选项卡，并在【前缀】文本框中输入直径代号【%%c】。然后在【注释】选项卡的【标注】选项板中单击【更新】按钮，选取指定的尺寸 35，并按下 Enter 键，即可发现该线性尺寸已添加直径符号前缀，如图 9-71 所示。

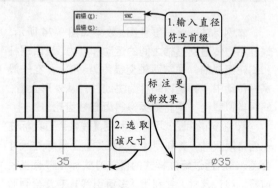

图 9-71　通过标注更新修改尺寸外观

9.7 编辑标注对象

当标注与标注对象之间出现偏差时,则可以对文本角度、标注间距等进行适当地调整,增加整个页面的整洁性和逻辑性,增强可读性。

9.7.1 调整标注文字角度

利用【文字角度】工具可以调整标注文本的角度。在【注释】选项卡的【标注】选项板中单击【文字角度】按钮,并选取一现有尺寸标注,然后输入标注文本的角度为 45º,按下 Enter 键,即可将标注文本按角度旋转,效果如图 9-72 所示。

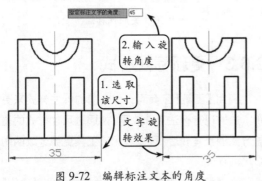

图 9-72 编辑标注文本的角度

9.7.2 调整标注间距

标注零件图时,同一方向上有时会标注多个尺寸。这多个尺寸间如果间距参差不齐,则整个图形注释会显得很乱,而手动调整各尺寸线间的距离至相等又不太现实。为此 AutoCAD 提供了【调整间距】工具,利用该工具可以使平行尺寸线按用户指定的数值等间距分布。

在【注释】选项卡的【标注】选项板中单击【调整间距】按钮,然后选取指定的尺寸为基准尺寸,并选取另外两个尺寸为要产生间距的尺寸,按下 Enter 键。此时系统要求设置间距,用户可以按下 Enter 键,由系统自动调整各尺寸的间距,也可以输入数值后再按下 Enter 键,各尺寸将按照所输入间距数值进行分布,如图 9-73 所示。

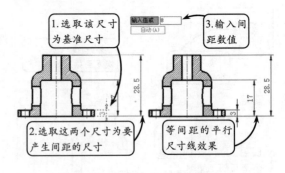

图 9-73 调整平行尺寸线间距

9.8 综合案例 9-1:标注蜗杆零件

本例标注一蜗杆零件图,效果如图 9-74 所示。蜗杆用于传递交错轴之间的运动和动力,是由蜗杆和蜗轮组成的。通常两轴交错角为 90°。在一般蜗杆传动中,都是以蜗杆为主动件。从外形上看,蜗杆类似螺栓,蜗轮则类似斜齿圆柱齿轮。

标注该零件图,可首先利用【线性】工具标注一些常规尺寸,并利用【编辑标注】工具标注尺寸公差。然后通过标注样式的覆盖方式标注带有直径前缀的线性尺寸,并利用【多重引线】工具绘制形位公差指引线和剖切符号。接着利用【公差】工具添加形位公差,最后通过【创建】和【插入】工具,标注粗糙度符号即可。

操作步骤 ▶▶▶▶

STEP|01 单击【标注样式】按钮,在打开的对话框中单击【修改】按钮。然后在打开的【修改标注样式】对话框中对当前标注样式的各种尺寸变量进行设置,如箭头类型、箭头大小、文字高度、文字距尺寸线的偏移量、尺寸文本的精度等,效果如图 9-75 所示。

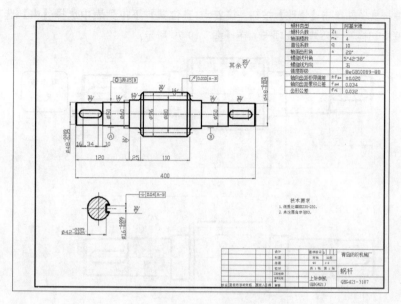

图 9-74 标注蜗杆零件

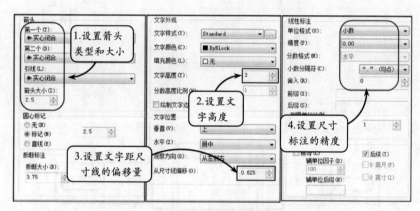

图 9-75 设置当前标注样式的各个尺寸变量

STEP|02 单击【线性】按钮▯，标注图形的第一个线性尺寸。然后依次标注其他线性尺寸，效果如图 9-76 所示。

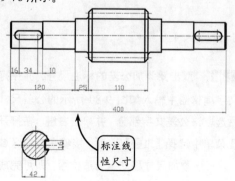

图 9-76 标注线性尺寸

STEP|03 双击如图 9-77 所示尺寸，并在打开的文字编辑器中输入图示文字。然后在空白区域处单击，退出文字编辑器，即可完成对象尺寸的编辑操作。

STEP|04 单击【标注样式】按钮▨，在打开的对话框中单击【替代】按钮，并在打开的对话框中切换至【主单位】选项卡。然后在【前缀】文本框中输入直径代号【%%c】，单击【确定】按钮。接着利用【线性】工具标注线性尺寸时将自动带有直径前缀符号，效果如图 9-78 所示。

STEP|05 在【标注样式管理器】对话框中将原来的标注样式设置为当前样式，并放弃样式替代。然

后选取当前标注样式，并单击【修改】按钮。接着在打开的对话框中切换至【公差】选项卡，在【垂直位置】下拉列表中选择【中】选项，效果如图 9-79 所示。

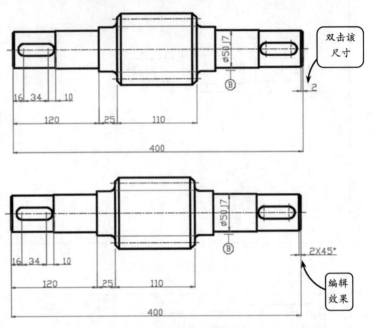

图 9-77　编辑尺寸

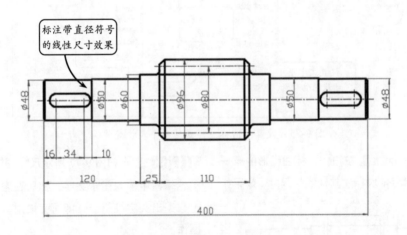

图 9-78　标注带直径符号的线性尺寸

图 9-79　设置公差相对于标注文本的位置

STEP|06 双击要添加公差的标注尺寸，并在打开的文字编辑器中输入如图 9-80 所示的公差尺寸。然后选取该公差文字部分，并单击右键，在打开的快捷菜单中选择【堆叠】选项。接着在空白区域单击，并将该添加尺寸移动至合适位置，即可完成尺寸公差的标注。

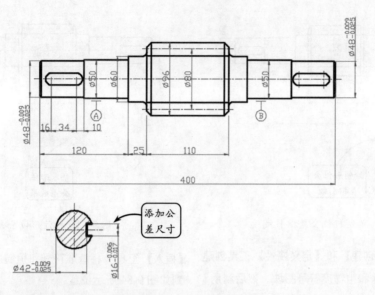

图 9-80 添加公差尺寸

提示

按照国家机械制图标准规定，尺寸文本后面公差文字部分的高度，通常是尺寸文本高度的 0.7 倍。

STEP|07 单击【多重引线样式】按钮，在打开

的对话框中按照如图 9-81 所示设置多重引线样式：引线类型为直线、箭头大小为 4、引线最大端点数量为 2、禁用【自动包含基线】复选框、文字高度为 4、文字与引线末端的位置关系为【第一行中间】和【第一行中间】。

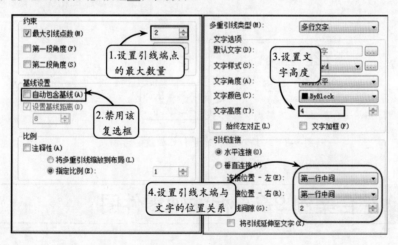

图 9-81 设置多重引线样式

STEP|08 利用【多重引线】工具选取如图 9-82 所示尺寸界线上一点，沿竖直方向向上拖动并单击确定第一段引线。然后沿水平方向向右拖动并单击，确定第二段引线。此时在文字编辑器外单击，退出文字输入状态，即可完成行位公差指引线的绘

制。采用同样的方式绘制其他形位公差指引线。

STEP|09 单击【公差】按钮，在打开的对话框中分别设置形位公差符号、公差指数和基准代号。然后将各形位公差插入到图中相应的位置，效果如图 9-83 所示。

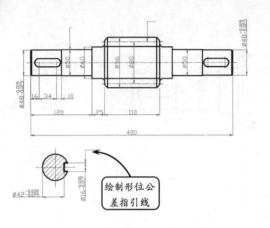

图 9-82　绘制行位公差指引线

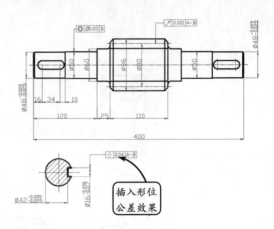

图 9-83　标注形位公差

STEP|10 利用【创建】和【定义属性】工具创建带属性的基准符号和粗糙度符号图块。然后利用

【插入】工具，将基准符号和粗糙度符号图块插入到如图 9-84 所示位置。

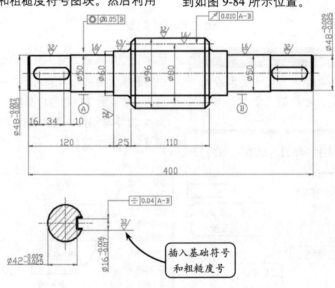

图 9-84　插入基准符号和粗糙度符号图块

AutoCAD 9.9　综合案例 9-2：标注轴零件图

本例标注轴零件图，效果如图 9-85 所示。轴是支承转动零件并与之一起回转以传递运动、扭矩或弯矩的机械零件。一般为金属圆杆状，各段可以有不同的直径。机器中作回转运动的零件就装在轴上。轴是组成机械的重要零件，也是机械加工中常见的典型零件之一。它支撑着其他转动件回转并传

递扭矩，同时又通过轴承与机器的机架连接。

标注该零件图，可首先利用【线性】工具标注一些常规尺寸，并利用编辑标注工具标注尺寸公差。然后通过标注样式的覆盖方式标注带有直径前缀的线性尺寸，并利用【多重引线】工具绘制形位公差指引线和剖切符号。接着利用【公差】工具添

加形位公差，最后通过【创建】和【插入】工具，标注粗糙度符号即可。

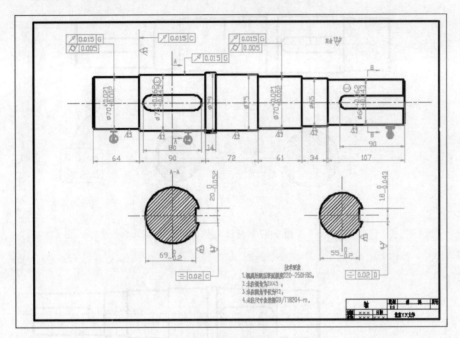

图 9-85 标注轴零件图

操作步骤 ▶▶▶▶

STEP|01 单击【标注样式】按钮，在打开的对话框中单击【修改】按钮。然后在打开的【修改标注样式】对话框中对当前标注样式的各种尺寸变量进行设置，如箭头类型、箭头大小、文字高度、文字距尺寸线的偏移量、尺寸文本的精度等，效果如图 9-86 所示。

STEP|02 单击【线性】按钮，标注图形的第一

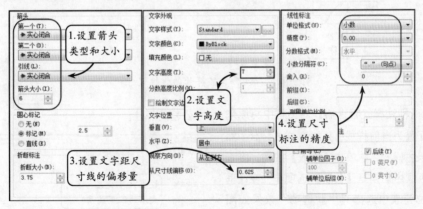

图 9-86 设置当前标注样式的各个尺寸变量

个线性尺寸。然后依次标注其他线性尺寸，效果如图 9-87 所示。

STEP|03 单击【标注样式】按钮，在打开的对话框中单击【替代】按钮，并在打开的对话框中切换至【主单位】选项卡。然后在【前缀】文本框中输入直径代号【%%c】，单击【确定】按钮。接着利用【线性】工具标注线性尺寸时将自动带有直径前缀符号，效果如图 9-88 所示。

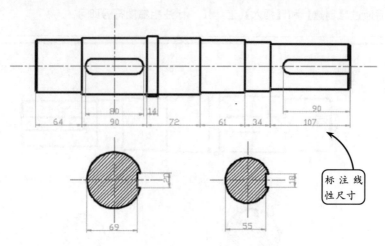

图 9-87   标注线性尺寸

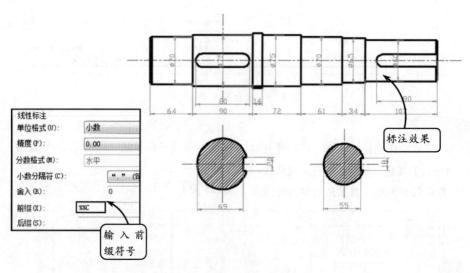

图 9-88   标注带直径符号的线性尺寸

STEP|04 在【标注样式管理器】对话框中将原来的标注样式设置为当前样式，并放弃样式替代。然后选取当前标注样式，并单击【修改】按钮。接着在打开的对话框中切换至【公差】选项卡，在【垂直位置】下拉列表中选择【中】选项，效果如图9-89 所示。

STEP|05 双击要添加公差的标注尺寸，并在打开的文字编辑器中输入如图 9-90 所示的公差尺寸。然后选取该公差文字部分，并单击右键，在打开的快捷菜单中选择【堆叠】选项。接着在空白区域单击，并将该添加尺寸移动至合适位置，即可完成尺寸公差的标注。

图 9-89   设置公差相对于标注文本的位置

STEP|06 利用相同的方法，选取要添加公差尺寸的其他标注尺寸，依次添加相应的公差尺寸，效果如图 9-91 所示。

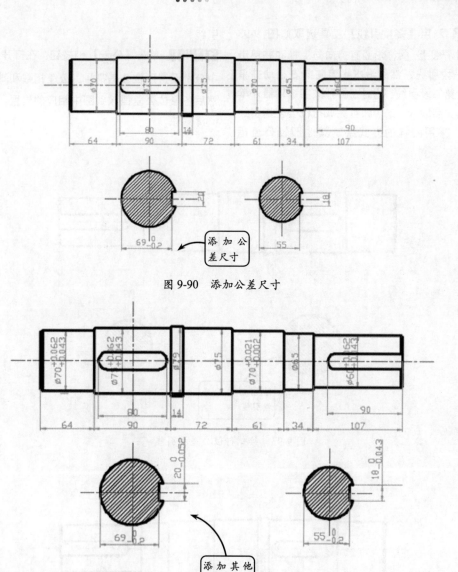

图 9-90　添加公差尺寸

图 9-91　添加其他公差尺寸

按照国家机械制图标准规定，尺寸文本后面公差文字部分的高度，通常是尺寸文本高度的 0.7 倍。

STEP|07 单击【多重引线样式】按钮，在打开的对话框中按照如图 9-92 所示设置多重引线样式：引线类型为直线、箭头大小为 4、引线最大端点数量为 2、禁用【自动包含基线】复选框、文字高度为 4、文字与引线末端的位置关系为【第一行中间】和【第一行中间】。

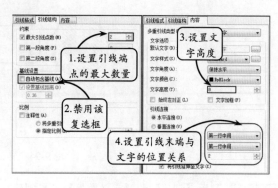

图 9-92　设置多重引线样式

STEP|08 利用【多重引线】工具选取如图 9-93 所示尺寸界线上一点，沿竖直方向向上拖动并单击确定第一段引线。然后沿水平方向向右拖动并单击，确定第二段引线。此时在打开文字编辑器外单击，退出文字输入状态，即可完成行位公差指引线的绘制。采用同样的方式绘制其他形位公差指

引线。

STEP|09 单击【公差】按钮，在打开的对话框中分别设置形位公差符号、公差指数和基准代号。然后各形位公差插入到图中相应的位置，效果如图 9-94 所示。

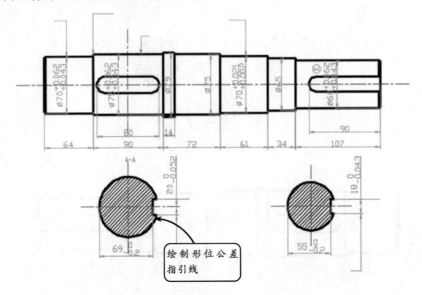

图 9-93　绘制行位公差指引线

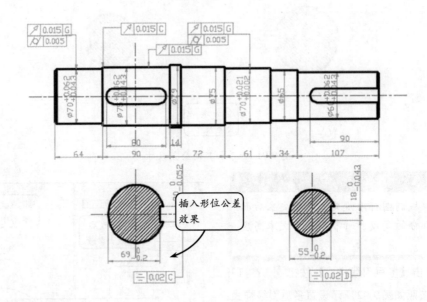

图 9-94　标注形位公差

STEP|10 利用【创建】和【定义属性】工具创建带属性的基准符号和粗糙度符号图块。然后利用

【插入】工具，将基准符号和粗糙度符号图块插入到如图 9-95 所示位置。

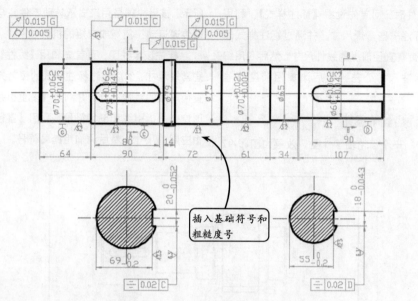

图 9-95　插入基准符号和粗糙度符号图块

9.10 新手训练营

练习 1　标注叉架类零件

本练习标注一种叉架类零件图，效果如图 9-96 所示。叉架类零件一般有拨叉、连杆、支座等。常用

倾斜或弯曲的结构连接零件的工作与安装部分。此类零件多为铸件或锻件，因而具有铸造圆角、凸台、凹坑等常见结构。叉架类零件包括主视图和左视图。

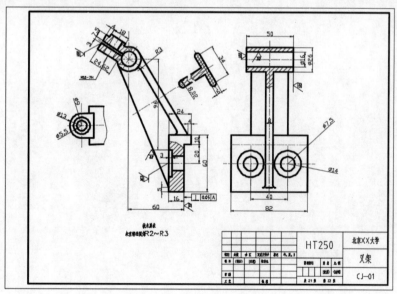

图 9-96　标注叉架零件

标注该零件时，可首先设置【标注样式】，利用【线性】工具标注一些常规尺寸，并通过标注样式的覆盖方式标注带有直径前缀的线性尺寸。然后利用编辑标注工具标注尺寸公差，最后添加粗糙度符号即可。

练习2 标注齿轮轴零件

本练习绘制一个齿轮轴零件图，效果如图 9-97

所示。该齿轮轴是用来支承转动零件并与之一起回转以传递运动、扭矩或弯矩的机械零件。

标注该零件图，可首先利用【线性】工具标注一些常规尺寸，然后通过标注样式的覆盖方式标注带有直径前缀的线性尺寸，并利用【多重引线】工具绘制形位公差指引线和剖切符号，利用【直径】工具标注相应圆的尺寸，最后添加粗糙度符号。

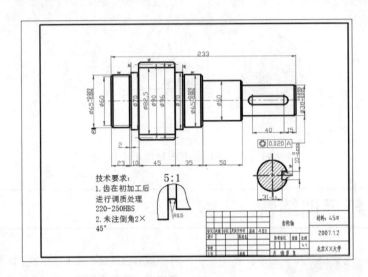

图 9-97 标注齿轮零件

第 **10** 章

绘制轴测图

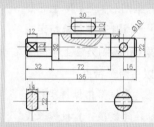

　　在工程设计中，轴测投影图是一种常见的绘制方式，它看似三维图形，但实际上是二维图形，因此轴测图是采用一种二维绘制的方式来模拟三维对象沿特定视点产生的三维平行投影效果，但在绘制方法上又不同于二维图形的绘制。

　　本章主要详细讲述轴测图的基本知识，以及在 AutoCAD 中绘制轴测图的方法和技巧。同时也根据相关知识，列出了综合案例，并进行了实际的讲解和练习操作。

10.1 轴测图的基本知识

用平行投影法将物体连同确定该物体的直角坐标系一起沿不平行于任意坐标平面的方向投射到一个投影面上，所得到的图形，称为"轴测图"。

10.1.1 轴测图概念

轴测图是一种单面投影图，在一个投影面上同时反映出物体三个坐标面的形状，并接近于人们的视觉习惯，形象、逼真、富有立体感。在设计中，用轴测图帮助构思、想象物体的形状，以弥补正投影图的不足。轴测图看似三维图形，但实际上它是采用一种二维绘制技术，从而模拟三维对象特定视点产生的三维平行投影效果，在绘制方法上不同于三维图形的绘制。它具有以下两个特点。

❑ 相互平行的两直线，其投影仍保持平行。

❑ 空间平行于某坐标轴的线段，其投影长度等于该坐标轴的轴向伸缩系数与线段长度的乘积。

在轴测投影中，坐标轴的轴测投影称为"轴测轴"，它们之间的夹角称为"轴间角"。在等轴测图中，3 个轴向的缩放比例相等，并且 3 个轴测轴与水平方向所成的角度分别为 30°、90°和 150°。在 3 个轴测轴中，每两个轴测轴定义一个"轴测面"，由 x 轴和 z 轴定义右视平面；由 y 轴和 z 轴定义左视平面；由 x 轴和 y 轴定义俯视平面。轴测轴和轴测面的构成如图 10-1 所示。

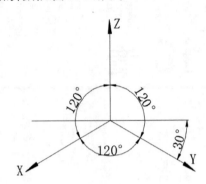

图 10-1 轴测轴和轴测面的构成

10.1.2 轴测图类别

轴测图根据投射线方向和轴测投影面的位置不同可分为正轴测图和斜轴测图两大类。

所谓正轴测图就是投射线方向垂直于轴测投影面所得到的图形，它分为正等轴测（简称正轴测）、正二轴测图（简称正二测）和正三轴测图（简称正三测）。在正轴测图中，最常用的为正轴测。

斜轴测图是投射线方向倾斜与轴测投影面所得到的图形，它分为斜等轴测（简称斜等测）、斜二轴测图（简称斜二测）和斜三轴测图（简称斜三测）。在斜轴测图中，最常用的是斜二测。

10.2 等轴测绘图环境设置

在绘制轴测图之前，只有设置了轴测图的绘图环境才能进行绘制。要设置轴测图模式，选择【工具】|【草图设置】选项，弹出【草图设置】对话框，如图 10-2 所示。切换【捕捉和栅格】选项卡，并在【捕捉类型】选项组中选择【等轴测捕捉】单选按钮，最后单击【确定】按钮即可完成设置。

> **提示**
>
> 在绘图过程中，按 F5 键可以切换不同的垂直方向，以便可以在不同的方位绘制视图。

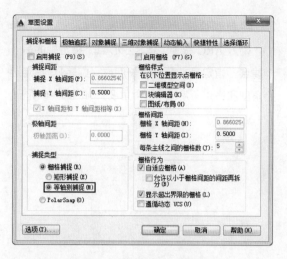

图 10-2　设置轴测绘制模式

10.3　绘制等轴测图

将绘图模式设置为等轴测模式后,用户可以方便地绘制出直线、圆、圆弧和基本的轴测图,并由这些基本的图形对象组成复杂的轴测投影图。

在绘制等轴测图时,切换绘图平面的方法有以下三种。

❑ 按快捷键:F5。

❑ 按组合键:Ctrl+E。

❑ 输入命令:在命令行中输入 ISOPLANE,输入首字母 L、T、R 来转换相应的轴测面,也可以直接按 Enter 键。

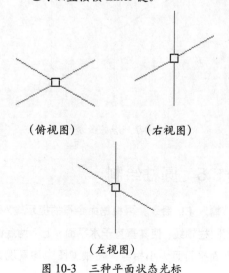

（俯视图）　　　　（右视图）

（左视图）

图 10-3　三种平面状态光标

10.3.1　等轴测图的一般绘制方法

轴测图是反映物体三维形状的二维图形,富有立体感,能帮助人们更快更清楚地认识产品结构。绘制一个零件的轴测图是在二维平面中完成的,相对三维图形更简洁方便。

轴测图是一种富有立体感的图形。正等轴测图是三个轴向伸缩系数均相等的正轴测投影,它适合几何体两个方向或三个方向上有曲线(圆)的情况。斜二测轴间角和变形系数比较简单,它适合几何体一个方向的表面形状复杂或曲线较多的情况。比如绘制图形中包含了圆、圆弧等多种几何形体,所以选用正等轴测绘制比较合适。

10.3.2　直线绘制

在绘制轴测图时,对于直角坐标轴平行的直线,可在切换至当前轴测面后,打开正交模式,使它们与相应的轴测轴平行;对于与三个直角坐标轴均不平行的一般位置直线,则可关闭正交模式,沿轴向测量获得该直线两个端点的轴测投影,然后连接即可。

输入 DS 命令，将打开【草图设置】对话框。切换至【捕捉和栅格】选项卡，并在【捕捉类型】选项组中选择【等轴测捕捉】单选项。选择【极轴追踪】选项卡，设置增量角为 30°，单击【确定】按钮即可完成等轴测图模式的设置。

按 F5 键将视图切换为俯视平面，打开正交模式，输入 L（【直线】）命令，绘制俯视平面，如图 10-4 所示。

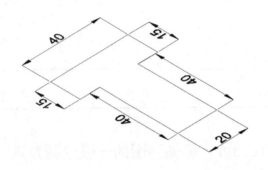

图 10-4　绘制直线

10.3.3　圆和圆弧绘制

平行于坐标面的圆形的轴测投影是椭圆形，当圆位于不同的轴测面时，椭圆形长、短轴的位置将是不同的。在 AutoCAD 中，轴测圆是通过【椭圆】工具中的【等轴测圆】选项来绘制的。

1．绘制圆

在设置等测绘图模型后，在等轴测模式下输入 EL 命令，再根据命令的提示输入 I 并按 Enter 键，绘制等轴测圆，效果如图 10-5 所示。

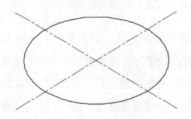

图 10-5　绘制圆

2．绘制圆弧

输入 ARC 命令，指定中心点，指定轴的另一个端点，指定另一条半轴长度或（旋转），指定起始角度和终止角度或（包含角度），如图 10-6 所示。

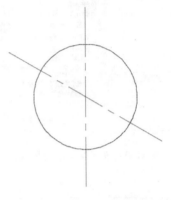

图 10-6　绘制圆弧

10.3.4　立方体绘制

在轴测投影视图中，立正方体只有三个面是可见的，在绘制过程中，将这 3 个面作为图形的轴测投影面，输入命令 L，绘制棱线，按 F5 键将轴测面切换为不同的垂直方向，绘制立方体面，如图 10-7 所示。

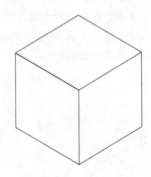

图 10-7　绘制立方体

10.3.5　圆柱绘制

输入 EL 命令，再根据命令行的提示输入 I，绘制圆柱轴线，使其垂直于水平面，上下两底面与水平面平行且大小相等，在轴测图中均呈现为椭圆,可按照圆柱的直径和高做出上下两个椭圆,再作两个椭圆的公切线得到圆柱的轴测图,如图 10-8 所示。

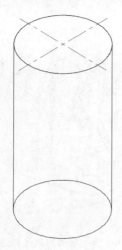

图 10-8 绘制圆弧

10.3.6 圆台绘制

输入 EL 命令,再根据命令行的提示输入 I,绘制圆台的正等轴测图,首先绘制两个上下两底面与水平面平行且大小不相等的椭圆,然后再绘制两椭圆的公切线,如图 10-9 所示。

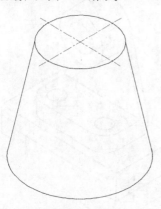

图 10-9 绘制圆台

10.3.7 文字输入

在等轴测图中不能直接生成文字的等轴测投影。如果用户要在轴测图中输入文本,并且使该文

本与相应的轴测面保持协调一致,则必须将文本和所在的平面一起变换为轴测图,只需要改变文本倾斜角与旋转角为 30° 的倍数即可。

在注释选项中单击【文字样式】 ✍ 按钮,将打开【文字样式】对话框,在该对话框中单击【新建】按钮,新建文字样式【30】,并对文字样式进行设置,设置倾斜角度为 30°,其他参数相同,确认并退出,如图 10-10 所示。

图 10-10 设置文字样式

输入 DT【单行文字】命令,在绘图区指定任意一点,在光标提示下输入文字。输入文字为【轴测图左视图】,按 Enter 键结束,如图 10-11 所示。

图 10-11 输入文字

单击【文字样式】 ✍ 按钮,将打开【文字样式】对话框,在该对话框中单击【新建】按钮,新建文字样式【-30】,并对文字样式进行设置,设置

倾斜角为–30°，其他参数相同，确认并退出，如图 10-12 所示。

图 10-12　设置文字样式

输入 DT【单行文字】命令，在绘图区指定任意一点，在光标提示下输入文字。输入文字为【轴测图俯视图】，按 Enter 键结束，如图 10-13 所示。

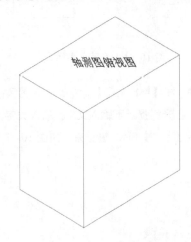

图 10-13　输入文字

10.3.8　尺寸标注

在 AutoCAD 中，轴测图的标注不同于平面图，需要将尺寸线、尺寸界线倾斜某一角度，使它们与相应的轴测轴平行。标注该视图主要是使用【对齐】工具，并结合【编辑标注】和【多行文字】工具完成尺寸的标注和编辑。

1．轴测图的线性标注

轴测图的线性尺寸，一般应沿轴测轴方向标注。尺寸数字应该按相应的轴测图形标注在尺寸线

的上方，尺寸线必须和所标注的线段平行，尺寸界线一般应平行于某一轴测轴。标注效果如图 10-14 所示。

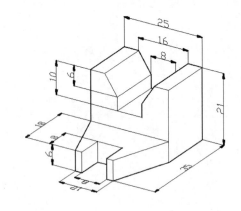

图 10-14　轴测图线性标注

2．标注轴测图圆的直径

标注圆的直径时，尺寸线和尺寸界线应分别平行于圆所在平面内的轴测轴。标注圆弧半径和较小圆的直径时，尺寸线应从（或通过）圆心引出标注，但注写尺寸数字的横线必须平行于轴测轴，效果如图 10-15 所示。

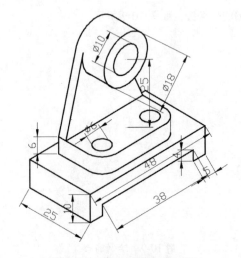

图 10-15　轴测图圆直径标注

3．标注轴测角度的尺寸

标注角度的尺寸线应画成与该坐标平面相应的椭圆弧，效果如图 10-16 所示。

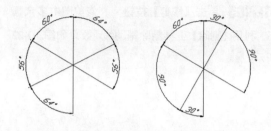

图 10-16 轴测图角度标注

AutoCAD 10.4 综合案例 10-1：绘制支撑座轴测图

本案例将绘制支撑座轴测图，效果如图 10-17 所示。该零件为一个立式支撑座，其结构主要由两个用于安装螺栓的沉头孔以及底面带有一个起定位作用的半圆柱形凹槽的定位底板、起主要支撑和角度定位作用形状的主支撑板、用于与轴类零件相配合的上部圆柱孔组成。

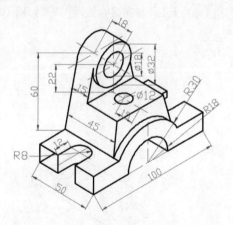

图 10-17 支撑座轴测图

在绘制该零件轴测图时，可以利用【直线】【偏移】【修剪】等工具绘制底座。绘制方法：绘制底面轮廓线，向上复制轮廓线并连接棱边轮廓线，以及绘制圆拱形轮廓线；然后绘制支撑部分，即绘制圆柱孔并连接支撑板轮廓线；接着绘制凸台，即绘制支撑块辅助线并连接平面轮廓线。最后利用尺寸标注工具标注零件尺寸，即可完成支架零件轴测图的绘制。

操作步骤 >>>>

STEP|01 新建【粗实线】【中心线】和【尺寸线】等图层。然后输入 DS 命令，将打开【草图设置】对话框，如图 10-18 所示。切换【捕捉和栅格】选项卡，并在【捕捉类型】选项组中选择【等轴测捕捉】单选按钮，最后单击【确定】按钮即可完成设置。

图 10-18 【草图设置】对话框

STEP|02 切换【细实线】层为当前图层，打开【正交】和【对象捕捉】功能，并单击【直线】 ，绘制如图 10-19 所示辅助坐标。然后利用【多行文字】工具，标出各坐标系和视图名称，结果如图 10-19 所示。

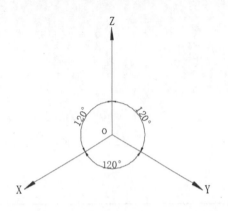

图 10-19 绘制辅助坐标线

STEP|03 切换【粗实线】图层为当前图层，单击【直线】按钮，以辅助坐标原点为起点绘制一个长为 100、宽为 50 的矩形，效果如图 10-20 所示。

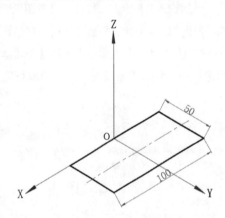

图 10-20 绘制底面轮廓线

STEP|04 利用【复制】工具绘制出椭圆的辅助线。然后单击【椭圆】按钮，根据命令行提示输入字母 I，即可绘制出等轴测圆，选取 A 点为圆心，绘制半径为 18 的椭圆，结果如图 10-21 所示。

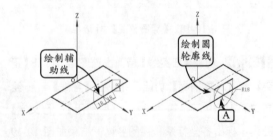

图 10-21 绘制椭圆轮廓线

STEP|05 单击【修剪】按钮，修剪图中多余圆弧。利用【删除】工具删除辅助线，效果如图 10-22 所示。

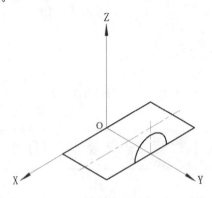

图 10-22 修剪圆弧和删除辅助线

STEP|06 首先利用【直线】工具绘制出槽孔圆弧的中心线，然后利用【圆】工具绘制出半径为 8 的圆。最后利用【直线】工具绘制出槽孔两侧轮廓线，并利用【修剪】工具修剪多余线段，效果如图 10-23 所示。

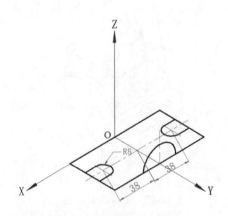

图 10-23 绘制底板两侧槽孔

STEP|07 利用【复制】按钮，选取底平面上所有线段和中心线为复制对象，按照如图 10-24 所示尺寸向上复制对象。

STEP|08 单击【直线】按钮，绘制出底板各棱线。然后利用【修剪】工具修剪图中多余线段，效果如图 10-25 所示。

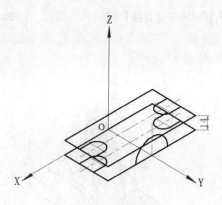

图 10-24 复制图形

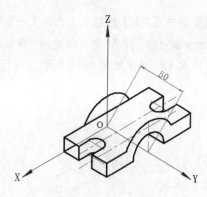

图 10-27 复制圆弧

STEP|11 利用【直线】工具连接圆弧和底板之间的交点，并利用【修剪】工具修剪多余线段，效果如图 10-28 所示。

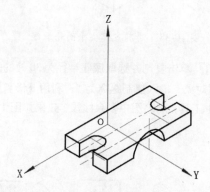

图 10-25 绘制和修剪线段

STEP|09 单击【椭圆】按钮 ◎，根据命令行提示输入字母 I，以半径为 18 的圆的圆心为圆心，绘制半径为 30 的圆。然后利用【修剪】工具修剪多余线段，效果如图 10-26 所示。

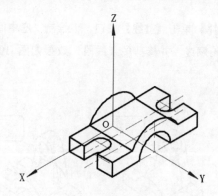

图 10-28 绘制和修剪线段

STEP|12 利用【复制】工具，向上复制距离为 60，并将其线段切换为【中心线】层。然后单击【椭圆】按钮 ◎，绘制出支座上部椭圆轮廓线，效果如图 10-29 所示。

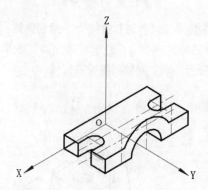

图 10-26 绘制圆弧和修剪线段

STEP|10 单击【复制】按钮 ◎，选取上步绘制的椭圆弧向后进行复制操作，复制距离为 50，效果如图 10-27 所示。

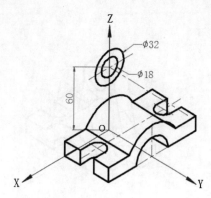

图 10-29 绘制椭圆

STEP|13 单击【复制】按钮🔲，选取上一步绘制的椭圆为复制对象，向 Y 轴方向复制，复制距离分别为 18 和 15，效果如图 10-30 所示。

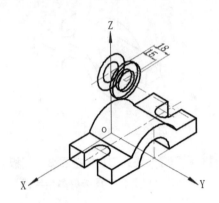

图 10-30　复制椭圆

STEP|14 单击【直线】按钮✏，绘制支座中间支撑体轮廓线，并修剪多余线段，效果如图 10-31 所示。

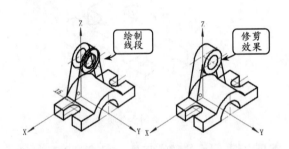

图 10-31　绘制和修剪线段

STEP|15 单击【复制】按钮🔲，选取线段 a 和 b 为复制对象，复制距离为 30，效果如图 10-32 所示。

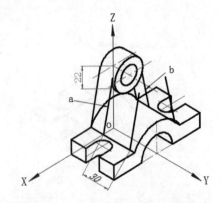

图 10-32　绘制中间支撑块辅助线

STEP|16 单击【直线】按钮✏，将 a、b 和 c、d 四个点连接，绘制轮廓平面轮廓线，并修剪线段，效果如图 10-33 所示。

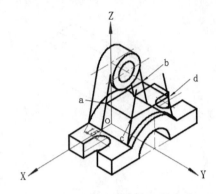

图 10-33　绘制支撑块平面轮廓线

STEP|17 单击复制并选取底座半径为 30 处的圆弧为复制对象，输入复制距离为 5，利用【修剪】和【删除】工具，删除图中多余线段，效果如图 10-34 所示。

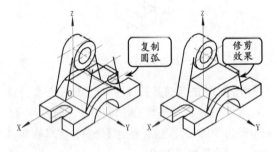

图 10-34　修剪线段

STEP|18 单击【椭圆】按钮👁，绘制椭圆，根据命令提示输入字母 I，绘制等轴测圆，效果如图 10-35 所示。本支座轴测图绘制完成。

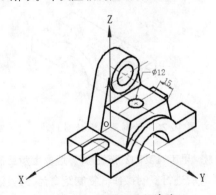

图 10-35　绘制椭圆轮廓线

STEP|19 单击【文字样式】按钮，将打开【文字样式】对话框，如图 10-36 所示。然后单击【新建】选项，分别创建 30 和-30 两种样式，并输入倾斜角度 30 和-30。

图 10-36　设置文字样式

STEP|20 单击【标注样式】按钮，分别创建倾斜角度为 30 和-30 两种样式，效果如图 10-37 所示。

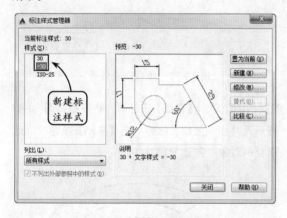

图 10-37　设置标注样式

STEP|21 切换【尺寸线】图层为当前图层，然后单击【对齐标注】按钮，选取要标注的尺寸界限进行标注。标注完毕后，最后利用【倾斜】工具进行尺寸编辑，效果如图 10-38 所示。

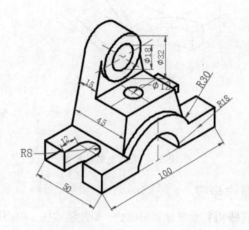

图 10-38　标注尺寸效果

10.5　综合案例 10-2：绘制定位支架轴测图

　　本实例为绘制一个定位支架轴测图，效果如图 10-39 所示。支架在机械中属于叉架类零件。叉架类零件通常是安装在机器设备的基础件上，起到装配和支撑其他零件的作用。

　　在绘制该零件轴测图时，可以利用直线、椭圆、复制、修剪等工具来绘制。先绘制半圆环部分和圆柱体以及轴孔部分。然后绘制筋板，最后绘制肋板并进行尺寸标注。

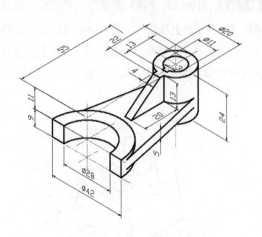

图 10-39　定位支架轴测图

操作步骤 》》》》

STEP|01 设置轴测图模式。新建粗实线、中心线和尺寸线等图层。输入 DS 命令，弹出【草图设置】对话框，如图 10-40 所示，选择【捕捉和栅格】选项卡，并在【捕捉类型】选项组中选择【等轴测捕捉】单选按钮，最后单击【确定】按钮即可完成设置。

图 10-40　【草图设置】对话框

STEP|02 切换【中心线】层为当前图层，并启用【正交】功能。然后单击【直线】按钮 ∕，绘制两条正交中心线，效果如图 10-41 所示。

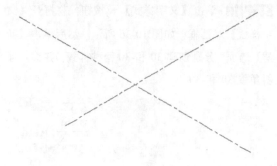

图 10-41　绘制中心线

STEP|03 切换【粗实线】层为当前图层，并单击【椭圆】按钮 ⊙，根据命令提示输入字母 I，绘制等轴测圆。然后单击【修剪】按钮 ∕‑，修剪多余线段，效果如图 10-42 所示。

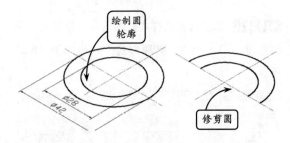

图 10-42　绘制圆并修剪

STEP|04 单击【直线】按钮 ∕，并按照如图 10-43 所示尺寸绘制线段。然后单击【复制】按钮 ％，选取复制对象，向上复制 9。

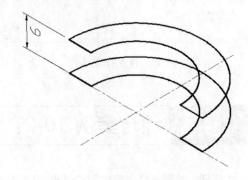

图 10-43　绘制线段并复制

STEP|05 单击【直线】按钮 ∕，绘制棱线。然后单击【修剪】按钮 ∕‑，修剪多余线段，效果如图 10-44 所示。

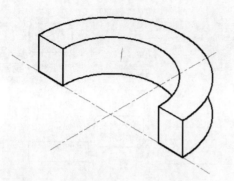

图 10-44 绘制棱线并删除多余线段

STEP|06 单击【复制】按钮 ⤴，选取中心线分别向上复制 9 和 11。然后重复该操作，选取线段 a 向右复制 55，如图 10-45 所示。

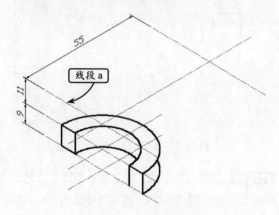

图 10-45 绘制辅助线

STEP|07 单击【椭圆】按钮 ⬭，根据命令提示输入字母 I，选取椭圆圆心，绘制两个等轴测圆。然后单击【复制】按钮 ⤴，按照如图 10-46 所示尺寸复制线段。最后单击【修剪】按钮 ⤛，修剪多余线段，并转换至相应图层。

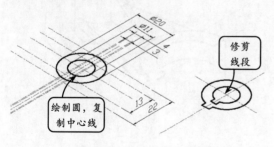

图 10-46 绘制轴孔平面图

STEP|08 单击【复制】按钮 ⤴，分别选取圆弧 a

和圆弧 b 按照如图所示尺寸进行复制，效果如图 10-47 所示。

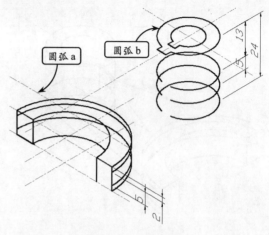

图 10-47 复制圆弧

STEP|09 单击【直线】按钮 ⟋，并按照如图 10-48 所示绘制切线。

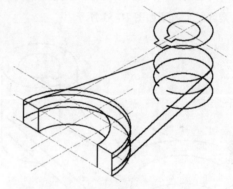

图 10-48 绘制切线

STEP|10 单击【直线】按钮 ⟋，连接上下圆弧轮廓在线上的象限点，效果如图 10-49 所示。

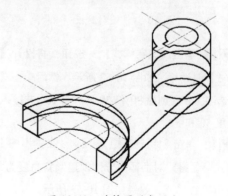

图 10-49 连接圆弧象限点

STEP|11 单击【直线】按钮✎，以 a 点为起始点绘制如图 10-50 所示轮廓线。

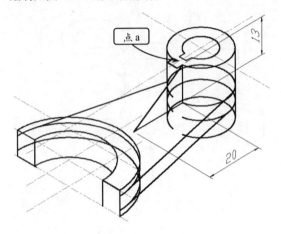

图 10-50　绘制线段

STEP|12 单击【复制】按钮✎，选取上步绘制的线段，向左偏移 4。然后单击【修剪】按钮✎，修剪多余线段，效果如图 10-51 所示。

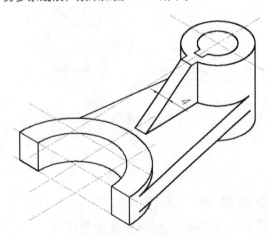

图 10-51　绘制肋板

STEP|13 单击【文字样式】❤按钮，将打开【文字样式】对话框，如图 10-52 所示。然后单击【新建】选项，分别创建 30 和-30 两种样式，并输入倾斜角度 30 和-30。

STEP|14 单击【标注样式】按钮✎，在弹出的【标注样式管理器】对话框中分别创建倾斜角度为 30 和－30 两种样式，效果如图 10-53 所示。

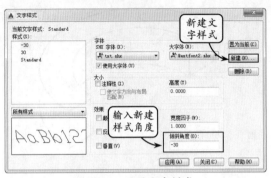

图 10-52　设置文字样式

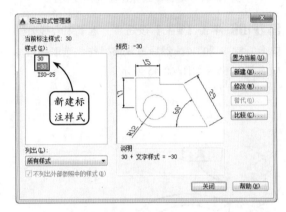

图 10-53　设置标注样式

STEP|15 切换【尺寸线】图层为当前图层，然后单击【对齐标注】按钮✎，选取要标注的尺寸界限进行标注。标注完毕后，利用【倾斜】工具进行尺寸编辑，效果如图 10-54 所示。

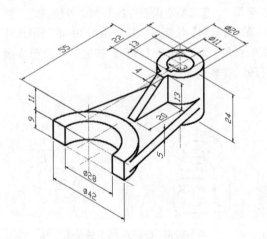

图 10-54　标注尺寸

AutoCAD 10.6 新手训练营

练习 1　绘制轴架轴测图

本练习为绘制轴架的等轴测图,如图 10-55 所示。轴架作为一种支撑固定件,仅局限于轴类零件的固定、支撑。底板上的两个螺栓孔用来连接固定轴架到其他的设备上,加强肋板连接支承板,能够起到加强轴承的刚度和减小其局部变形的作用。

练习 2　绘制箱体轴测图

本练习绘制箱体的轴测图,效果如图 10-56 所示。箱体零件是一种基础件,此箱体为轴类零件的箱体,能配合轴类零件来完成设定的运动。在机械系统中,箱体类零件一般起支撑、容纳、定位和密封等作用。

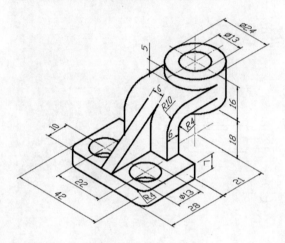

图 10-55　轴架轴测图

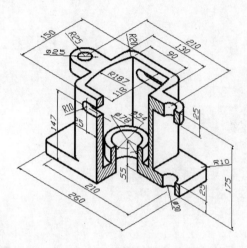

图 10-56　箱体轴测剖视图

在绘制本轴测图时,首先设置轴测模式,并用 F5 键切换轴测视图绘制底座轮廓线,然后利用【直线】【复制】【移动】以及【修剪】等工具绘制全部图形。在绘制椭圆时,应根据提示选择等轴测圆绘制椭圆。尺寸标注时,轴测图的线性尺寸标注应全部选用对齐标注,标注完毕后,最后单击【标注】选项板中【倾斜】按钮 H,进行尺寸标注编辑。

该轴测视图是半剖视图,通过半剖视图,可反映零件的内部结构。该箱体零件主要由底座和箱体组成。在绘制底座时,可首先利用【直线】和【圆】工具并结合【圆角】工具绘制出底座矩形框,然后利用【复制】工具并结合【直线】工具绘制出箱体的底座。在绘制箱体部分时,先绘制出箱体轮廓,然后绘制出吊耳结构,并绘制出键槽部分,最后利用【尺寸标注】工具标注零件尺寸,即可完成绘制。

第 **11** 章

创建三维图形

  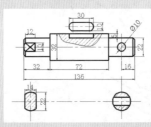 

　　三维图形是在二维图形的基础之上，从平面到立体，创造更加形象且极具逼真性的模型。同时，相对于二维图形而言，三维图形所表达和传递的信息更加详尽和具体。将设计作品以更加全面和整体的形象展现出来，让整个造型更真实具体，空间感更强。所创建的零件模型也更接近于真实的尺寸和材质，让设计者去体验作品是否符合实际的需求。

　　本章主要介绍了三维绘图的一些基础知识，同时在这些知识的基础上，去创建三维曲线和网格曲面以及基本实体。最后结合案例去锻炼读者的实际动手能力。

11.1 三维绘图基础

绘图从二维到三维,经历的是一个从平面到立体的跨越式的成长过程。三维图形是以更加真实和逼真的形象呈现出来的,所表达的设计创意也更加全面和立体。

11.1.1 三维建模的术语概念

在三维操作环境中创建的实体模型往往是在平面上进行的,所不同的是可以在任意方向和位置对应的平面创建三维对象,因此必须在平面的基础上深刻了解并认识立体对象。在绘制三维图形时,首先需要了解几个非常重要的基本概念,如视点、高度、厚度和 Z 轴等,如图 11-1 所示。下面将对这些基本概念进行详细介绍。

❑ **视点**

视点是指用户观察图形的方向。例如当我们观

察场景中的一个实体曲面时,如果当前位于平面坐标系,即 Z 轴垂直于屏幕,则此时仅能看到实体在XY 平面上的投影;如果调整视点至【西南等轴测】方向,系统将显示其立体效果,如图 11-2 所示。

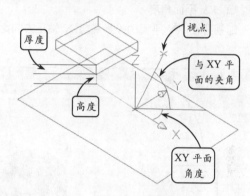

图 11-1 三维视图术语

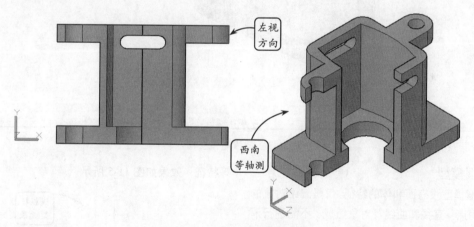

图 11-2 改变视点前后的效果

❑ **Y 平面**

它是一个平滑的二维面,仅包含 X 轴和 Y 轴,即 Z 坐标为 0。

❑ **Z 轴**

Z 轴是三维坐标系中的第三轴,它总是垂直于XY 平面。

❑ **平面视图**

当视线与 Z 轴平行时,用户看到的 XY 平面上

的视图即为平面视图。

❑ **高度**

主要是 Z 轴上的坐标值。

❑ **厚度**

指对象沿 Z 轴测得的相对长度。

❑ **相机位置**

如果用照相机比喻,观察者通过照相机观察三维模型,照相机的位置相当于视点。

❏ **目标点**

用户通过照相机看某物体，聚集到一个清晰点上，该点就是目标点。在 AutoCAD 中，坐标系原点即为目标点。

❏ **视线**

是假想的线，它是将视点与目标点连接起来的线。

❏ **与 XY 平面的夹角**

即视线与其在 XY 平面的投影线之间的夹角。

❏ **XY 平面角度**

即视线在 XY 平面的投影线与 X 轴正方向之间的夹角。

11.1.2 三维模型的分类

三维模型是二维投影图立体形状的间接表达。利用计算机绘制的三维图形称为三维几何模型，它比二维模型更加接近真实的对象。

要创建三维模型，首先必须进入三维建模空间。只需在 AutoCAD 顶部的【工作空间】下拉列表中选择【三维建模】选项，即可切换至三维建模空间，如图 11-3 所示。在 AutoCAD 中，用户可以创建线框模型、曲面模型和实体模型 3 种类型的三维模型，现分别介绍如下。

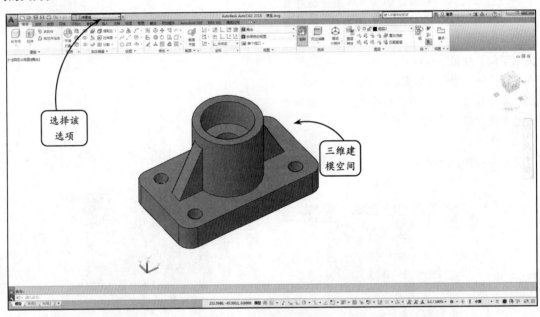

图 11-3　三维建模空间

1．线框模型

线框模型没有面和体的特征，仅是三维对象的轮廓。由点、直线和曲线等对象组成，不能进行消隐和渲染等操作。创建对象的三维线框模型，实际上是在空间的不同平面上绘制二维对象。由于构成该种模型的每个对象都必须单独绘制出来，因此这种建模方式比较耗时，效果如图 11-4 所示。

2．曲面模型

曲面模型既定义了三维对象的边界，又定义了其表面。AutoCAD 用多边形代表各个小的平面，而这些小平面组合在一起构成了曲面，即网格表面。网格表面只是真实曲面的近似表达。该类模型可以进行消隐和渲染等操作，但不具有体积和质心

等特征，效果如图 11-5 所示。

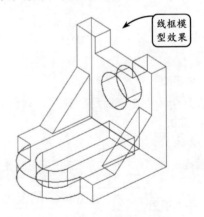

图 11-4　线框模型

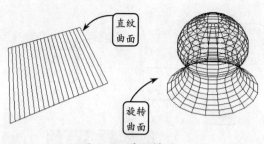

图 11-5　曲面模型

3．实体模型

三维实体具有线、面和体等特征，可以进行消隐和渲染等操作，并且包含体积、质心和转动惯量等质量特性。用户可以直接创建长方体、球体和锥体等基本实体，还可以通过旋转或拉伸二维对象创

建三维实体。此外，三维实体间还可以进行布尔运算，以生成更为复杂的立体模型，效果如图 11-6 所示。

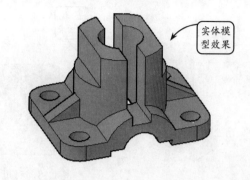

图 11-6　实体模型

AutoCAD

11.2　三维视图

在 AutoCAD 中创建三维图形时，需要对图形进行编辑和修改。不同的视图切换模式则会呈现不同的观察视角，方便设计者对图形进行相应的修改。同时也会增强视觉观看效果。

11.2.1　设置正交和等轴测视图

在三维操作环境中，可以通过指定正交和轴测视点观测当前模型。其中正交视图是从坐标系统的正交方向观测所得到的视图；而轴测视图是从坐标系统的轴测方向观测所获得的视图。指定这两类视图的方法主要有以下两种。

1．利用选项板工具设置视图

在【三维建模】空间中展开【常用】选项卡，并在【视图】选项板中选择【三维导航】选项。然后在打开的下拉列表中选择指定的选项，即可切换至相应的视图模式，效果如图 11-7 所示。

2．利用三维导航器设置视图

在【三维建模】空间中使用三维导航器工具可以切换各种正交或轴测视图模式：可以自由切换 6 种正交视图、8 种正等轴测视图和 8 种斜等轴测

视图。

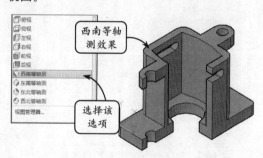

图 11-7　利用选项板工具设置视图

利用三维导航工具可以根据需要，快速地调整视图的显示方式。该导航工具以非常直观的 3D 导航立方体显示在绘图区中。单击该工具图标的各个位置，系统即可显示不同视点的视图效果，如图 11-8 所示。

此外，三维导航器图标的显示方式是可以修改的。右击该图标左上方按钮，在打开的快捷菜单中选择【ViewCube 设置】选项，系统将打开相应的对话框。在该对话框中即可根据需要进行导航器的各种设置，如图 11-9 所示。

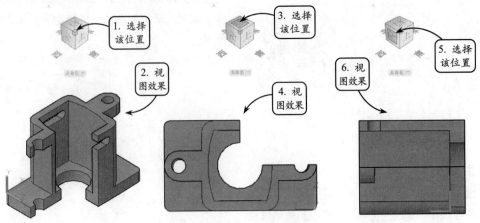

图 11-8　利用导航工具查看视图

图 11-9　【ViewCube 设置】对话框

11.2.2　平面视图

利用PLAN命令可以创建坐标系的XY平面视图，即视点位于坐标系的Z轴上。该命令在三维建模过程中非常有用。当用户需要在三维空间中的某个面上绘图时，可以先以该平面为XY坐标面创建坐标系，然后利用该命令使坐标系的XY平面显示在屏幕上，即可在三维空间的该面上绘图。

该命令常用在一些与标准视点视图不平行的（即倾斜的）实体面上绘图。在该类倾斜面上作图，首先需利用【坐标】选项板上的【三点】工具将当前坐标系的XY平面调整至该斜平面。例如依次指定端面的三个端点 A、B 和 C，调整坐标系如图 11-10 所示。

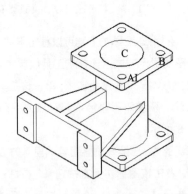
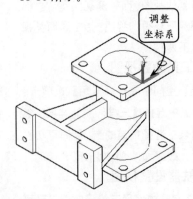

图 11-10　调整坐标系的 XY 平面

然后在命令行中输入指令PLAN，并按下 Enter 键。接着在打开的快捷菜单中选择【当前 UCS】选项，即可将当前视图切换至与该端面平行，效果如图 11-11 所示。

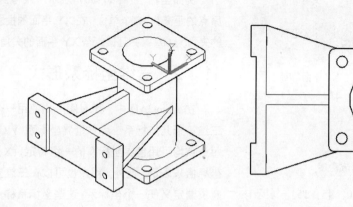

图 11-11　创建平面视图

11.3　三维坐标系

在三维实体建模的作图过程中，需要根据图形位置和观察视角的不同来变换坐标系，方便图形的绘制。CAD 中的世界坐标系是不变的，需要经常转换的主要是用户坐标系，它可以完成平移、新建坐标方向、旋转等实际操作。根据实际需求适当地调整坐标的位置和方向，协助图形绘制的快速和正常进行。所以说三维坐标系统是确定三维对象位置的基本手段，是研究三维空间的基础。

11.3.1　三维坐标系类型

在三维环境中与 X-Y 平面坐标系统相比，三维世界坐标系统多了一个数轴 Z。增加的数轴 Z 给坐标系统多规定了一个自由度，并和原来的两个自由度（X 和 Y）一起构成了三维坐标系统，简称三维坐标系。在 AutoCAD 中，系统提供了以下 3 种三维坐标系类型。

❑ 三维笛卡儿坐标系

笛卡儿坐标系是由相互垂直的 X 轴、Y 轴和 Z 轴三个坐标轴组成的。它是利用这三个相互垂直的轴来确定三维空间的点，图中的每个位置都可由相对于原点（0，0，0）的坐标点来表示。

三维笛卡儿坐标使用 X、Y 和 Z 三个坐标值来精确地指定对象位置。输入三维笛卡儿坐标值（X、Y、Z）类似于输入二维坐标值（X、Y），除了指定 X 和 Y 值外，还需要指定 Z 值。如图 11-12 所示的坐标值（3，2，5）就是指一个沿 X 轴正方向 3 个单位，沿 Y 轴正方向 2 个单位，沿 Z 轴正方向 5 个单位的点。

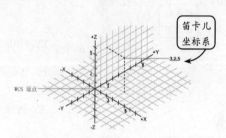

图 11-12　三维绝对笛卡儿坐标系

使用三维笛卡儿坐标时，可以输入基于原点的绝对坐标值，也可以输入基于上一输入点的相对坐标值。如果要输入相对坐标，需使用符号@作为前缀，如输入（@1，0，0）表示在 X 轴正方向上距离上一点一个单位的点。

❑ 圆柱坐标系

圆柱坐标与二维极坐标类似，但增加了从所要确定的点到 XY 平面的距离值。三维点的圆柱坐标，可以分别通过该点与 UCS 原点连线在 XY 平面上的投影长度、该投影与 X 轴正方向的夹角，以及该点垂直于 XY 平面的 Z 值来确定，效果如图 11-13 所示。

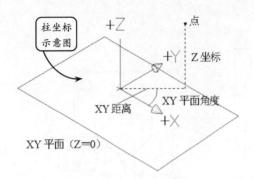

图 11-13　柱坐标示意图

例如一点的柱坐标为（20，45，15），表示该点与原点的连线在 XY 平面上的投影长度为 20 个单位，该投影与 X 轴的夹角为 45°，在 Z 轴上投影点的 Z 值为 15。

❑ 球面坐标系

球面坐标也类似于二维极坐标。在确定某点时，应分别指定该点与当前坐标系原点的距离、点在 XY 平面的投影和原点的连线与 X 轴的夹角、点到原点连线与 XY 平面的夹角，效果如图 11-14 所示。

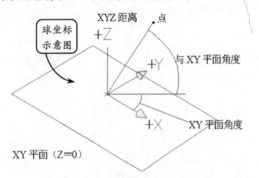

图 11-14　球坐标示意图

例如坐标（18<60<30）表示一点与当前 UCS 原点的距离为 18 个单位，在 XY 平面的投影与 X 轴的夹角为 60°，并且该点与 XY 平面的夹角为 30°。

11.3.2　三维坐标系形式

在 AutoCAD 中，所有图形均使用一个固定的三维笛卡儿坐标系，称作世界坐标系 WCS，图中每一点均可用世界坐标系的一组特定（X，Y，Z）坐标值来表示。此外，用户也可以在三维空间的任意位置定义任一个坐标系，这些坐标系称作用户坐标系 UCS。且所定义的 UCS 位于 WCS 的某一位置和某一方向。

❑ 世界坐标系

AutoCAD 为用户提供了一个绝对的坐标系，即世界坐标系（WCS）。且通常利用 AutoCAD 构造新图形时，系统将自动使用 WCS。虽然 WCS 不可更改，但可以从任意角度、任意方向来观察或旋转。

世界坐标系又称为绝对坐标系或固定坐标系，其原点和各坐标轴方向均固定不变。对于二维绘图来说，世界坐标系已足以满足要求，但在固定不变的世界坐标系中创建三维模型，则不太方便。此外，世界坐标系的图标在不同视觉样式下呈现不同的效果，如图 11-15 所示在线框模式下世界坐标系原点处有一个位于 XY 平面上的小正方形。

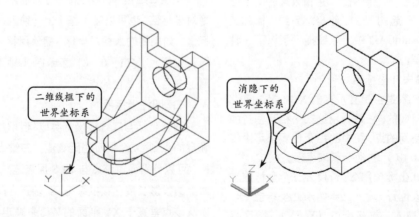

图 11-15　世界坐标系

❑ **用户坐标系**

相对于世界坐标系,用户可以根据需要创建无限多的坐标系,这些坐标系称为用户坐标系 UCS。为了有助于绘制三维图元,可以创建任意数目的用户坐标系,并可存储或重新定义它们。正确运用 UCS 可以简化建模过程。

创建三维模型时,用户的二维操作平面可能是空间中的任何一个面。由于 AutoCAD 的大部分绘图操作都是在当前坐标系的 XY 平面内或与 XY 平面平行的平面中进行的,而用户坐标系的作用就是让用户设定坐标系的位置和方向,从而改变工作平面,便于坐标输入。如图 11-16 所示创建用户坐标系,使用用户坐标系的 XY 平面与实体前表面平行,便可以在前表面上创建圆柱体。

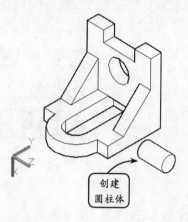

图 11-16　用户坐标系

11.3.3　定制 UCS

AutoCAD 的大多数 2D 命令只能在当前坐标系的 XY 平面或与 XY 平面平行的平面中执行,因此如果用户要在空间的某一平面内使用 2D 命令,则应沿该平面位置创建新的 UCS。在三维建模过程中需要不断地调整当前坐标系。

在【常用】选项卡的【坐标】选项板中,系统提供了创建 UCS 的多种工具,如图 11-17 所示。

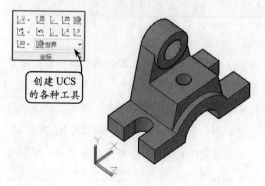

图 11-17　创建 UCS 的各种工具

各主要工具按钮的使用方法现分别介绍如下。

❑ **原点**

该工具主要用于修改当前用户坐标系原点的位置,而坐标轴方向与上一个坐标系相同,由它定义的坐标系将以新坐标存在。

单击【原点】按钮,然后在模型上指定一点作为新的原点,即可创建新的 UCS,效果如图 11-18 所示。

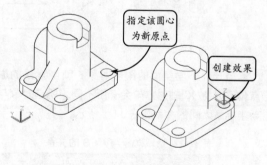

图 11-18　指定原点创建 UCS

❑ **面**

该工具是通过选取指定的平面设置用户坐标

系,即将新用户坐标系的 XY 平面与实体对象的选定面重合,以便在各个面上或与这些面平行的平面上绘制图形对象。

单击【面】按钮,然后在一个面的边界内或该面的某个边上单击,以选取该面(被选中的面将

会亮显)。此时在打开的快捷菜单中选择【接受】选项,坐标系的 XY 平面将与选定的平面重合,且 X 轴将与所选面上的最近边重合,效果如图 11-19 所示。

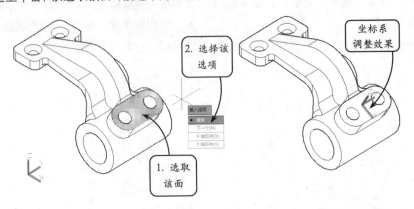

图 11-19　选取面创建 UCS

❑ **对象**

该工具可以通过快速选择一个对象来定义一个新的坐标系,新定义的坐标系对应坐标轴的方向取决于所选对象的类型。

单击【对象】按钮,然后在图形对象上选取任一点后,UCS 将作相应的调整,并移动到该位置处,效果如图 11-20 所示。

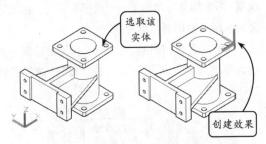

图 11-20　选择对象创建 UCS

当选择不同类型的图形对象,新坐标系的原点位置以及 X 轴的方向会有所不同。所选对象与新坐标系之间的关系如表 11-1 所示。

表 11-1　选取对象与 UCS 的关系

对象类型	新建 UCS 方式
直线	距离选取点最近的一个端点成为新 UCS 的原点,X 轴沿直线的方向,并使该直线位于新坐标系的 XY 平面

续表

对象类型	新建 UCS 方式
圆	圆的圆心成为新 UCS 的原点,X 轴通过选取点
圆弧	圆弧的圆心成为新 UCS 的原点,X 轴通过距离选取点最近的圆弧端点
二维多段线	多段线的起点成为新 UCS 的原点,X 轴沿从起点到下一个顶点的线段延伸方向
实心体	实体的第 1 点成为新 UCS 的原点,新 X 轴为两起始点之间的直线
尺寸标注	标注文字的中点为新的 UCS 的原点,新 X 轴的方向平行于绘制标注时有效 UCS 的 X 轴

❑ **视图**

该工具使新坐标系的 XY 平面与当前视图方向垂直,Z 轴与 XY 平面垂直,而原点保持不变。创建该坐标系通常用于标注文字,即当文字需要与当前屏幕平行而不需要与对象平行时的情况。

单击【视图】按钮,新坐标系的 XY 平面将与当前视图方向垂直,此时添加的文字效果如图 11-21 所示。

图 11-21 通过视图创建 UCS

□ **X/Y/Z**

该方式是指保持当前 UCS 的原点不变，通过将坐标系绕 X 轴、Y 轴或 Z 轴旋转一定角度来创建新的用户坐标系。

单击【Z】按钮，然后输入绕该轴旋转的角度值，并按下 Enter 键，即可将 UCS 绕 Z 轴旋转，如图 11-22 所示。

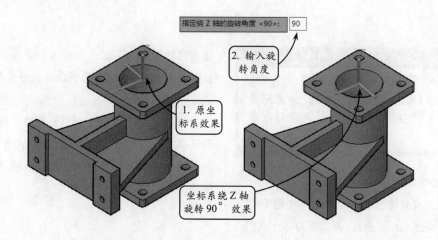

图 11-22 旋转 UCS

提示

在旋转轴创建 UCS 时，最容易混淆的是哪个方向为旋转正方向。此时用户可运用右手定则简单确定：如果竖起大拇指指向旋转轴的正方向，则其他手指的环绕方向为旋转正方向。

□ **世界**

该工具用来切换回世界坐标系，即 WCS。用户只需单击【UCS，世界】按钮，UCS 即可变为世界坐标系，效果如图 11-23 所示。

□ **Z 轴矢量**

Z 轴矢量是通过指定 Z 轴的正方向来创建新的用户坐标系。利用该方式确定坐标系需指定两点，指定的第一点作为坐标原点，指定第二点后，第二点与第一点的连线决定了 Z 轴正方向。且此时

系统将根据 Z 轴方向自动设置 X 轴和 Y 轴的方向。

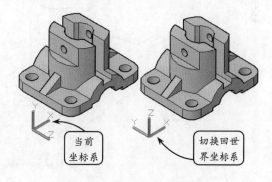

图 11-23 切换回世界坐标系

单击【Z 轴矢量】按钮，然后在模型上指定一点确定新原点，并指定另一点确定 Z 轴。此时系统将自动确定 XY 平面，创建新的用户坐标系。例如分别指定点 A 和点 B 确定 Z 轴，系统即可自动确定 XY 平面创建坐标系，如图 11-24 所示。

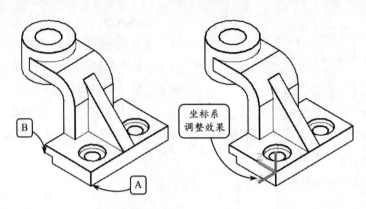

图 11-24　指定 Z 轴创建 UCS

❑ 三点

利用该方式只需选取 3 个点即可创建 UCS。其中第一点确定坐标系原点，第二点与第一点的连线确定新 X 轴，第三点与新 X 轴确定 XY 平面。且此时 Z 轴的方向将由系统自动设置为与 XY 平面垂直。

例如指定点 A 为坐标系新原点，并指定点 B 确定 X 轴正方向。然后指定点 C 确定 Y 轴正方向，按下 Enter 键，即可创建新坐标系，如图 11-25 所示。

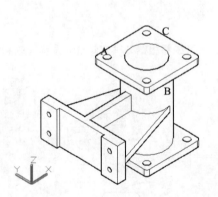
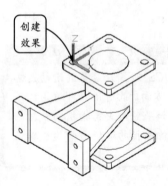

图 11-25　指定三点创建 UCS

11.3.4　调控 UCS

在创建三维模型时，当前坐标系图标的可见性是可以进行设置的，用户可以任意地显示或隐藏坐标系。此外，坐标系图标的大小也可以随意进行设置。

1. 显示或隐藏 UCS

用户要改变坐标系图标的显示状态，可以在命令行中输入 UCSICON 指令后按下 Enter 键，并输入指令 OFF，则显示的 UCS 将被隐藏起来，效果如图 11-26 所示。

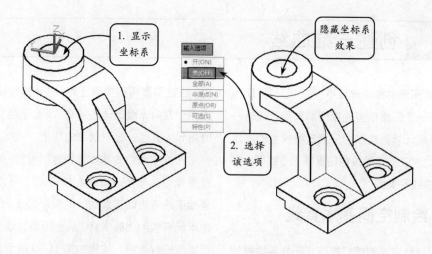

图 11-26　隐藏当前坐标系

而输入指令 ON, 则隐藏的 UCS 将显示出来。此外直接在【坐标】选项板中单击【隐藏 UCS 图标】按钮或【显示 UCS 图标】按钮, 也可以将 UCS 隐藏或显示, 且此时显示的为世界坐标系。而如果要显示当前坐标系, 可以单击【在原点处显示 UCS 图标】按钮, 效果如图 11-27 所示。

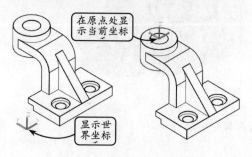

图 11-27　显示当前坐标系

2. 修改 UCS 图标大小

在一些图形中通常为了不影响模型的显示效果, 可以将坐标系的图标变小。且 UCS 图标大小的变化只有当视觉样式为【二维线框】时才可以查看。

在【坐标】选项板中单击【UCS 图标, 特性…】按钮, 系统将打开【UCS 图标】对话框, 如图 11-28 所示。

在该对话框中即可设置 UCS 图标的样式、大

小和颜色等特性。其中, 在该对话框的【UCS 图标大小】文本框中可以直接输入图标大小的数值, 也可以拖动右侧的滑块来动态调整图标的大小, 效果如图 11-29 所示。

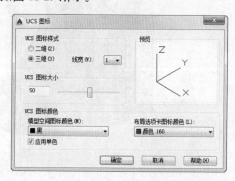

图 11-28　【UCS 图标】对话框

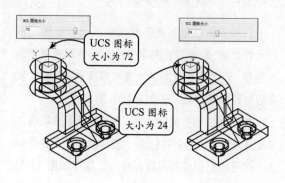

图 11-29　调整 UCS 图标大小

11.4 创建三维曲线

线在三维图形的绘制过程中，可以起到辅助作用，同时，每一个三维模型的成型都离不开线这一重要元素，基础元素的绘制为完整三维模型的塑造打下了基础。这些基础线段包括直线、多线段、样条曲线、螺旋线等类型。

11.4.1 绘制空间基本直线

在 AutoCAD 中绘制线框模型或部分实体模型

时，往往需要用到空间直线。该类直线是点沿一个或两个方向无限延伸的结果，类似于绘制二维对象时用到的直线，起到辅助的作用。

三维空间中的基本直线包括直线、射线和构造线等类型。单击【直线】按钮 ，可以通过输入坐标值的方法确定直线段的两个端点，也可以直接选取现有模型上的端点，从而绘制直线、射线和构造线等任意直线，效果如图 11-30 所示。

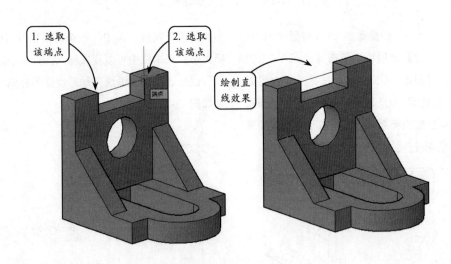

1. 选取该端点　2. 选取该端点　绘制直线效果

图 11-30　绘制空间基本直线

11.4.2 绘制三维多段线

三维多段线是多条不共面的线段和线段间的组合轮廓线，且所绘轮廓可以是封闭的或非封闭的直线段。而如果欲绘制带宽度和厚度的多段线，其多段线段必须共面，否则系统不予支持。

要绘制三维多段线，可以在【绘图】选项板中单击【三维多段线】按钮 ，然后依次指定各个端点，即可绘制相应的三维多段线，效果如图 11-31所示。

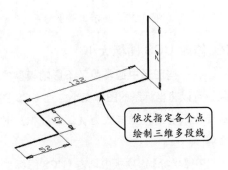

依次指定各个点绘制三维多段线

图 11-31　绘制三维多段线

11.4.3 绘制样条曲线

样条曲线就是通过一系列给定控制点的一条光滑曲线，它在控制处的形状取决于曲线在控制点处的矢量方向和曲率半径。对于空间中的样条曲线，应用比较广泛，它不仅能够自由描述曲线和曲面，而且还能够精确地表达圆锥曲线曲面在内的各种几何体。

要绘制样条曲线，可以在【绘图】选项板中单击【样条曲线】按钮，根据命令行提示依次选取样条曲线的控制点即可。对于空间样条曲线，可以通过曲面网格创建自由曲面，从而描述曲面等几何体，效果如图 11-32 所示。

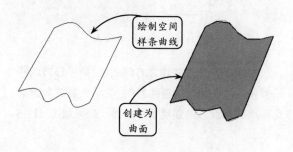

图 11-32　绘制空间样条曲线

11.4.4 绘制螺旋线

螺旋线是指一个固定点向外，以底面所在平面的法线为方向，并以指定的半径、高度或圈数旋绕而形成的规律曲线。在绘制弹簧或内外螺纹时，必须使用三维螺旋线作为轨迹线。

要绘制该曲线，可以在【绘图】选项板中单击

【螺旋】按钮，并分别指定底面中心点、底面和顶面的半径值。然后设置螺旋线的圈数和高度值，即可完成螺旋线的绘制，效果如图 11-33 所示。

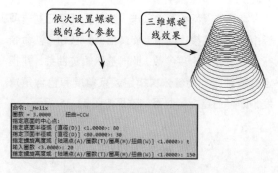

图 11-33　绘制三维螺旋曲线

其中，在绘制螺旋线时，如果选择【轴端点】选项，可以通过指定轴的端点，绘制出以底面中心点到该轴端点距离为高度的螺旋线；选择【圈数】选项，可以指定螺旋线的螺旋圈数；选择【圈高】选项，可以指定螺旋线各圈之间的间距；选择【扭曲】选项，可以指定螺旋线的螺旋方向是顺时针或逆时针，效果如图 11-34 所示。

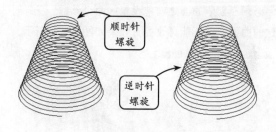

图 11-34　设置螺旋方向

AutoCAD 11.5　创建网格曲面

在 AutoCAD 中，创建网格曲面的方法多种多样，根据创建方法的不同，所形成的网格类型也是多种多样的，其中主要包括旋转网格、平移网格、直纹网格、边界网格、三维网格等。根据所创建的三维实体的不同选取不同的网格曲面。

11.5.1 创建旋转网格

旋转曲面是指将旋转对象绕指定的轴旋转所创建的曲面。其中，旋转的对象叫作路径曲线，它可以是直线、圆弧、圆、二维多段线或三维多段线

等曲线类型，也可以是由直线、圆弧或二维多段线组成的多个对象；生成旋转曲面的旋转轴可以是直线或二维多段线，且可以是任意长度和沿任意方向。

切换至【网格】选项卡，然后在【图元】选项板中单击【建模，网格，旋转曲面】按钮，命令行将显示线框密度参数。此时选取轨迹曲线，并指定旋转轴线。接着依次指定起点角度和包含角角度，即可创建旋转曲面，效果如图 11-35 所示。

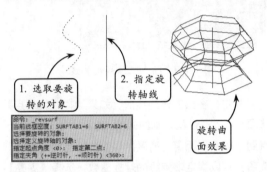

图 11-35　创建旋转曲面

在创建网格曲面时，使用 SURFTAB1 和 SURFTAB2 变量可以控制 U 和 V 方向的网格密度。但必须在创建曲面之前就设置好两个参数，否则创建的曲面图形不能再改变，效果如图 11-36 所示。

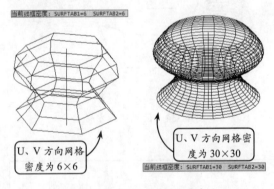

图 11-36　设置不同的网格线密度

11.5.2　创建平移网格

平移曲面是通过沿指定的方向矢量拉伸路径曲线而创建的曲面网格。其中，构成路径曲线的对象可以是直线、圆弧、圆和椭圆等单个对象，而方向矢量确定拉伸方向及距离，它可以是直线或开放的二维或三维多段线。

在【图元】选项板中单击【建模，网格，平移曲面】按钮，然后依次选取路径曲线和方向矢量，即可创建相应的平移曲面，效果如图 11-37 所示。

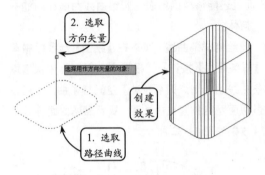

图 11-37　创建平移曲面

如果选取多段线作为方向矢量，则平移方向将沿着多段线两端点的连线方向，并沿矢量方向远离选取点的端点方向创建平移曲面，效果如图 11-38 所示。

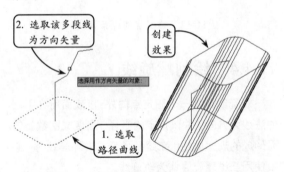

图 11-38　选取多段线为方向矢量创建平移曲面

11.5.3　创建直纹网格

直纹曲面是在两个对象之间创建的曲面网格。这两个对象可以是直线、点、圆弧、圆、多段线或样条曲线。如果一个对象是开放或闭合的，则另一个对象也必须是开放或闭合的；如果一个点作为一个对象，而另一个对象则不必考虑是开放或闭合的，但两个对象中只能有一个是点对象。

在【图元】选项板中单击【建模，网格，直纹曲面】按钮，然后依次选取指定的两条开放边线，即可创建相应的直纹曲面，如图 11-39 所示。

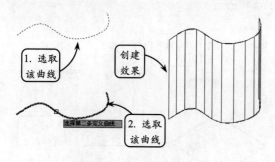

图 11-39　创建直纹网格

其中，当曲线为封闭的圆轮廓线时，直纹曲面从圆的零度角位置开始创建；当曲线是闭合的多段线时，直纹曲面则从该多段线的最后一个顶点开始创建。

11.5.4　创建边界网格

边界曲面是一个三维多边形网格，该曲面网格由 4 条邻边作为边界，且边界曲线首尾相连。其中，边界线可以是圆弧、直线、多段线、样条曲线和椭圆弧等曲线类型。每条边分别为单个对象，而且要首尾相连形成封闭的环，但不要求一定共面。

在【图元】选项板中单击【建模，网格，边界曲面】按钮，然后依次选取相连的四条边线，即可创建相应的边界曲面，效果如图 11-40 所示。

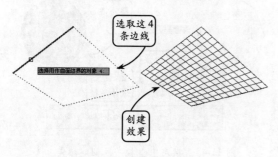

图 11-40　创建边界曲面

11.5.5　创建三维网格

三维面是一种用于消隐和着色的实心填充面，它没有厚度和质量属性，且创建的每个面的各顶点可以有不同的 Z 坐标。在三维空间中的任意位置可以创建三侧面或四侧面，且构成各个面的顶点最多不能超过 4 个。

在命令行中输入 3DFACE 指令，然后按照命令行提示依次选取指定的 3 个点，并连续按下两次 Enter 键，即可创建相应的三维平面，如图 11-41 所示。

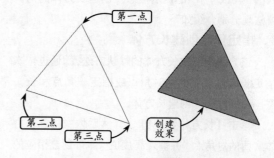

图 11-41　指定 3 点创建三维面

如果选取完 4 个顶点，则系统将自动连接第三点和第四点，创建一空间的三维面，效果如图 11-42 所示。

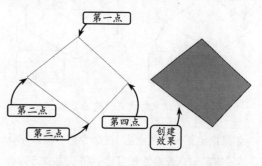

图 11-42　指定 4 点创建三维面

AutoCAD　**11.6**　创建基本实体

基本实体模型具有线、表面、体的全部信息，能够帮助设计者更准确地呈现设计作品。对于此类模型，可以区分对象的内部及外部，可以对实体装配进行干涉检查，分析模型的质量特性，全方位地表达实体概念。这些实体一般包括长方体、圆柱体、球体、圆锥体等类型。

11.6.1 创建长方体

相对于面构造体而言,实心长方体的创建方法既简单又快捷,只需指定长方体的两个对角点和高度值即可。要注意的是长方体的底面始终与当前坐标系的 XY 平面平行。

在【常用】选项卡的【建模】选项板中单击【长方体】按钮,命令行将显示"指定第一个角点或[中心(C)]"的提示信息,创建长方体的两种方法现分别介绍如下。

1. 指定角点创建长方体

该方法是创建长方体的默认方法,即通过依次指定长方体底面的两对角点或指定一角点和长、宽、高的方式,创建长方体。

单击【长方体】按钮,然后依次指定长方体底面的对角点,并输入高度值,即可创建相应的长方体特征,效果如图 11-43 所示。

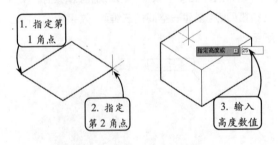

图 11-43　指定对角点创建长方体

如果指定第一个角点后,在命令行中输入字母 C,然后指定一点或输入长度值,将获得立方体特征;如果在命令行中输入字母 L,则需要分别输入长度、宽度和高度值获得长方体。

2. 指定中心创建长方体

该方法是通过指定长方体的截面中心,然后指定角点确定长方体截面的方式来创建长方体的。其中,长方体的高度向截面的两侧对称生成。

选择【长方体】工具后,输入字母 C。然后在绘图区中选取一点作为截面中心点,并选取另一点

或直接输入截面的长宽数值来确定截面大小。接着输入高度数值,即可完成长方体的创建,效果如图 11-44 所示。

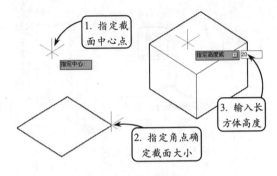

图 11-44　指定中心创建长方体

11.6.2 创建球体

球体是三维空间中到一个点的距离完全相同的点集合形成的实体特征。在 AutoCAD 中,球体的显示方法与球面有所不同,能够很方便地查看究竟是球面还是球体。

单击【球体】按钮,命令行将显示"指定中心点或[三点(3P)/两点(2P)/切点、切点、半径(T)]:"的提示信息。此时直接捕捉一点作为球心,然后指定球体的半径或直径值,即可获得球体效果,如图 11-45 所示。

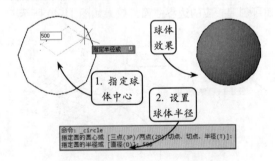

图 11-45　指定中心和半径创建球体

另外还可以按照命令行的提示使用以下 3 种方式创建球体。

❑ 三点

通过在三维空间的任意位置指定 3 个点来定义球体的圆周。其中,这 3 个指定点还定义了圆周平面。

❏ **两点**

通过在三维空间的任意位置指定两个点来定义球体的圆周。圆周平面由第一个点的 Z 值定义。

❏ **切点、切点、半径**

创建具有指定半径且与两个对象相切的球体。其中，指定的切点投影在当前 UCS 上。

> **提示**
>
> 在 AutoCAD 中创建三维曲面,其网格密度将无法改变。而在实体造型中,网格密度则以新设置为准。用户可以输入 ISOLINES 指令来改变实体模型的网格密度,输入 FACETRES 指令改变实体模型的平滑度参数。

11.6.3　创建圆柱体

在 AutoCAD 中，圆柱体是以圆或椭圆为截面形状,沿该截面法线方向拉伸所形成的实体。圆柱体在制图时较为常用,例如各种轴类零件,建筑图形中的各类立柱等。

单击【圆柱体】按钮⬭,命令行将显示"指定底面的中心点或[三点(3P)/两点(2P)/切点、切点、半径(T)/椭圆(E)]:"的提示信息。创建圆柱体的方法主要有两种,现分别介绍如下。

1．创建普通圆柱体

该方法是最常用的创建方法,即创建的圆柱体中轴线与 XY 平面垂直。创建该类圆柱体,应首先确定圆柱体底面圆心的位置,然后输入圆柱体的半径值和高度值即可。

选择【圆柱体】工具后,选取一点确定圆柱体的底面圆心,然后分别输入底面半径和高度值,即可创建相应的圆柱体特征,效果如图 11-46 所示。

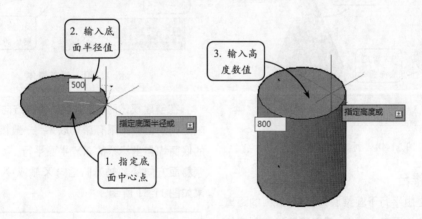

图 11-46　指定圆柱高度创建圆柱体

2．创建椭圆圆柱体

椭圆圆柱体指圆柱体上下两个端面的形状为椭圆。创建该类圆柱体,只需选择【圆柱体】工具后,在命令行中输入字母 E。然后分别指定两点确定底面椭圆第一轴的两端点,并再指定一点作为另一轴端点,完成底面椭圆的绘制。接着输入高度数值,即可创建相应的椭圆圆柱体特征,效果如图 11-47 所示。

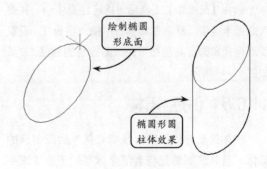

图 11-47　创建椭圆圆柱体

11.6.4 创建圆锥体

圆锥体是以圆或椭圆为底面形状,沿其法线方向并按照一定锥度向上或向下拉伸创建的实体模型。利用【圆锥体】工具可以创建圆锥和平截面圆锥体两种类型的实体特征,现分别介绍如下。

1. 创建圆锥体

与普通圆柱体一样,利用【圆锥体】工具可以创建轴线与 XY 面垂直的圆锥和斜圆锥。其创建方法与圆柱体创建方法相似,这里仅以圆形锥体为例,介绍圆锥体的具体创建方法。

单击【圆锥体】按钮,指定一点为底面圆心,并指定底面半径或直径数值。然后指定圆锥高度值,即可创建相应的圆锥体特征,效果如图 11-48 所示。

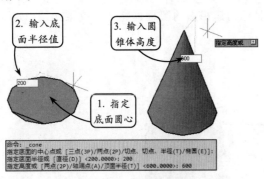

图 11-48　创建圆锥体

2. 创建圆锥台

圆锥台是由平行于圆锥底面,且与底面的距离小于锥体高度的平面为截面,截取该圆锥而创建的实体。

选择【圆锥体】工具后,指定底面中心,并输入底面半径值。然后在命令行中输入字母 T,设置顶面半径和圆台高度即可完成圆锥台的创建,效果如图 11-49 所示。

11.6.5 创建楔体

楔体是长方体沿对角线切成两半后所创建的实体,且其底面总是与当前坐标系的工作平面平行。该类实体通常用于填充物体的间隙,例如安装设备时常用的楔铁和楔木。

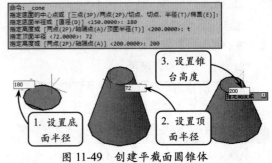

图 11-49　创建平截面圆锥体

单击【楔体】按钮,然后依次指定楔体底面的两个对角点,并输入楔体高度值,即可创建相应的楔体特征,效果如图 11-50 所示。

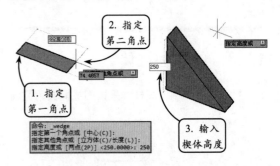

图 11-50　创建楔体

在创建楔体时,楔体倾斜面的方向与各个坐标轴之间的位置关系有密切联系。一般情况下,楔体的底面均与坐标系的 XY 平面平行,且创建的楔体倾斜面方向从 Z 轴方向指向 X 轴或–X 轴方向,效果如图 11-51 所示。

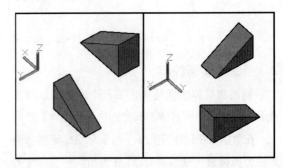

图 11-51　坐标轴位置不同的创建效果

11.6.6 创建棱锥体

棱锥体是以多边形为底面形状,沿其法线方向按照一定锥度向上或向下拉伸创建的实体模型。利用【棱锥体】工具可以创建棱锥和棱台两种类型的实体特征,现分别介绍如下。

1. 创建棱锥体

棱锥体是以一多边形为底面,而其他各面是由一个公共顶点,且具有三角形特征的面所构成的实体。

单击【棱锥体】按钮◇,命令行将显示"指定底面的中心点或[边(E)/侧面(S)]:"的提示信息,且棱锥体边数默认状态下为 4。此时指定一点作为底面中心点,并设置底面半径值和棱锥体的高度值,即可创建相应的棱锥体特征,效果如图 11-52 所示。

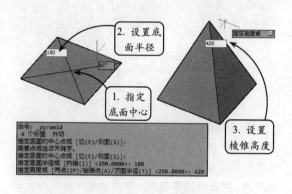

图 11-52　创建四棱锥

此外,如果在命令行中输入字母 E,可以设置棱锥体底面的边数;如果在命令行中输入 S,可以设置棱锥体侧面的个数。

> **提示**
>
> 在利用【棱锥体】工具进行棱锥体的创建时,所指定的边数必须是 3 至 32 之间的整数。

2. 创建平截面棱锥体

平截面棱锥体即是以平行于棱锥体底面,且与底面的距离小于棱锥体高度的平面为截面,与该棱锥体相交所得到的实体。

选择【棱锥体】工具,指定底面中心和底面半径后输入字母 T,然后分别指定顶面半径和棱锥体高度,即可创建出相应的平截面棱锥体特征,效果如图 11-53 所示。

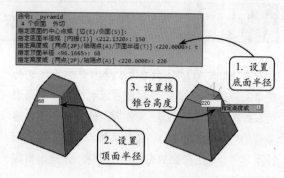

图 11-53　创建棱锥台

11.6.7　创建圆环体

圆环体可以看作在三维空间内,圆轮廓线绕与其共面的直线旋转所形成的实体特征。该直线即是圆环的垂直中心线,而直线和圆心的距离是圆环的半径,并且圆轮廓线的直径即是圆管的直径。圆环体在工程绘图中使用得同样广泛,例如轿车模型中的轮胎和方向盘等。

单击【圆环体】按钮◎,指定一点确定圆环体中心位置。然后输入圆环体的半径或直径值,接着输入圆环管子截面的半径或直径值,即可创建相应的圆环体特征,效果如图 11-54 所示。

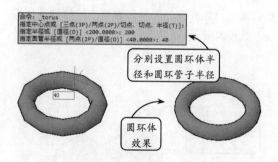

图 11-54　创建圆环体

> **提示**
>
> 圆环体的半径或直径不是以外圈计算,而是以圆环的中圈计算的。

AutoCAD 2015

11.7 二维图形生成实体

在 AutoCAD 中，不仅可以利用二维图形进行简单实体模型的创建，而且还可以利用这些工具进行三维实体模型的创建。实体模型的创建类型也是多样的，包括拉伸实体、旋转实体、放样实体、扫掠实体等，根据指定的实体规格要求，创建出相应的实体模型。

11.7.1 创建拉伸实体

利用该工具可以将二维图形沿其所在平面的法线方向进行扫描，从而创建出三维实体。其中，该二维图形可以是多段线、多边形、矩形、圆或椭圆等。能够被拉伸的二维图形必须是封闭的，且图形对象连接成一个图形框，而拉伸路径可以是封闭或不封闭的。创建拉伸实体的方法主要有以下3种。

1．指定高度拉伸

该方法是最常用的拉伸实体方法，只需选取封闭且首尾相连的二维图形，并设置拉伸高度即可。

在【建模】选项板中单击【拉伸】按钮，然后选取封闭的二维多段线或面域，并按下 Enter 键。接着输入拉伸高度，即可创建相应的拉伸实体特征，效果如图 11-55 所示。

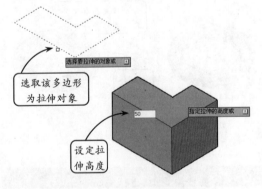

图 11-55 输入高度创建拉伸实体

2．指定路径拉伸

该方法通过指定路径曲线，将轮廓曲线沿该路径曲线进行拉伸以生成相应的实体。其中，路径曲线既不能与轮廓共面，也不能具有高曲率。

选择【拉伸】工具后，选取轮廓对象，然后按下 Enter 键，并在命令行中输入字母 P。接着选取路径曲线，并确定拉伸高度，即可创建相应的拉伸实体特征，效果如图 11-56 所示。

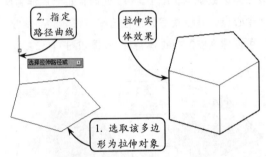

图 11-56 指定路径拉伸

3．指定倾斜角拉伸

如果拉伸的实体需要倾斜一个角度时，可以在选取拉伸对象后输入字母 T。然后在命令行中输入角度值，并指定拉伸高度，即可创建倾斜拉伸实体特征，效果如图 11-57 所示。

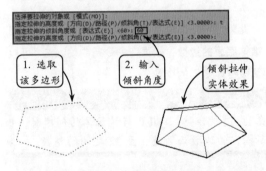

图 11-57 创建倾斜拉伸实体

> **提示**
>
> 当指定拉伸角度时，其取值范围为 -90～90，正值表示从基准对象逐渐变细，负值则表示从基准对象逐渐变粗。默认情况下角度为 0，表示在与二维对象所在平面的垂直方向上进行拉伸。

11.7.2　创建旋转实体

旋转实体是将二维对象绕所指定的旋转轴线旋转一定的角度而创建的实体模型,例如带轮、法兰盘和轴类等具有回旋特征的零件。其中,该二维对象不能是包含在块中的对象、有交叉或横断部分的多段线,以及非闭合多段线。

单击【旋转】按钮◎,选取二维轮廓对象,并按下 Enter 键。此时系统提供了两种方法将二维对象旋转成实体:一种是围绕当前 UCS 的旋转轴旋转一定角度来创建实体,另一种是围绕直线、多段线或两个指定的点旋转对象创建实体。例如围绕指定的直线旋转所创建的实体如图 11-58 所示。

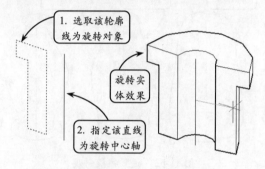

图 11-58　围绕指定直线旋转创建实体

11.7.3　创建放样实体

放样实体是指将两个或两个以上横截面沿指定的路径,或导向运动扫描所获得的三维实体。其中,横截面是指具有放样实体截面特征的二维对象。

单击【放样】按钮◎,然后依次选取所有横截面,并按下 Enter 键,此时命令行将显示"输入选项[导向(G)/路径(P)/仅横截面(C)/设置(S)]<仅横截面>:"的提示信息,以下分别介绍这 3 种放样方式的操作方法。

1.指定导向放样

导向曲线是控制放样实体或曲面形状的一种方式。用户可以通过使用导向曲线来控制点如何匹配相应的横截面,以防止出现不希望看到的效果(例如结果实体或曲面中的皱褶)。

选择【放样】工具后,依次选取横截面,并在命令行中输入字母 G,按下 Enter 键。然后依次选取导向曲线,按下 Enter 键即可创建相应的放样实体特征,效果如图 11-59 所示。

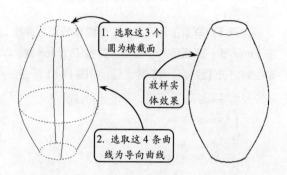

图 11-59　指定导向曲线创建放样实体

其中,能够作为导向曲线的曲线,必须具备 3 个条件:曲线必须与每个横截面相交,并且曲线必须始于第一个横截面,止于最后一个横截面。

2.指定路径放样

该方式是通过指定放样操作的路径来控制放样实体的形状的。通常情况下,路径曲线始于第一个横截面所在的平面,并且止于最后一个横截面所在的平面。

选择【放样】工具后,依次选取横截面,并在命令行中输入字母 P,按下 Enter 键。然后选取路径曲线,并按下 Enter 键,即可创建相应的放样实体特征,效果如图 11-60 所示。

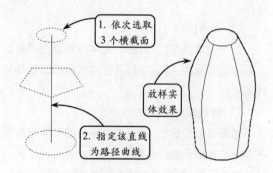

图 11-60　创建放样实体

其中,路径曲线包括直线、圆弧、椭圆弧、样条曲线、螺旋、圆、椭圆、二维多段线和三维多段线。需要注意的是:路径曲线必须与所有横截面相交。

3．指定仅横截面放样

该方法是指仅指定一系列横截面来创建新的实体。利用该方法可以指定多个参数来限制实体的形状，其中包括设置直纹、法向指向和拔模斜度等曲面参数。

选择【放样】工具后，依次选取横截面，并按下 Enter 键。然后输入字母 S，并按下 Enter 键，系统将打开【放样设置】对话框，如图 11-61 所示。

图 11-61　【放样设置】对话框

该对话框中各选项的含义如下所述。

❑ **直纹**

选择该单选按钮，创建的实体或曲面在横截面之间将是直纹（直的），并且在横截面处具有鲜明边界。

❑ **平滑拟合**

选择该单选按钮，创建的实体或曲面在横截面之间将是平滑的，并且在起点和终点横截面处具有鲜明边界。

❑ **法线指向**

选择该单选按钮，可以控制创建的实体或曲面在其通过横截面处的曲面法线指向。这 3 种不同的截面属性设置，所创建的放样实体的对比效果如图 11-62 所示。

❑ **拔模斜度**

选择该单选按钮，可以控制放样实体或曲面的第一个和最后一个横截面的拔模斜度和幅值。例如

分别设置拔模斜度为 0°、90° 和 180° 的实体效果如图 11-63 所示。

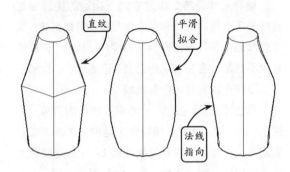

图 11-62　控制放样形状

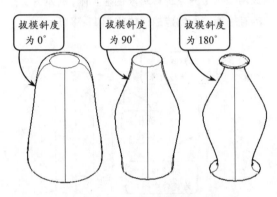

图 11-63　设置拔模斜度

> **注意**
>
> 放样时使用的曲线必须全部开放或全部闭合，即选取的曲线不能既包含开放曲线又包含闭合曲线。

11.7.4　创建扫掠实体

扫掠操作是指通过沿开放或闭合的二维或三维路径曲线，扫掠开放或闭合的平面曲线来创建曲面或实体。其中，扫掠对象可以是直线、圆、圆弧、多段线、样条曲线和面域等。

单击【扫掠】按钮，选取待扫掠的二维对象，并按下 Enter 键。此时命令行将显示"选择扫掠路径或[对齐(A)/基点(B)/比例(S)/扭曲(T)]:"的提示信息。此时，如果直接选取扫掠的路径曲线，即可生成相应的扫掠实体特征，效果如图 11-64 所示。

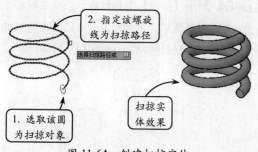

图 11-64　创建扫掠实体

该提示信息中各选项的含义介绍如下。

❑ 对齐

如果选取二维对象后，在命令行中输入字母 A，即可指定是否对齐轮廓以使其作为扫掠路径切向的法向。默认情况下，轮廓是对齐的，如果轮廓曲线不垂直于路径曲线起点的切向，则轮廓曲线将自动对齐。出现对齐提示时可以输入命令 No，以避免该情况的发生。

❑ 基点

如果选取二维对象后，在命令行中输入字母 B，即可指定要扫掠对象的基点。如果指定的点不在选定对象所在的平面上，则该点将被投影到该平面上。

❑ 比例

如果选取二维对象后，在命令行中输入字母 S，即可指定比例因子以进行扫掠操作。从扫掠路径的开始到结束，比例因子将统一应用到扫掠的对象。如果按照命令行提示输入字母 R，即可通过选

取点或输入值来根据参照的长度缩放选定的对象。

❑ 扭曲

如果选取二维对象后，在命令行中输入字母 T，即可设置被扫掠对象的扭曲角度。其中，扭曲角度是指沿扫掠路径全部长度的旋转量，而倾斜是指被扫掠的曲线是否沿三维扫掠路径自然倾斜。例如输入扭曲角度为 120°，创建的扫掠实体效果如图 11-65 所示。

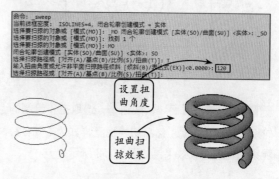

图 11-65　扭曲扫掠效果

> **注意**
>
> 扫掠命令用于沿指定路径以指定形状的轮廓（扫掠对象）创建实体或曲面特征。其中，扫掠对象可以是多个，但是这些对象必须位于同一平面中。

11.8　综合案例 11-1：创建底座

本实例创建一个底座实体，效果如图 11-66 所示。创建该模型，首先利用【拉伸】工具创建实体特征，然后利用【并集】工具将两个部分合并，并利用【差集】工具创建孔特征。接着利用【楔体】工具创建加强筋即可。

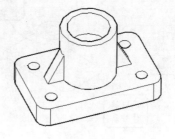

图 11-66　底座模型

操作步骤 ►►►►

STEP|01 切换视觉样式为【二维线框】，并切换视图样式为【俯视】。然后利用【矩形】【圆】和【圆角】工具按照图 11-67 所示尺寸绘制底板轮廓。

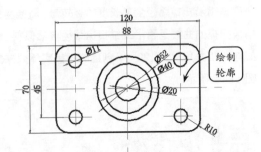

图 11-67　绘制底板轮廓

STEP|02 单击【面域】按钮◙，选取上步绘制的轮廓线创建为面域。然后切换视觉样式为【概念】，观察创建的面域效果，如图 11-68 所示。

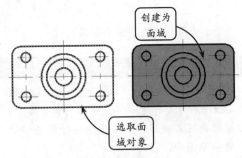

图 11-68　创建面域

STEP|03 切换视觉样式为【隐藏】，并切换视图样式为【西南等轴测】。然后单击【拉伸】按钮🔟，选取直径为 $\phi20$ 和 $\phi40$ 的圆轮廓为拉伸对象，沿 Z 轴方向拉伸高度为 45，创建拉伸实体，效果如图 11-69 所示。

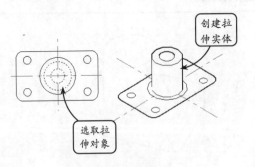

图 11-69　创建拉伸实体

STEP|04 利用【拉伸】工具选取长方形面域和直径为 $\phi11$ 的小圆面域为拉伸对象，沿 Z 轴方向拉伸高度为 19，创建拉伸实体，效果如图 11-70 所示。

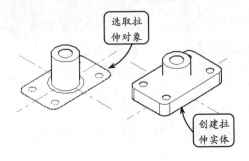

图 11-70　创建拉伸实体

STEP|05 单击【并集】按钮◎，选取长方体和直径为 $\phi40$ 的圆柱体为求和对象，创建合并体，效果如图 11-71 所示。

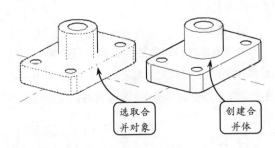

图 11-71　合并实体

STEP|06 单击【差集】按钮◎，选取上步合并体为源对象，并选取直径分别为 $\phi20$ 和 $\phi11$ 的圆柱体为要去除的对象，创建孔特征，效果如图 11-72 所示。

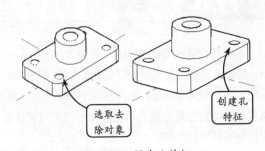

图 11-72　创建孔特征

STEP|07 利用【拉伸】工具选取直径为 $\phi52$ 的圆

为拉伸对象，沿 Z 轴方向拉伸高度为 69，创建拉伸实体，效果如图 11-73 所示。

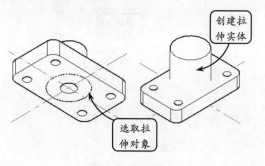

图 11-73　创建拉伸实体

STEP|08 单击【圆柱体】按钮⬛，选取底面轮廓中心为底面中心点，创建底面半径为 R20，沿 Z 轴方向高度为 69 的圆柱体，效果如图 11-74 所示。

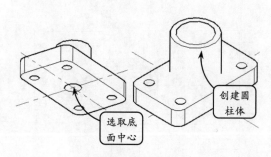

图 11-74　创建圆柱体

STEP|09 利用【差集】工具选取直径为 $\phi52$ 的圆柱体为源对象，并选取上步创建的直径为 $\phi40$ 的圆柱体为去除对象，创建孔特征，效果如图 11-75 所示。

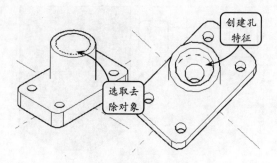

图 11-75　创建孔特征

STEP|10 切换视图样式为【前视】，使用【偏移】工具将底面水平中心线沿 Z 轴方向偏移 19。然后

切换视图样式为【左视】，继续利用【偏移】工具将底面竖直中心线沿 Z 轴方向偏移 19，效果如图 11-76 所示。

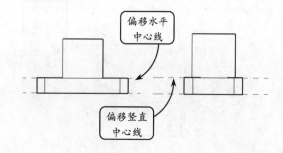

图 11-76　偏移中心线

STEP|11 切换视图样式为【西南等轴测】。单击【UCS】按钮◣，将坐标系的原点调至偏移后中心线的交点位置。然后按照如图 11-77 所示尺寸绘制辅助轮廓线。

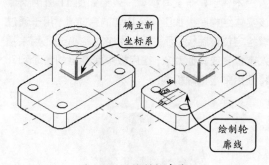

图 11-77　绘制轮廓线

STEP|12 利用【UCS】工具将坐标系移至图示位置。然后单击【楔体】按钮◢，指定坐标原点为第一点，斜对角点为其他点，并输入沿 Z 轴方向的高度为 40，创建楔体特征，效果如图 11-78 所示。

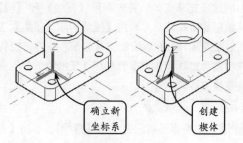

图 11-78　创建楔体

STEP|13 单击【三维镜像】按钮⬚，选取创建的

楔体为镜像对象，并指定 YZ 平面为镜像面，偏移后的中心线交点为镜像中心点，创建镜像特征，效果如图 11-79 所示。

STEP|14 利用【并集】工具框选所有实体，进行并集操作，效果如图 11-80 所示。

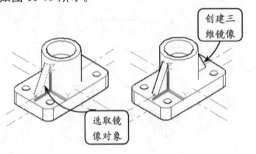

图 11-79 创建镜像体

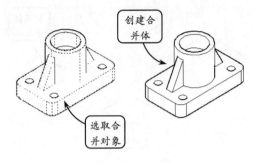

图 11-80 合并实体

11.9 综合案例 11-2：创建支耳模型

本例创建一支耳模型，效果如图 11-81 所示。该实体结构底板加工 4 个均匀的台阶孔，用于通过螺栓定位该底板，而底板的两个对称小光孔用来插入定位销或其他对象。在底板中间突出的台阶和孔特征用来定位轴机构。

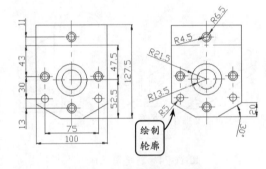

图 11-82 绘制底座轮廓线

STEP|02 单击【面域】按钮，框选如图 11-83 所示的底座轮廓对象创建为面域特征。然后切换视觉样式为【概念】，观察创建后的面域效果。

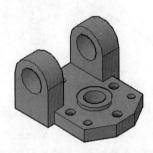

图 11-81 支耳实体效果图

创建该支耳实体，首先利用【直线】和【圆】工具绘制底面轮廓，并利用【拉伸】和【差集】工具创建底座实体。然后绘制支耳轮廓，并进行拉伸操作创建为支耳实体。接着利用【三维镜像】工具创建镜像支耳实体即可。

操作步骤 》》》》

STEP|01 切换当前视图方式为【俯视】，单击【直线】按钮和【圆】按钮，绘制支耳底座的轮廓线，效果如图 11-82 所示。

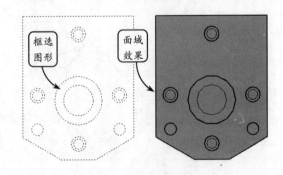

图 11-83 创建面域特征

STEP|03 切换视觉样式为【三维线框】，并切换当前视图方式为【西南等轴测】。然后单击【拉伸】

按钮🔘，选取半径为 R6.5 的四个圆轮廓为拉伸对象，沿-Z 轴方向拉伸高度为 5.5，效果如图 11-84 所示。

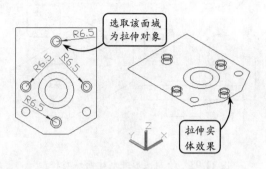

图 11-84 创建拉伸实体

STEP|04 切换视觉样式为【隐藏】，利用【拉伸】工具，选取如图 11-85 所示半径分别为 R4.5 和 R5 的圆轮廓为拉伸对象，沿-Z 轴方向拉伸高度为 17。

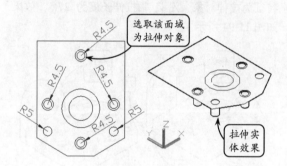

图 11-85 创建拉伸实体

STEP|05 利用【拉伸】工具，选取底座面域特征为拉伸对象，沿-Z 轴方向拉伸长度为 17，效果如图 11-86 所示。

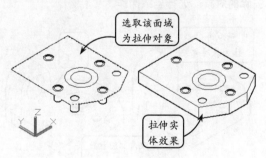

图 11-86 创建拉伸实体

STEP|06 继续利用【拉伸】工具，选取半径为

R13.5 和半径为 R21.5 的圆轮廓为拉伸对象，沿-Z 轴方向拉伸高度为 42.5，效果如图 11-87 所示。

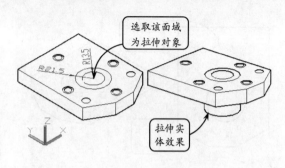

图 11-87 创建拉伸实体

STEP|07 单击【移动】按钮✛，选取上步创建的拉伸实体为移动对象，指定如图 11-88 所示圆柱体的上表面圆心 A 为基点，并输入相对坐标（@0，0，5）确定目标点，进行移动操作。

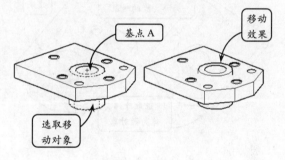

图 11-88 移动实体

STEP|08 单击【并集】按钮⚙，选取底座实体和底面半径为 R21.5 的圆柱体实体为合并对象，进行并集操作，效果如图 11-89 所示。

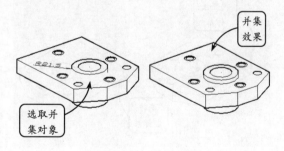

图 11-89 合并实体

STEP|09 继续利用【并集】工具，选取半径为 R4.5

和 R6.5 的所有圆柱体实体为合并对象，进行并集操作，效果如图 11-90 所示。

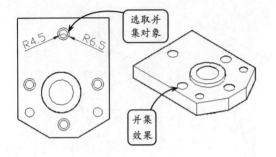

图 11-90　合并实体

STEP|10　单击【差集】按钮◎，选取外部实体为源对象，并选取如图 11-91 所示的内部圆柱体为要去除的对象，进行差集操作。

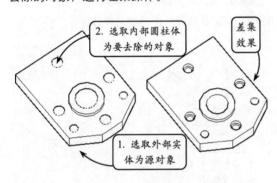

图 11-91　实体求差

STEP|11　单击【UCS】按钮▧，将当前坐标系的原点调整至如图 11-92 所示位置。然后单击【Y】按钮▧，指定当前坐标系绕 Y 轴的旋转角度为90°，按下 Enter 键。

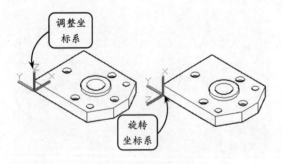

图 11-92　调整并旋转坐标系

STEP|12　切换当前视图方式为【左视】，利用【直

线】和【圆】工具，绘制如图 11-93 所示尺寸的轮廓。然后利用【面域】工具，将该轮廓创建为面域特征。

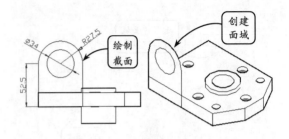

图 11-93　绘制图形并创建面域特征

STEP|13　单击【移动】按钮✛，选取上步创建的面域特征为移动对象，并指定点 B 为基点，输入相对坐标（@0，0，11）确定目标点 C，进行移动操作。然后利用【拉伸】工具，选取移动后的面域特征为拉伸对象，沿-Z 轴拉伸长度为 27.5，效果如图 11-94 所示。

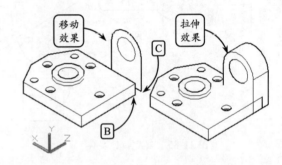

图 11-94　拉伸实体

STEP|14　利用【差集】工具，选取如图 11-95 所示支耳外部实体为源对象，并选取内部圆柱体为要去除的对象，进行差集操作。

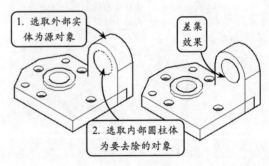

图 11-95　实体求差

STEP|15 利用【UCS】工具，将当前坐标系的原点调整至如图 11-96 所示边的中点位置。然后单击【三维镜像】按钮 %，选取进行差集操作后的拉伸实体为镜像对象，并指定 YZ 平面为镜像中心面，进行镜像操作。

STEP|16 利用【并集】工具，框选所有实体为合并对象，进行并集操作，效果如图 11-97 所示。

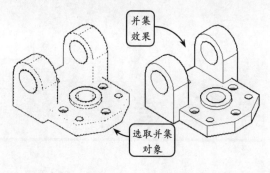

图 11-97　合并实体

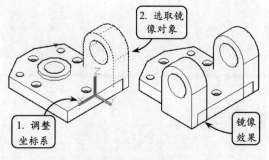

图 11-96　镜像实体

11.10 新手训练营

练习 1　创建法兰支架模型

本练习为创建一法兰支架模型，效果如图 11-98 所示。创建该法兰支架模型，首先绘制法兰一端的轮廓，利用【拉伸】工具创建一侧法兰盘实体，并镜像获得另一侧法兰盘实体。然后利用【差集】工具创建管孔和各安装孔特征。接着利用【矩形】【直线】【圆】和【修剪】工具绘制支撑板轮廓，并利用【移动】和【拉伸】工具创建支撑板实体。最后利用【并集】工具将所有实体合并。

练习 2　创建支座模型

本练习为创建一个支座模型，效果如图 11-99 所示。创建该零件模型，首先利用【面域】和【拉伸】工具创建主要轮廓实体，并利用【并集】工具将外部实体合并，然后利用【差集】工具创建出孔及槽特征。最后利用【楔体】工具创建加强筋的特征。

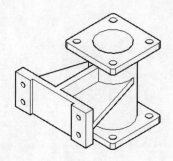

图 11-98　法兰支架模型效果

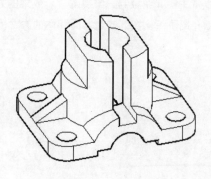

图 11-99　支座模型

第 **12** 章

编辑三维模型

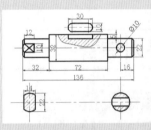

　　不管是通过基本实体工具，还是拉伸截面创建的实体，都只是零件的初始框架。为了准确、有效地创建出更加复杂的三维实体，可以利用三维编辑工具对实体进行移动、阵列、镜像和旋转等操作。此外，还可以对相关的实体对象进行边、面和体的编辑操作，以及布尔运算，从而创建出符合设计意图的三维实体。

　　本章主要介绍控制三维视图显示效果的方法，以及实体间的布尔运算和相关的三维操作方法。此外，还详细介绍了编辑实体的边、面和体的方法。

12.1　布尔运算

在 AutoCAD 中，通过布尔运算可以将更多不同类型的实体进行多种方式的组合，操作快捷方便。组合而成的实体造型也是多样的，像孔、槽、齿轮等特殊造型。布尔运算包括并集、交集和差集三种运算方式，用户可以根据实际制作的实体形状进行不同的布尔运算方式，快速地实现所需实体的创建。

12.1.1　并集运算

并集运算就是将所有参与运算的面域合并为一个新的面域，且运算后的面域与合并前的面域位置没有任何关系。

要执行该并集操作，可以首先将绘图区中的多边形和圆等图形对象分别创建为面域。然后在命令行中输入 UNION 指令，并分别选取这两个面域。接着按下 Enter 键，即可获得并集运算效果，如图 12-1 所示。

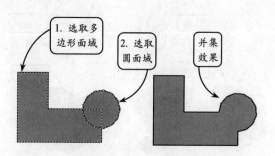

图 12-1　并集运算效果

12.1.2　差集运算

差集运算是从一个面域中减去一个或多个面域，从而获得一个新的面域。当所指定去除的面域和被去除的面域不同时，所获得的差集效果也会不同。

在命令行中输入 SUBTRACT 指令，然后选取多边形面域为源面域，并单击右键。接着选取圆面域为要去除的面域，并单击右键，即可获得面域求差效果，如图 12-2 所示。

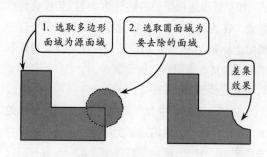

图 12-2　差集运算效果

12.1.3　交集运算

通过交集运算可以获得各个相交面域的公共部分。要注意的是只有两个面域相交，两者间才会有公共部分，这样才能进行交集运算。

在命令行中输入 INTERSECT 指令，然后依次选取多边形面域和圆面域，并单击右键，即可获得面域求交效果，如图 12-3 所示。

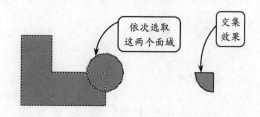

图 12-3　交集运算效果

12.2　设置三维视图显示

在创建好三维模型时，需要根据模型特征和造型需要进行适当的修改和调整，这就需要模型呈现出不同的视觉样式,方便设计者从不同的角度去查看和分析。设计师针对模型的规格和特征,控制三维视图的显示,实现视角、视觉样式和三维模型显示平滑度的改变,对模型做出精确的调整。

12.2.1 设置视觉样式

零件的不同视觉样式呈现出不同的视觉效果,例如要形象地展示模型效果,可以切换为概念样式;如果要表达模型的内部结构,可以切换为线框样式。在 AutoCAD 中,视觉样式用来控制视口中模型边和着色的显示,用户可以在视觉样式管理器中创建和更改视觉样式的设置。

1. 视觉样式的切换

在 AutoCAD 中为了观察三维模型的最佳效果,往往需要不断地切换视觉样式。通过切换视觉样式,不仅可以方便地观察模型效果,而且一定程度上还可以辅助创建模型。例如在绘制构造线时,可以切换至【线框】或【二维线框】样式,以选取模型内部的特殊点。

视觉样式用来控制视口中模型边和着色的显示,用户可以在视觉样式管理器中创建和更改不同的视觉样式,如图 12-4 所示。

图 12-4 视觉样式类型

【视觉样式】列表框中各主要类型的含义如下所述。

❑ **二维线框** ▨

该样式用直线或曲线来显示对象的边界。其中光栅、OLE 对象、线型和线宽均可见,且线与线之间是重复地叠加。

❑ **线框** 🔳

该样式用直线或曲线作为边界来显示对象,且显示一个已着色的三维 UCS 图标,但光栅、OLE 对象、线型和线宽均不可见。

❑ **隐藏** 🔳

该样式用线框来表示对象,并消隐表示后面的线。

❑ **真实** 🔳

该样式表示着色时使对象的边平滑化,并显示已附着到对象的材质。

❑ **概念** 🔳

该样式表示着色时使对象的边平滑化,适用冷色和暖色进行过渡。着色的效果缺乏真实感,但可以方便地查看模型的细节。

❑ **着色** 🔳

该样式表示模型仅仅以着色显示,并显示已附着到对象的材质。这 6 种主要视觉样式的对比效果如图 12-5 所示。

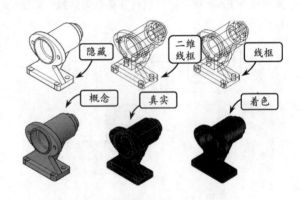

图 12-5 不同视觉样式的对比效果

2. 视觉样式管理器

在实际建模过程中,可以通过【视觉样式管理器】选项板来控制线型颜色、样式面、背景显示、材质和纹理,以及模型显示的精度等特性。

在【视觉样式】下拉列表的最下方选择【视觉样式管理器】选项,然后在打开的选项板中选择不同的视觉样式,即可切换至对应的特性面板,对所选当前图形视觉样式的面、环境和边进行设置,如图 12-6 所示。

图 12-6　【视觉样式管理器】对话框

各主要样式特性面板的参数选项含义如下所述。

❏【二维线框】特性

二维线框的特性面板主要用于控制轮廓素线的显示、线型的颜色、光晕间隔百分比以及线条的显示精度。它的设置直接影响线框的显示效果。例如轮廓素线分别为 4 和 28 时的对比效果如图 12-7 所示。

❏【线框】特性

线框特性面板包括面、环境以及边等特性的设置，具体包括面样式、背景、边颜色以及边素线等特性。其中，常用的面样式是指控制面的着色模式，背景是指控制绘图背景的显示，而边素线和颜色则与二维线框类似。例如将线框设置为 3 种不同面样式的对比效果如图 12-8 所示。

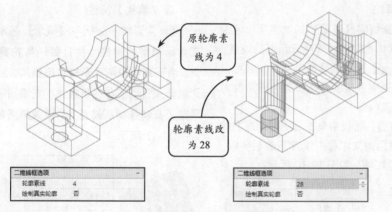

图 12-7　修改二维线框的轮廓素线

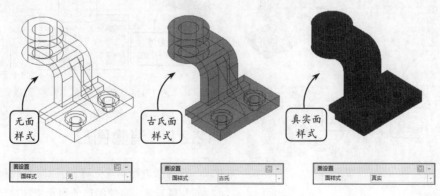

图 12-8　修改模型的面样式

❏ 【隐藏】特性

隐藏的特性面板与线框基本相同，区别在于隐藏是将边线镶嵌于面，以显示出面的效果，因此多出了【折缝角度】和【光晕间隔】等特性。其中，折缝角度主要用于创建更光滑的镶嵌表面，折缝角越大，表面越光滑；而光晕间隔则是镶嵌面与边交替隐藏的间隔。例如分别将折缝角变小、将光晕间隔增大时，其表面变换效果如图 12-9 所示。

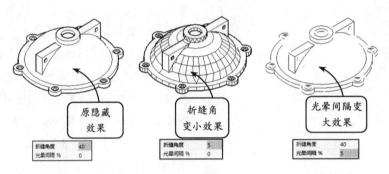

图 12-9　修改【隐藏】视觉样式

❏ 【概念】特性

【概念】特性面板同【隐藏】基本相同，区别在于【概念】视觉样式是通过着色显示面的效果，而【隐藏】则是【无】面样式显示。此外，它可以通过亮显强度、不透明度以及材质和颜色等特性对比显示较强的模型效果。

例如在【面设置】面板中单击【不透明度】按钮，即可在下方激活的文本框中设置不透明参数，以调整模型的显示效果，如图 12-10 所示。

❏ 【真实】特性

【真实】特性面板与【概念】基本相同，它真实显示模型的构成，并且每一条轮廓线都清晰可见。由于真实着色显示出模型结构，因此相对于概念显示来说，不存在折痕角、光晕间隔等特性。如果赋予其特殊材质特性，材质效果清晰可见，效果如图 12-11 所示。

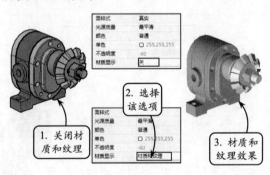

图 12-11　修改【真实】视觉样式

12.2.2　消隐图形

对图形进行消隐处理，可以隐藏被前景对象遮掩的背景对象，将使图形的显示更加简洁，设计更

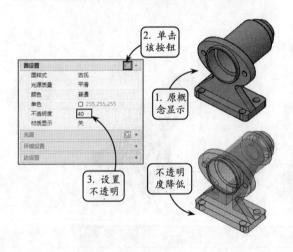

图 12-10　修改【概念】视觉样式

加清晰。但在创建和编辑图形时，系统处理的是对象或面的线框表示，消隐处理仅用来验证这些表面的当前位置，而不能对消隐的对象进行编辑或渲染。

利用【工具栏】工具调出【渲染】工具栏，然后在该工具栏中单击【隐藏】按钮🔘。此时，系统会自动对当前视图中的所有实体进行消隐，并在屏幕上显示消隐后的效果，如图 12-12 所示。

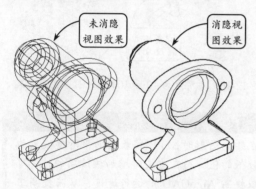

图 12-12　消隐前后的对比效果

12.2.3　调整模型曲面轮廓素线

与实体显示效果有关的变量主要有 ISOLINES、FACETRES 和 DISPSILH 三个系统变量。通过这三个变量可以分别控制线框模式下的网格线数量或消隐模式下的表面网格密度，以及网格线的显示或隐藏状态。

1．通过 ISOLINES 控制网格线数量

三维实体的面都是由多条线构成，线条的多少决定了实体面的粗糙程度。用户可以利用 ISOLINES 指令设置对象上每个曲面的轮廓线数目，该值的范围是 0～2047。其中轮廓素线的数目越多，显示的效果也越细腻，但是渲染时间相对较长。

要改变模型的轮廓素线值，可以在绘图区的空白处单击鼠标右键，在打开的快捷菜单中选择【选项】选项。然后在打开的对话框中切换至【显示】选项卡，在【每个曲面的轮廓素线】文本框中输入数值，并单击【确定】按钮。接着在命令行中输入 REGEN 指令，更新图形显示，即可显示更改后的

效果，如图 12-13 所示。

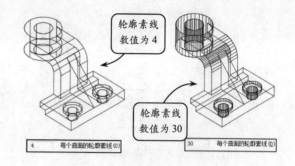

图 12-13　改变轮廓素线值效果

2．通过 FACETRES 控制网格密度

通过系统变量 FACETRES 可以设置实体消隐或渲染后表面的网格密度。该变量值的范围为 0.01～10，值越大表明网格越密，消隐或渲染后的表面越光滑，效果如图 12-14 所示。

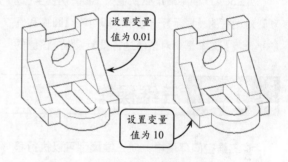

图 12-14　更改表面光滑度

> **提示**
>
> 此外，也可以在绘图区的空白处右击并选择【选项】选项。然后在打开的对话框中切换至【显示】选项卡，在【渲染对象的平滑度】文本框中设置网格密度参数即可。

3．通过 DISPSILH 控制实体轮廓线的显示

系统变量 DISPSILH 用于确定是否显示实体的轮廓线，有效值为 0 和 1。其中默认值为 0，当设置为 1 时，显示实体轮廓线，否则不显示。该变量对实体的线框视图和消隐视图均起作用，并且更改该系统变量后，还需要在命令行中输入 REGEN 指令，更新图形显示，才会显示更改后的效果，如

图 12-15 所示。

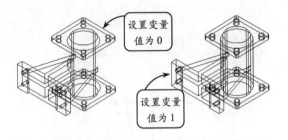

图 12-15 控制实体轮廓线的显示

12.2.4 调整模型表面的平滑度

通过改变实体表面的平滑度来控制圆、圆弧和椭圆的显示精度。平滑度越高,显示将越平滑,但是系统也需要更长的时间来运行重生成、平移或缩放对象的操作。

AutoCAD 的平滑度默认值为 1000,切换至【选项】对话框的【显示】选项卡,即可在【圆弧和圆的平滑度】文本框中对该值进行重新设置,该值的

有效范围为 1~20000。例如值为 10 和 10000 时的显示效果如图 12-16 所示。

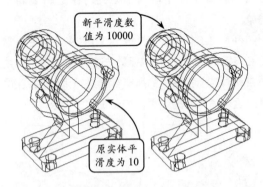

图 12-16 平滑度为 10 和 10000 时图形显示效果

技巧

在绘制图形时,可以将表面的平滑度设置为较低的值。而在渲染时增加该选项的值,可以提高 AutoCAD 的运行速度,从而提高工作效率。

12.3 三维操作

在三维空间环境中,对三维模型可以执行移动、对齐、阵列、镜像、旋转等操作。这些工具都是对模型进行编辑和设计的辅助工具,熟练地进行掌握后,可以对模型进行快速精确地编辑操作。

12.3.1 三维移动

在三维建模环境中,利用【三维移动】工具能够将指定的模型沿 X、Y、Z 轴或其他任意方向,以及沿轴线、面或任意两点间移动,从而准确地定位模型在三维空间中的位置。

在【修改】选项板中单击【三维移动】按钮⊕,选取要移动的对象,该对象上将显示相应的三维移动图标,如图 12-17 所示。

然后通过选择该图标的基点和轴句柄,即可实现不同的移动效果,现分别介绍如下。

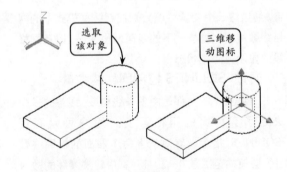

图 12-17 显示三维移动图标

1. 指定距离数值移动对象

指定移动基点后,可以通过直接输入移动距离来移动对象。例如要将圆柱体沿 Y 轴负方向移动 10,在指定图标原点为基点后,输入相对坐标(@0,-10,0),并按下 Enter 键,即可移动该圆柱体,如图 12-18 所示。

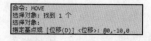

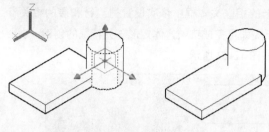

图 12-18　输入距离移动对象

2．指定轴向移动对象

选取要移动的对象后，将光标停留在坐标系的轴句柄上，直到矢量显示为与该轴对齐，然后选择该轴句柄即可将移动方向约束到该轴上。当用户拖动光标时，选定的对象将仅沿指定的轴移动，且此时便可以单击或输入值以指定移动距离。例如将实体沿 X 轴向移动的效果如图 12-19 所示。

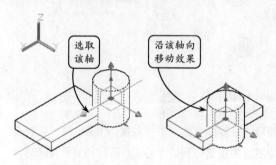

图 12-19　指定轴向移动对象

3．指定平面移动对象

将光标悬停在两条轴柄直线之间汇合处的平面上（用于确定移动平面），直到直线变为黄色。然后选择该平面，即可将移动约束添加到该平面上。当用户拖动光标时，所选的实体对象将随之移动，且此时便可以单击或输入值以指定移动距离，效果如图 12-20 所示。

12.3.2　三维对齐

利用三维对齐工具可以指定至多 3 个点用以定义源平面，并指定至多 3 个点用以定义目标平面，从而获得三维对齐效果。在机械设计中经常利用该工具来移动、旋转或倾斜一对象使其与另一个对象对齐，以获得组件的装配效果。

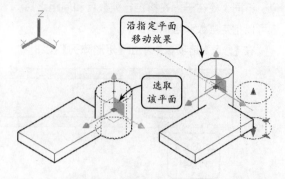

图 12-20　指定平面移动对象

单击【三维对齐】按钮，即可进入【三维对齐】模式。此时选取相应的源对象，并按下 Enter 键。然后依次指定源对象上的 3 个点用以确定源平面。接着指定目标对象上与之相对应的 3 个点用以确定目标平面，源对象即可与目标对象根据参照点对齐，效果如图 12-21 所示。

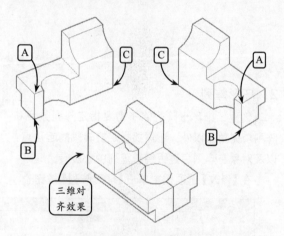

图 12-21　三维对齐对象

12.3.3　三维阵列

利用该工具可以在三维空间中按矩形阵列或环形阵列的方式，创建指定对象的多个副本。在创建齿轮、齿条等按照一定顺序分布的三维对象时，利用该工具可以快速地进行创建。现分别介绍矩形阵列和环形阵列的使用方法。

1．矩形阵列

三维矩形阵列与二维矩形阵列操作过程很相似，不同之处在于：在指定行列数目和间距之后，还可以指定层数和层间距。

在【修改】选项板中单击【矩形阵列】按钮，并选取要阵列的长方体对象。然后按下 Enter 键，系统将展开【阵列创建】选项卡。此时，在该选项卡的相应文本框中依次设置列、行和层的相关参数，即可完成该长方体矩形阵列特征的创建，效果如图 12-22 所示。

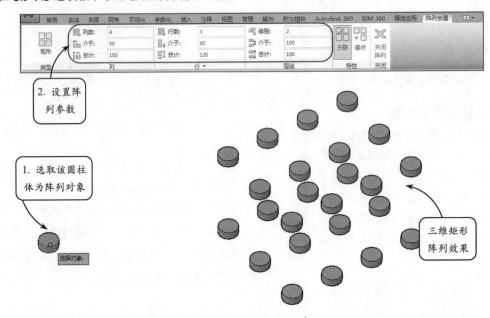

图 12-22　创建三维矩形阵列

2．环形阵列

创建三维环形阵列除了需要指定阵列数目和阵列填充角度以外，还需要指定旋转轴的起止点，以及对象在阵列后是否绕着阵列中心旋转。

在【修改】选项板中单击【环形阵列】按钮，然后选取要阵列的对象，并按下 Enter 键。接着在绘图区中指定阵列的中心点，系统将展开【阵列创建】选项卡。此时，在该选项卡的相应文本框中依次设置相关的阵列参数，即可完成环形阵列特征的创建，效果如图 12-23 所示。

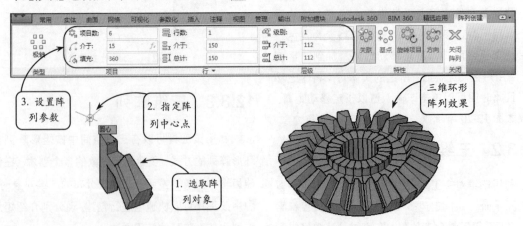

图 12-23　创建三维环形阵列

提示

在执行三维环形阵列时，"填充角度"表示环形阵列覆盖的角度，默认值为 360°，表示在全环范围内阵列。

12.3.4　三维镜像

利用该工具能够将三维对象通过镜像平面获取与之完全相同的对象。其中，镜像平面可以是与当前 UCS 的 XY、YZ 或 XZ 平面平行的平面，或者由 3 个指定点所定义的任意平面。

单击【三维镜像】按钮 ％，即可进入【三维镜像】模式。此时选取待镜像的对象，并按下 Enter 键，则在命令行中将显示指定镜像平面的各种方式，常用方式的操作方法介绍如下。

1．指定对象镜像

该方式是指使用选定对象的平面作为镜像平面，包括圆、圆弧或二维多段线等。在命令行中输入字母 O 后，选取相应的平面对象，并指定是否删除源对象，即可创建相应的镜像特征，效果如图 12-24 所示。

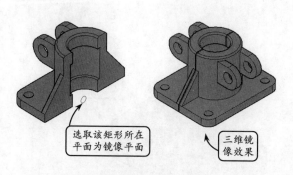

图 12-24　指定对象镜像

2．指定视图镜像

该方式是指将镜像平面与当前视口中通过指定点的视图平面对齐。在命令行中输入字母 V 后，直接在绘图区中指定一点或输入坐标点，并指定是否删除源对象，即可获得相应的镜像特征。

3．指定 XY、YZ、ZX 平面镜像

该方式是将镜像平面与一个通过指定点的坐标系平面（XY、YZ 或 ZX）对齐，通常与调整 UCS

操作配合使用。

例如将当前 UCS 移动到指定的节点位置，然后在执行镜像操作时，指定坐标系平面 XY 为镜像平面，并指定该平面上一点，即可获得相应的镜像特征，如图 12-25 所示。

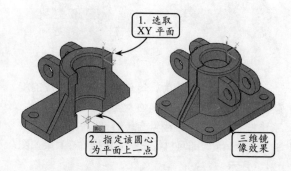

图 12-25　指定 XY 平面镜像

4．指定 3 点镜像

该方式是指定 3 点定义镜像平面，并且要求这 3 点不在同一条直线上。例如选取镜像对象后，直接在模型上指定 3 点，按下 Enter 键，即可获得相应的镜像特征，如图 12-26 所示。

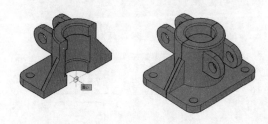

图 12-26　指定 3 点镜像

12.3.5　三维旋转

三维旋转操作就是将所选对象沿指定的基点和旋转轴（X 轴、Y 轴和 Z 轴）进行自由地旋转。利用该工具可以在三维空间中以任意角度旋转指定的对象，以获得模型不同观察方位的效果。

单击【三维旋转】按钮 ⊕，进入【三维旋转】模式，然后选取待旋转的对象，并按下 Enter 键，该对象上将显示旋转图标。其中，红色圆环代表 X 轴、绿色圆环代表 Y 轴、蓝色圆环代表 Z 轴，效果如图 12-27 所示。

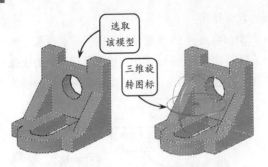

图 12-27 显示三维旋转图标

此时指定一点作为旋转基点，并选取相应的旋转图标的圆环以确定旋转轴，且当选取一圆环时，系统将显示对应的轴线为旋转轴。然后拖动光标或输入任意角度，即可执行三维旋转操作，效果如图 12-28 所示。

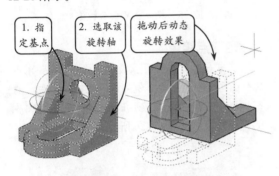

图 12-28 三维旋转对象

12.3.6 三维倒角和圆角

在三维环境中执行倒角和圆角操作，与二维环境中编辑效果的不同之处在于：这些操作是在三维实体表面相交处按照指定的距离创建的一个新平面。

1．三维倒角

为模型边缘添加倒角特征，可以使模型尖锐的棱角变得光滑。该工具主要用于孔特征零件或轴类零件上，为防止擦伤或者滑伤安装人员，进而方便安装。

切换至【实体】选项卡，在【实体编辑】选项板中单击【倒角边】按钮，然后在实体模型上选取要倒的边线，并分别设定基面倒角距离和相邻面的倒角距离。接着按下 Enter 键，即可获得相应的倒角特征，效果如图 12-29 所示。

> **提示**
>
> 此外在指定倒角距离参数后，可以在命令行中输入字母 L，表示同时在基面的周围进行倒角操作。

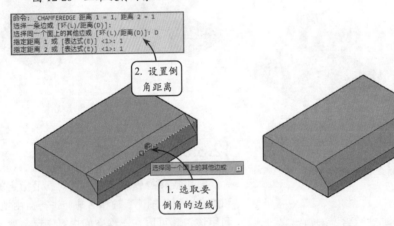

图 12-29 创建实体倒角

2．三维圆角

在三维建模过程中创建圆角特征，就是在实体表面相交处按照指定半径创建一个圆弧性曲面。主要用在回转零件的轴肩位置处，以防止轴肩应力集中，在长时间的运转中断裂。

切换至【实体】选项卡，在【实体编辑】选项板中单击【圆角边】按钮，然后选取待倒圆角的边线，并输入圆角半径。接着按下 Enter 键，即可创建相应的圆角特征，效果如图 12-30 所示。

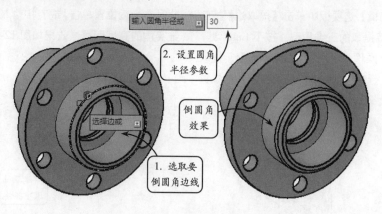

输入圆角半径或 30

2. 设置圆角
半径参数

倒圆角
效果

1. 选取要
倒圆角边线

图 12-30　创建三维圆角

AutoCAD
12.4　编辑三维对象

　　对三维对象进行编辑，其实也就是对组成三维对象的边和面进行编辑。对边可以进行着色、提取、压印、复制等操作，对面可以进行移动、偏移、删除、旋转、倾斜、拉伸、复制等操作。编辑边和面是创建复杂和精度实体对象的前提。

12.4.1　编辑实体边

　　实体都是由最基本的面和边所组成，在 AutoCAD 中可以根据设计的需要，提取多个边特征，对其执行着色、提取、压印或复制边等操作，便于查看或创建更为复杂的模型。

1. 着色边

　　利用该工具可以修改三维对象上单条或多条边的颜色。在创建比较复杂的实体模型时，利用该工具对边进行着色，可以更清晰地操作或观察边界线。

　　在【常用】选项卡的【实体编辑】选项板中单击【着色边】按钮，然后选取需要进行颜色修改的边，并按下 Enter 键，系统将打开【选择颜色】对话框。然后在该对话框中选择颜色，单击【确定】按钮，即可完成边颜色的修改，效果如图 12-31

所示。

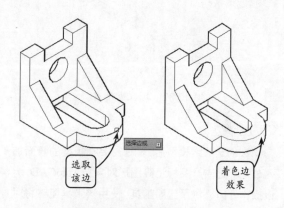

选择边或

选取
该边

着色边
效果

图 12-31　着色边效果

提示
> 对实体模型边的颜色进行更改后，只有在线框或消隐模式下才能查看边颜色更改后的变化。

2. 提取边

　　在三维建模环境中执行提取边操作，可以从三维实体或曲面中提取相应的边线来创建线框。这样可以从任何有利的位置查看模型结构特征，并且自动创建标准的正交和辅助视图，以及轻松生成分解视图。

在【实体编辑】选项板中单击【提取边】按钮 ▣, 然后选取待提取的三维模型, 按下 Enter 键, 即可执行提取边操作。此时提取后并不能显示提取效果, 如果要进行查看, 可以将对象移出当前位置来显示提取边效果, 如图 12-32 所示。

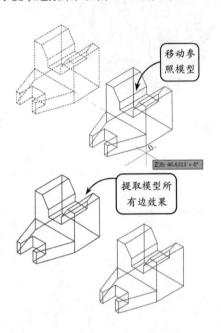

图 12-32 提取边效果

3. 压印边

在创建三维模型后, 往往需要在模型的表面加入公司标记或产品标记等图形对象, AutoCAD 为该操作专门提供了压印工具, 使用该工具能够将对象压印到选定的实体上。为了使压印操作成功, 被压印的对象必须与选定对象的一个或多个面相交。

单击【压印】按钮 ▨, 然后选取被压印的实体, 并选取压印对象。此时, 如果需要保留压印对象, 按下 Enter 键即可; 如果不需要保留压印对象, 可在命令行中输入字母 Y, 并按下 Enter 键即可。例如删除压印对象的效果如图 12-33 所示。

压印时, 系统将创建新的表面区域, 且该表面区域以被压印几何图形和实体的棱边为边界。用户可以对该新生成的面进行拉伸和复制等操作。单击【按住并拖动】按钮 ▨, 选取该新封闭区域, 并移

动光标, 所选区域将动态地显示相应的三维实体。此时在合适位置单击, 或直接输入高度值来确定三维实体的高度即可, 效果如图 12-34 所示。

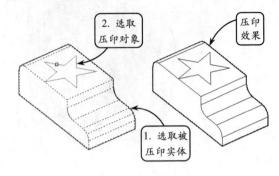

图 12-33 压印边效果

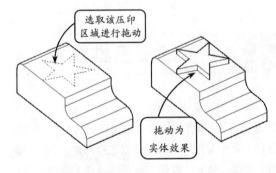

图 12-34 拉伸压印区域创建实体

> **提示**
>
> 在执行压印操作后, 具有压印边或压印面的面, 以及包含压印边或压印面的相邻面, 是不能进行移动、旋转或缩放操作的。如果移动、旋转或缩放了这些对象, 可能会遗失压印边或压印面。

4. 复制边

利用该工具能够对三维实体中的任意边进行复制, 且可以复制的边为直线、圆弧、圆、椭圆或样条曲线等对象。

单击【复制边】按钮 ▣, 选取需要进行复制的边, 并按下 Enter 键。然后依次指定基点和位移点, 即可将选取的边线复制到目标点处。例如将复制的边从基点 A 移动到基点 B 的效果如图 12-35 所示。

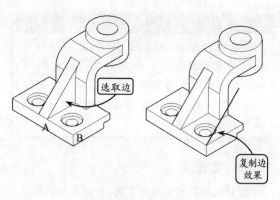

图 12-35　复制边效果

12.4.2　编辑实体面

在创建零件模型时,有时所创建结构特征的位置和大小并不符合设计要求。如果删除重新创建必定会比较麻烦,此时就可以利用 AutoCAD 提供的面的各种编辑工具对实体的结构形状或位置进行实时地调整,直至符合用户的设计要求。

1. 移动实体面

当实体上孔或槽的位置不符合设计要求时,可以利用【移动面】工具选取孔或槽的表面,将其移动到指定位置,使实体的几何形状发生关联的变形,但其大小和方向并不改变。

在【常用】选项卡的【实体编辑】选项板中单击【移动面】按钮,选取要移动的槽表面,并按

下 Enter 键。然后依次选取基点和目标点确定移动距离,即可将槽移动至目标点,效果如图 12-36 所示。

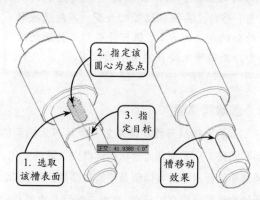

图 12-36　移动面效果

2. 偏移实体面

如果要改变现有实体上孔或槽的大小,可以利用【偏移面】工具进行编辑。利用该工具可以直接输入数值或者选取两点来确定偏移距离,之后所选面将根据偏移距离沿法线方向进行移动。当所选面为孔表面时,可以放大或缩小孔;当所选面为实体端面时,则可以拉伸实体,改变其高度或宽度。

单击【偏移面】按钮,选取槽表面,并按下 Enter 键。然后输入偏移值,并按下 Enter 键,即可获得偏移面效果。其中,当输入负偏移值时,将放大槽;输入正偏移值时,则缩小槽,效果如图 12-37 所示。

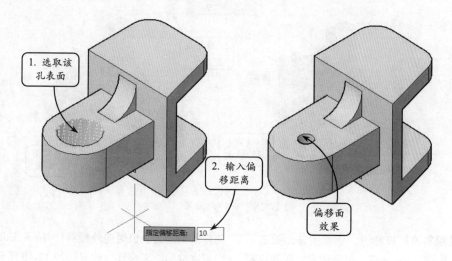

图 12-37　偏移面效果

> **提示**
>
> 移动和偏移是两个既相似又有所区别的概念。移动主要强调位置的改变,不改变被移动面的大小和方向,但可能引起其他面的改变;而偏移主要强调大小的改变。

> **提示**
>
> 删除面时,AutoCAD 将对删除面以后的实体进行有效性检查。如果选定的面被删除后,实体不能成为有效的封闭实体,则删除面操作将不能进行。因此只能删除不影响实体有效性的面。

3. 删除实体面

删除面指从三维实体对象上删除多余的实体面和圆角,从而使几何形状实体产生关联的变化。通常删除面用于对实体倒角或圆角面的删除,删除后的实体回到原来的状态,成为未经倒角或圆角的锐边。

单击【删除面】按钮🗙,进入【删除面】模式。此时选取要删除的面后右击,或按下 Enter 键,即可删除该面,效果如图 12-38 所示。

4. 旋转实体面

旋转面指将一个或多个面,或者实体的某部分绕指定的轴旋转。当一个面旋转后,与其相交的面会进行自动调整,以适应改变后的实体。

单击【旋转面】按钮,选取要旋转的面,右击或按下 Enter 键。然后指定旋转轴,并输入旋转角度后按下 Enter 键,即可旋转该面,效果如图 12-39 所示。

5. 倾斜实体面

利用【倾斜面】工具可以将实体中的一个或多个面按照指定的角度倾斜。在倾斜面操作中,所指定的基点和另外一点确定了面的倾斜方向,面与基点同侧的一端保持不变,而另一端则发生变化。

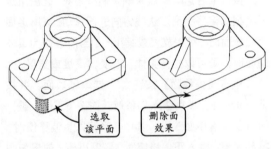

选取该平面   删除面效果

图 12-38 删除面效果

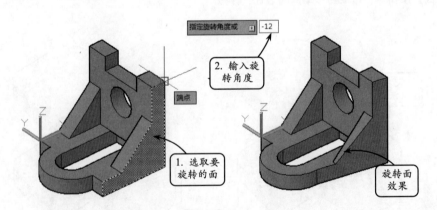

指定旋转角度或 -12

2. 输入旋转角度

端点

1. 选取要旋转的面

旋转面效果

图 12-39 旋转面效果

单击【倾斜面】按钮,选取实体上要进行倾斜的面,并按下 Enter 键。然后依次选取基点和另一点确定倾斜轴,输入倾斜角度(角度为正值时向内倾斜,为负值时向外倾斜),按下 Enter 键,即可完成倾斜面操作,效果如图 12-40 所示。

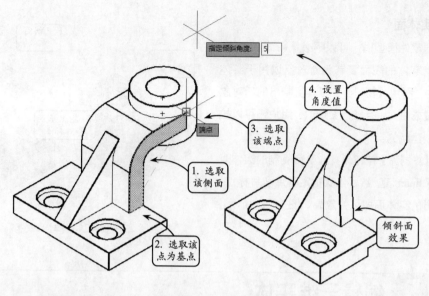

图 12-40 倾斜面效果

输入倾斜角度时,数值不要过大,因为如果角度过大,在倾斜面未达到指定的角度之前可能已经聚为一点,且系统不支持这种倾斜。

用【拉伸面】工具根据指定的距离拉伸面或将面沿某条路径拉伸。此外,如果输入拉伸距离,还可以设置拉伸的锥角,使拉伸实体形成锥化效果。

单击【拉伸面】按钮 ，选取实体上要拉伸的面,并设置拉伸距离和拉伸的倾斜角度。此时拉伸面将沿其法线方向进行移动,进而改变实体的高度,效果如图 12-41 所示。

6. 拉伸实体面

如果要动态地调整实体的高度或宽度,可以利

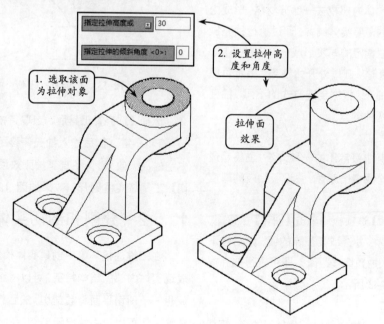

图 12-41 拉伸实体面效果

7. 复制实体面

在创建零件模型时，可以不必重新绘制截面，直接将现有实体的表面复制为新对象以用于实体建模。其中，利用【复制面】工具复制出的新对象可以是面域或曲面。且当为面域时，用户还可以拉伸该面域创建新的实体。

单击【复制面】按钮，选取待复制的实体表面，并按下 Enter 键。然后依次指定基点和目标点，放置复制出的实体面即可，效果如图 12-42 所示。

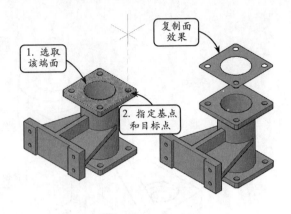

图 12-42　复制面效果

12.5　编辑三维实体

利用 AutoCAD 对三维实体进行编辑时，不仅可以对组成实体的边和面进行适当的调整，同时也可以对整个实体进行调整和修改，如抽壳、分割和剖切实体等，根据实体的尺寸和风格样式进行具体的实体编辑。

12.5.1　抽壳

抽壳是指从实体内部挖去一部分材料，形成内部中空或者凹坑的薄壁实体结构。通过执行抽壳操作，可以将实体以指定的厚度形成一个空的薄层。其中，当指定正值时从圆周外开始抽壳，指定负值时从圆周内开始抽壳。根据创建方式的不同，抽壳方式主要有以下两种类型。

1. 删除面抽壳

该方式是抽壳中最常用的一种方法，主要是通过删除实体的一个或多个表面，并设置相应的厚度来创建壳特征。

在【实体编辑】选项板中单击【抽壳】按钮，选取待抽壳的实体，并选取要删除的面。然后按下 Enter 键，并输入抽壳偏移距离，即可执行抽壳操作，效果如图 12-43 所示。

2. 保留面抽壳

该方法可以在实体中创建一个封闭的壳，使整个实体内部呈中空状态。该方法常用于创建各球类模型和气垫等空心模型。

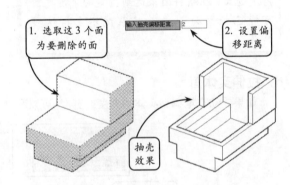

图 12-43　删除面执行抽壳操作

选择【抽壳】工具后，选取待抽壳的实体，并按下 Enter 键，然后输入抽壳偏移距离，即可创建中空的抽壳效果。为了查看抽壳效果，可以利用【剖切】工具将实体剖开，效果如图 12-44 所示。

12.5.2　分割和剖切实体

在三维建模环境中创建实体模型后，为清楚地表现实体内部的结构特征，可以将组合实体分割或假想一个剖切平面将其剖切，然后将剖切后的实体移除，便可以清晰地显示剖切后的效果。

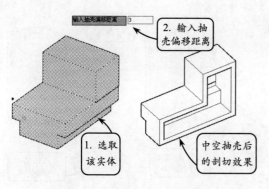

图 12-44　保留面执行抽壳操作

1．分割

该操作是将由不相连的实体组成的组合体分割为单独的实体。但对于组合体中各个实体之间的共同体积不能执行分割操作，例如两个相互干涉的实体通过并集运算合并成一个实体时，将不能执行分割操作。

单击【分割】按钮，选取需要分割的实体对象，并按下 Enter 键，即可完成分割操作。例如将原来不相连组合在一起的实体分割为单独的实体，效果如图 12-45 所示。

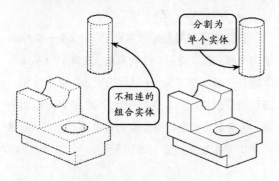

图 12-45　分割对象效果

2．剖切

剖切就是使用假想的一个与对象相交的平面或曲面，将三维实体切为两半。被切开的实体两部分可以保留一侧，也可以都保留。利用该工具常剖切一些外形看似简单，但内部却极其复杂的零件，如腔体类零件。通过剖切可以更清楚地表达模型内部的形体结构。

单击【剖切】按钮，选取要剖切的实体对象，

按下 Enter 键。然后指定剖切平面，并根据需要保留切开实体的一侧或两侧，即可完成剖切操作。以下分别介绍几种常用的指定剖切平面的方法。

❏ 指定切面起点

该方式是默认剖切方式，即通过指定剖切实体的两点，系统将默认两点所在垂直平面为剖切平面，对实体进行剖切操作。

指定要剖切的实体后，按下 Enter 键。然后指定两点确定剖切平面，此时命令行将显示"在所需的侧面上指定点或[保留两个侧面(B)]"的提示信息，可以根据设计需要设置是否保留指定侧面或两侧面，并按下 Enter 键，即可执行剖切操作，效果如图 12-46 所示。

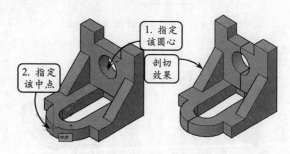

图 12-46　指定切面起点剖切对象

❏ 平面对象

该剖切方式是利用曲线、圆、椭圆、圆弧或椭圆弧、二维样条曲线和二维多段线作为剖切平面，对所选实体进行剖切。

选取待剖切的对象之后，在命令行中输入字母 O，并按下 Enter 键。然后选取二维曲线为剖切平面，并设置保留方式，即可完成剖切操作。例如选取一矩形为剖切平面，并设置剖切后的实体只保留一侧，效果如图 12-47 所示。

❏ 曲面

该方式以曲面作为剖切平面。选取待剖切的对象后，在命令行中输入字母 S，按下 Enter 键后选取曲面，即可执行剖切操作。例如指定相应的曲面为剖切平面后，保留一侧的效果如图 12-48 所示。

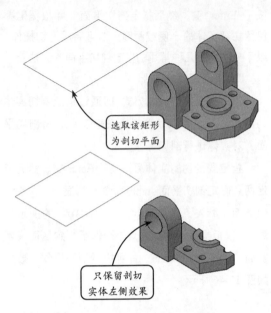

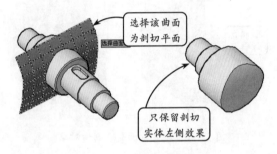

图 12-47　指定平面对象剖切实体

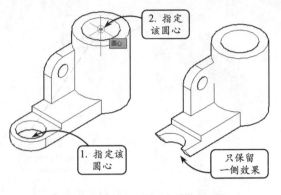

图 12-49　指定 Z 轴两点剖切实体

图 12-48　指定曲面剖切实体

❏ Z轴

该方式可以通过指定 Z 轴方向上的两点来剖切实体。选取待剖切的对象后，在命令行中输入字母 Z，按下 Enter 键后直接在实体上指定两点，则系统将以这两点连线的法向面作为剖切平面执行剖切操作。例如输入字母 Z 后，指定两圆心确定剖切平面，保留一侧剖切实体的效果如图 12-49 所示。

❏ 视图

该方式是以实体所在的视图为剖切平面。选取待剖切的对象之后，在命令行中输入字母 V，然后按下 Enter 键并指定一点作为视图平面上的点，即可执行剖切操作。例如当前视图为西北等轴测，指定实体边上的中点作为视图平面上的点，剖切效果如图 12-50 所示。

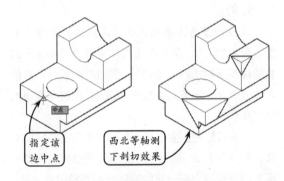

图 12-50　按视图方式剖切实体

❏ XY、YZ、ZX

该方式是利用坐标系 XY、YZ、ZX 平面作为剖切平面。选取待剖切的对象后，在命令行中指定坐标系平面，按下 Enter 键后指定该平面上一点，即可执行剖切操作。例如指定 XY 平面为剖切平面，并指定当前坐标系原点为该平面上一点，创建的剖切实体效果如图 12-51 所示。

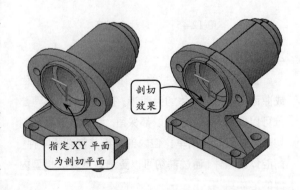

图 12-51　指定坐标平面剖切实体

□ 三点

该方式是在绘图区中选取 3 点,利用这 3 个点组成的平面作为剖切平面。选取待剖切的对象之后,在命令行输入数字 3,按下 Enter 键后直接在实体上选取 3 个点,系统将自动根据这 3 个点组成的平面,执行剖切操作。例如依次指定点 A、点 B 和点 C 而生成的剖切效果如图 12-52 所示。

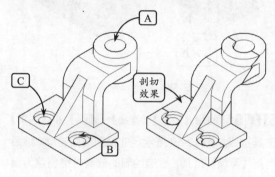

图 12-52　选取 3 点剖切实体

12.5.3　转换三维图形

在编辑三维图形时,为提高图形的显示速度,可以将当前的实体特征转换为曲面特征。此外,为提高图形的显示效果,还可以将指定的对象转换为实体特征。以下分别介绍这两种转换方式。

1. 转换为实体

利用【转换为实体】工具可以将网格曲面对象转换为平滑的三维实体对象。该操作只能针对网格曲面。

单击【转换为实体】按钮 🗗,进入【转换为实体】模式。此时选择需要转化的对象后,按下 Enter 键,即可将其转化为实体。例如将旋转网格转换为实体的效果如图 12-53 所示。

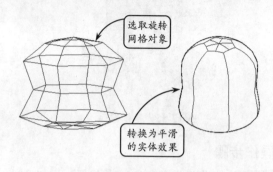

图 12-53　旋转网格转换为实体效果

2. 转换为曲面

利用【转换为曲面】工具可以将图形中现有的对象,如二维实体、面域、开放的具有厚度的零宽度多段线、具有厚度的直线或圆弧,以及三维平面创建为曲面。

单击【转换为曲面】按钮 🗗,进入【转换为曲面】模式。此时选取需进行转换的对象后,按下 Enter 键,即可完成曲面的转换操作。例如将正五边形线框转化为曲面的效果如图 12-54 所示。

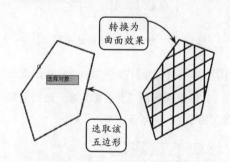

图 12-54　线框转换为曲面效果

12.6　综合案例 12-1：创建箱体模型

AutoCAD

本实例为创建一箱体零件,效果如图 12-55 所示。创建该箱体模型,首先利用【拉伸】工具创建底板实体,并利用【差集】工具创建孔特征。然后利用相关工具创建吊耳特征,并利用【并集】工具将各个部件合并。为表现箱体的内部结构特征,利用【剖切】工具,对该实体进行剖切操作,即可完成箱体零件模型的创建。

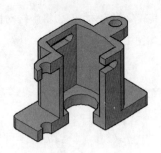

图 12-55　箱体零件

操作步骤 》》》》

STEP|01 切换视觉方式为【二维线框】，并切换视图样式为【俯视】。然后按照如图 12-56 所示尺寸绘制截面轮廓。接着单击【面域】按钮🔲，框选所绘截面轮廓创建面域，并切换视觉样式为【概念】，观察创建的面域效果。

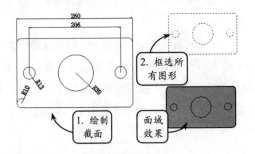

图 12-56　绘制截面并创建面域

STEP|02 单击【差集】按钮◎，选取矩形面域为源对象，并选取圆形面域为去除对象，进行差集操作，效果如图 12-57 所示。

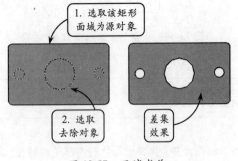

图 12-57　面域求差

STEP|03 切换视图方式为【西南等轴测】，单击

【拉伸】按钮🔟，选取求差后的面域特征为拉伸对象，并输入沿 Z 轴方向的拉伸高度为 25，创建拉伸实体，效果如图 12-58 所示。

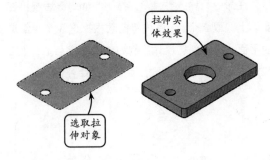

图 12-58　创建拉伸实体

STEP|04 利用【矩形】【直线】【圆弧】和【圆角】工具按照如图 12-59 所示尺寸绘制截面轮廓。然后利用【面域】工具，框选绘制的截面轮廓创建为面域特征。

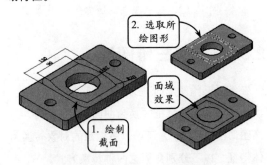

图 12-59　绘制截面并创建面域

STEP|05 利用【差集】工具选取如图 12-60 所示的面域为源对象，并选取该面域内部的矩形面域为去除对象，进行差集操作。

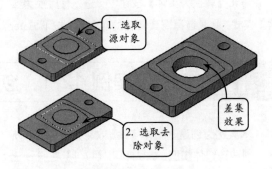

图 12-60　面域求差

STEP|06 利用【拉伸】工具选取上步求差后的面域特征为拉伸对象,并输入沿 Z 轴方向的高度为 150,创建拉伸实体,效果如图 12-61 所示。

伸实体为源对象,并选取上步创建的拉伸实体为去除对象,进行差集操作,效果如图 12-64 所示。

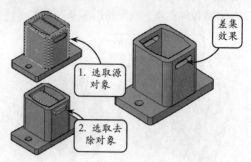

图 12-64 实体求差

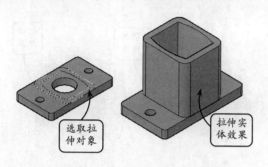

图 12-61 创建拉伸实体

STEP|10 切换视图样式为【俯视】,并利用【直线】【圆】和【修剪】工具按照如图 12-65 所示尺寸绘制支耳轮廓。然后利用【面域】工具框选该支耳轮廓,创建为面域特征。

STEP|07 切换视图样式为【前视】,并按照如图 12-62 所示尺寸绘制截面轮廓。然后利用【面域】工具框选该截面,创建为面域特征。

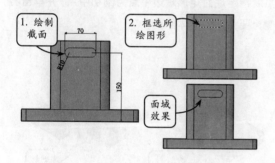

图 12-62 绘制截面并创建面域

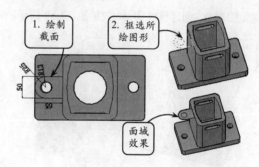

图 12-65 绘制截面并创建面域

STEP|08 利用【拉伸】工具选取上步创建的面域特征为拉伸对象,并输入沿 Z 轴方向的高度为 150,创建拉伸实体,效果如图 12-63 所示。

STEP|11 切换视图样式为【西南轴等测】。然后利用【差集】工具选取支耳外部轮廓面域为源对象,并选取圆形面域为去除对象,进行差集操作,效果如图 12-66 所示。

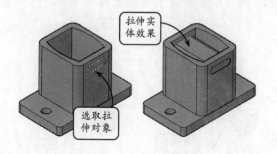

图 12-63 创建拉伸实体

STEP|09 利用【差集】工具选取第 6 步创建的拉

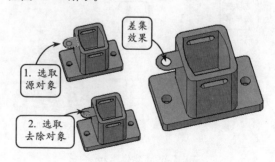

图 12-66 面域求差

STEP|12 利用【拉伸】工具选取上步求差后的面域特征为拉伸对象，并输入沿 Z 轴方向的高度为 -25，创建拉伸实体，效果如图 12-67 所示。

图 12-67　创建拉伸实体

STEP|13 单击【三维镜像】按钮，并选取上步创建的拉伸实体为镜像对象。然后选取 YZ 平面为镜像平面，指定底面矩形长边中点为镜像中心点，并保留源对象，创建镜像实体，效果图 12-68 所示。

图 12-68　创建镜像实体

STEP|14 单击【并集】按钮，框选所有实体特征进行并集操作，效果如图 12-69 所示。

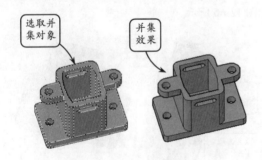

图 12-69　实体求和

STEP|15 单击【剖切】按钮，并选取合并实体

为剖切对象。然后选择 ZX 平面为剖切平面，指定底面矩形短边为剖切中心点，并保留两个侧面，效果如图 12-70 所示。

图 12-70　剖切实体

STEP|16 继续利用【剖切】工具选取如图 12-71 所示实体为剖切对象，并选取 YZ 平面为剖切平面。然后指定底面矩形短边中点为剖切中点，并单击右侧为要保留的实体部分。

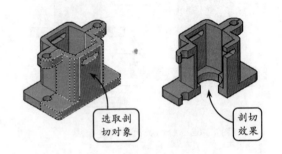

图 12-71　剖切实体

STEP|17 利用【并集】工具框选剖分后的所有实体，进行并集操作，效果如图 12-72 所示。

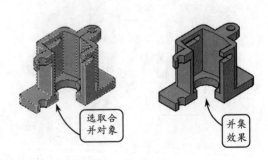

图 12-72　实体求和

综合案例 12-2：创建轴承座模型

本例创建一轴承座模型，效果如图 12-73 所示。轴承座是用来支撑轴承的构件，它的作用是稳定轴承及其所连接的回转轴，确保轴和轴承内圈平稳回转，避免因承载回转引起的轴承扭动或跳动。该轴承座是典型的端盖类零件。其主要结构包括底板、中间缸体和两侧的支耳和加强肋板组成。且为了表现内部结构，该模型采用了旋转剖切。

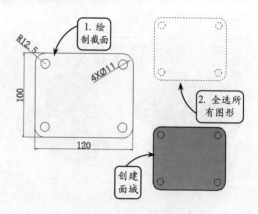

图 12-74　绘制截面并创建面域

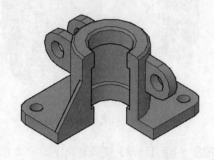

图 12-73　轴承座模型效果

创建该轴承座模型，首先绘制底板截面并创建为面域，面域求差后将其拉伸成实体。然后利用【圆柱体】工具创建底板上的大圆柱体，并创建一旋转实体，将该实体与圆柱体求差。接着利用【拉伸】工具创建一个支耳和肋板，并利用【三维镜像】工具快速创建其他支耳和肋板。最后利用【剖切】工具创建模型的旋转剖切效果，并利用【并集】工具将所有实体合并即可。

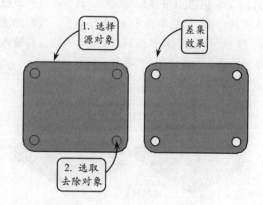

图 12-75　面域求差效果

操作步骤 >>>>

STEP|01 利用【矩形】【圆】和【倒圆角】工具按照如图 12-74 所示尺寸绘制截面。然后单击【面域】按钮▣，框选所有图形创建 5 个面域。接着切换视觉样式为【概念】，观察创建的面域效果。

STEP|02 单击【差集】按钮◎，选取外部的矩形面域为源面域，并选取内部的 4 个小圆面域为要去除的面域，进行差集操作，如图 12-75 所示。

STEP|03 切换当前视图样式为【西南等轴测】，然后单击【拉伸】按钮▥，选取求差后的面域为拉伸对象，沿 Z 轴方向拉伸 10，创建拉伸实体，效果如图 12-76 所示。

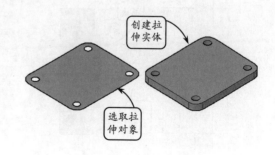

图 12-76　创建拉伸实体

STEP|04 利用【直线】工具连接底板上表面两边的中点，绘制一辅助直线。然后单击【圆柱体】按钮，选取该辅助线的中点为圆柱底面中心，并输入底面半径为 R32.5，高度为 60，创建圆柱体，效果如图 12-77 所示。

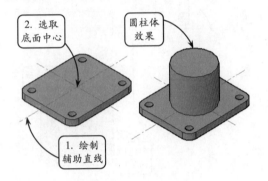

图 12-77　创建圆柱体

STEP|05 单击【并集】按钮，选取底板和圆柱体将其合并。然后单击【倒角】按钮，按照如图 12-78 所示选取倒角基面后按下 Enter 键，并输入基面的倒角距离为 2，创建倒角特征。

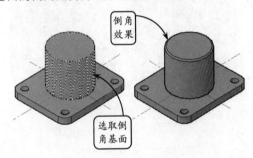

图 12-78　创建倒角

STEP|06 切换当前视图样式为【前视】，利用【直线】工具绘制如图 12-79 所示尺寸的截面。然后利用【面域】工具框选所有图形，创建为面域特征。

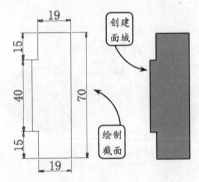

图 12-79　绘制截面并创建为面域

STEP|07 单击【旋转】按钮，选取上步创建的面域为旋转对象，并依次指定该面域的两个端点为旋转基点。然后输入旋转角度为 360°，创建旋转实体。接着切换当前视图方向为【西南等轴测】，观察旋转实体效果，如图 12-80 所示。

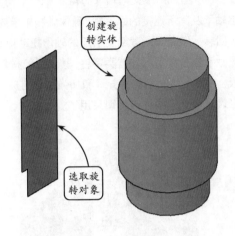

图 12-80　创建旋转实体

STEP|08 利用【移动】工具选取上步创建的旋转实体为要移动的对象，然后指定该实体顶面圆心为基点，并指定第（5）步创建的圆柱实体顶面的圆心为目标点，移动该旋转实体，效果如图 12-81 所示。

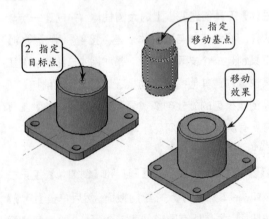

图 12-81　移动旋转实体

STEP|09 利用【差集】工具选取第（5）步合并后的实体为源对象，并选取上步移动后的实体为要去除的对象，进行差集操作，效果如图 12-82 所示。

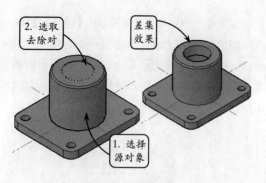

图 12-82 差集操作

STEP|10 单击【倒角】按钮◻，选取实体顶面为倒角基面后按下 Enter 键，并输入基面的倒角距离为 2，其他面的倒角距离也为 2。然后选取要倒角的边，并按下 Enter 键，创建倒角特征，效果如图 12-83 所示。

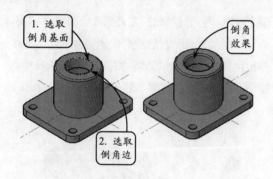

图 12-83 创建倒角

STEP|11 切换当前视图样式为【左视】，然后利用【直线】和【圆弧】工具在绘图区的空白区域绘制如图 12-84 所示尺寸的截面。接着利用【面域】工具框选所有图形，创建两个面域特征。

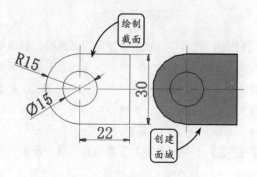

图 12-84 绘制截面并创建面域

STEP|12 切换视觉样式为【二维线框】，然后利用【差集】工具选取外部的面域为源对象，并选取内部的小圆面域为要去除的对象，进行差集操作。接着切换视觉样式为【概念】，观察面域求差后的效果，如图 12-85 所示。

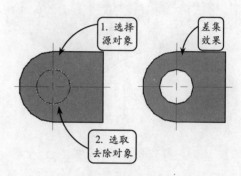

图 12-85 差集效果

STEP|13 切换当前视图样式为【西南等轴测】，然后利用【拉伸】工具选取求差后的面域为拉伸对象，将其沿 Z 轴拉伸 8，创建拉伸实体，效果如图 12-86 所示。

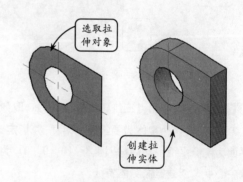

图 12-86 创建拉伸实体

STEP|14 利用【移动】工具选取上步创建的拉伸实体为要移动的对象，并指定该拉伸实体上孔的中心为基点，然后在命令行中输入 From 指令，并选取如图 12-87 所示的圆柱顶面圆心为参照基点，接着输入相对坐标（@-43，-20，-12.5）确定目标点，移动该实体。

STEP|15 将坐标系移动至孔中心，然后单击【三维镜像】按钮❀，选取上步移动后的实体为要镜像的对象，并指定 XY 平面为镜像平面。接着输入坐

标（0，0，0）为镜像中心点，创建镜像实体特征，效果如图 12-88 所示。

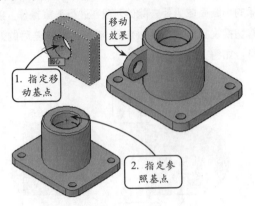

图 12-87　移动实体

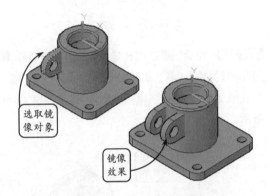

图 12-88　镜像实体

STEP|16 继续利用【三维镜像】工具，选取如图 12-89 所示的两个实体为要镜像的对象，并指定 YZ 平面为镜像平面。然后输入坐标（0，0，0）为镜像中心点，创建镜像实体特征。

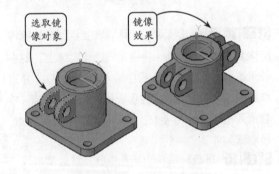

图 12-89　镜像实体

STEP|17 单击【UCS，世界】按钮，将当前坐

标系恢复至世界坐标系。然后单击【楔体】按钮，在绘图区的空白区域任意指定一点为楔体底面第一点，并输入相对坐标（@-35，10）确定楔体底面第二点。接着输入沿 Z 轴的高度为 45，创建楔体特征，效果如图 12-90 所示。

图 12-90　创建楔体

STEP|18 利用【移动】工具选取上步创建的楔体为要移动的对象，然后指定楔体侧边中点为基点，并指定第（4）步绘制的辅助直线的端点为目标点，移动该楔体至合适位置，效果如图 12-91 所示。

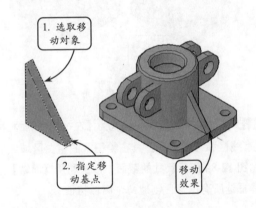

图 12-91　移动楔体

STEP|19 将当前坐标系调整至顶面圆心。然后单击【三维镜像】按钮，选取上步移动后的楔体为要镜像的对象，并指定 YZ 平面为镜像平面。接着输入坐标（0，0，0）为镜像中心点，将该楔体镜像，效果如图 12-92 所示。

STEP|20 利用【并集】工具框选所有对象进行并集操作，即可将所有实体对象合并为一个整体，效果如图 12-93 所示。

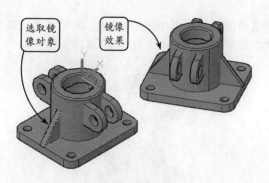

图 12-92　镜像楔体

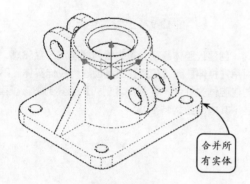

图 12-93　并集效果

平面。然后输入坐标（0，0，0）为 XZ 平面上的
点，并单击右侧部分为要保留的剖切侧实体。

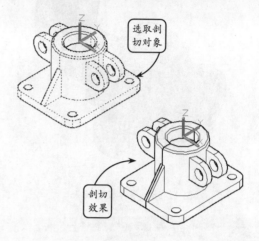

图 12-94　剖切实体

STEP|21 单击【剖切】按钮，选取上步合并后
的对象为要剖切的对象，并指定 YZ 平面为剖切平
面。然后输入坐标（0，0，0）为 YZ 平面上的
点，并输入字母 B 保留剖切的两侧实体，效果如图
12-94 所示。

STEP|22 单击【剖切】按钮，选取如图 12-95
所示对象为要剖切的对象，并指定 XZ 平面为剖切

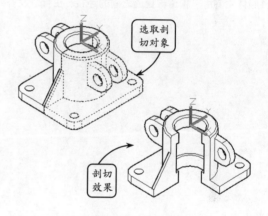

图 12-95　剖切实体

AutoCAD **12.8** 新手训练营

练习 1　创建泵体模型

本练习为创建一泵体模型，效果如图 12-96 所示。
该泵体主要用于液压传动的动力设备中。该零件主要
由泵体底座、泵壳主体、左侧的直通型连接管道，以
及右侧的弧形弯曲管道组成。其中，泵体底座的圆形
法兰用于固定泵壳主体，泵体上部的圆角菱形法兰用
于连接回油管道，安装孔则用于固定端盖。为表现泵
体内部结构特征，对泵体模型进行了旋转剖切。

创建该泵体模型，首先绘制底座法兰轮廓，并利
用【拉伸】和【差集】工具创建拉伸实体。然后利用
【直线】和【圆】工具绘制泵体轮廓，并利用【拉伸】
和【球体】工具创建泵壳主体。接着利用【旋转】工
具创建左侧连接管道，并利用【扫掠】工具创建右侧
弧形弯曲管道。最后利用【剖切】工具剖切模型，并
利用【并集】工具将所有实体合并。

图 12-96　泵体模型效果

中应用极为广泛。其中该腔体模型上的法兰起到连接和定位的作用，底座起到连接和支撑的作用。

图 12-97　腔体实体效果

练习 2　创建腔体模型

本练习创建一腔体模型，效果如图 12-97 所示。该腔体主要用于管道与管道之间的连接，在管路设备

创建该腔体模型，首先绘制底座法兰盘轮廓，并利用【拉伸】和【差集】工具创建为拉伸实体。然后创建腔体壳柱体，并利用【剖切】工具剖切该模型，显示其内部结构特征。

第 13 章

动态观察与渲染

  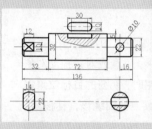 

使用三维观察和导航工具，可以在图形中进行导航，为指定视图设置相机以及创建动画以便与其他人共享设计。可以围绕三维模型进行动态观察、回旋、漫游和飞行，设置相机并创建预览动画以及录制运动路径动画，用户可以将这些分享给其他人以从视觉上传达设计意图。要从视觉上更形象、更真实地观测三维模型的效果，可以为模型添加灯光和材质，以获得完整逼真的渲染效果。

本章主要介绍三维观察工具和相机的使用以及动画的创建、灯光的添加和材质编辑等渲染模型的基本操作方式。

13.1 观察方式

三维导航工具允许用户从不同的角度、高度和距离查看图形中的对象。用户可以使用以下三维工具在三维视图中进行动态观察、回旋、调整距离、缩放和平移操作。

13.1.1 动态观察类型

利用 AutoCAD 的动态观察功能可以动态、交互式且直观地显示三维模型，从而方便检查所创建的实体模型是否符合要求。在 AutoCAD 中动态观察模型的方式包括以下 3 种。

1．动态观察

利用该工具可以对视图中的图形进行一定约束地动态观察，即可以水平、垂直或对角拖动对象进行动态观察。在观察视图时，视图的目标位置保持不动，而相机位置（观察点）围绕该目标移动。默认观察点会约束为沿着世界坐标系的 XY 平面或 Z 轴移动。

在【视图】选项卡的【导航】选项板中单击【动态观察】按钮，系统将激活交互式的动态视图。用户可以通过单击并拖动鼠标来改变观察方向，从而非常方便地获得不同方向的 3D 视图，效果如图 13-1 所示。

图 13-1　动态观察模型

2．自由动态观察

利用自由动态观察工具，可以使观察点绕视图的任意轴进行任意角度的旋转，从而对图形进行任意角度的观察。

在【导航】选项板中单击【自由动态观察】按钮，围绕待观察的对象将形成一个辅助圆，且该圆被 4 个小圆分成 4 等份。该辅助圆的圆心是观察目标点，当用户按住鼠标拖动时，待观察的对象静止不动，而视点绕着 3D 对象旋转，显示的效果便是视图在不断地转动，如图 13-2 所示。

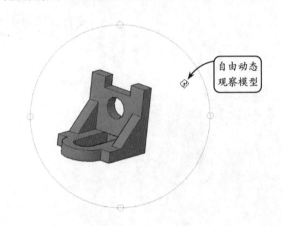

图 13-2　自由动态观察模型

其中，当光标置于左右侧的小球上时，拖动鼠标模型将沿中心的垂直轴进行旋转；当光标置于上下方的小球上时，拖动鼠标模型将沿中心的水平轴进行旋转；当光标在圆形轨道外拖动时，模型将绕着一条穿过中心，且与屏幕正交的轴线进行旋转；当光标在圆形轨道内拖动时，可以在水平、垂直以及对角线等任意方向上旋转任意角度，即可以对对象做全方位的动态观察。

3．连续动态观察

利用该工具可以使观察对象绕指定的旋转轴和旋转速度做连续的旋转运动，从而对其进行连续动态的观察。

在【导航】选项板中单击【连续动态观察】按钮，按住左键拖动启动连续运动，释放后模型将沿着拖动的方向继续旋转，旋转的速度取决于拖动模型时的速度。当再次单击或按下 Esc 键时即可停止转动，效果如图 13-3 所示。

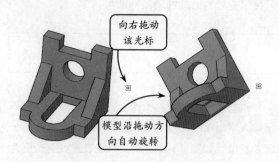

图 13-3　连续动态观察模型

13.1.2　漫游和飞行

在观察三维模型时，利用【漫游】和【飞行】工具可以动态地改变观察点相对于观察对象之间的视距和回转角度，从而能够以任意距离、观察角度对模型进行观察。

由于漫游和飞行功能只有在透视图中才可以使用，所以在使用该功能前，需单击屏幕右上角三维导航立方体的小房子按钮 ，将视图切换至透视效果。然后利用【工具栏】工具调出【三维导航】工具栏。接着在该工具栏中单击【漫游】按钮 或【飞行】按钮 ，即可利用打开的【定位器】选项板设置位置指示器和目标指示器的具体位置，以调整观察窗口中视图的观察方位，如图 13-4 所示。

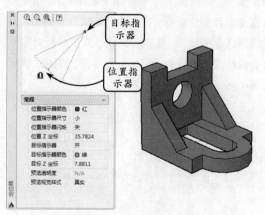

图 13-4　【定位器】选项板

此时，将鼠标移动至【定位器】选项板中的位置指示器上，光标将变成 形状，按住左键并拖动，

即可调整绘图区中视图的方位；而在【常规】面板中可以对位置指示器和目标指示器的颜色、大小以及位置等参数进行相应的设置，效果如图 13-5 所示。

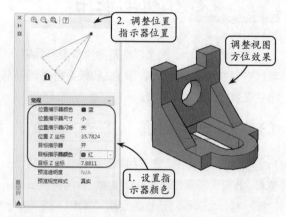

图 13-5　调整视图方向

另外，在【三维导航】工具栏中单击【漫游和飞行设置】按钮 ，即可在打开的【漫游和飞行设置】对话框中对漫游或飞行的步长以及每秒步数等参数进行设置，如图 13-6 所示。

图 13-6　【漫游和飞行设置】对话框

设置好漫游和飞行操作的所有参数值后，单击【确定】按钮。然后单击【漫游】或 【飞行】按钮，打开【定位器】选项板。此时将鼠标放置于绘图区

中，即可使用键盘和鼠标交互在图形中漫游和飞行：使用 4 个箭头键或 W、S、A 和 D 键来分别向下、向上、向右和向左移动；如果要指定查看方向，只需沿查看的方向拖动鼠标即可。

13.2 相机的使用

在模型空间中，为了观察不同的角度和效果，可以通过在模型空间中使用相机和根据需要调整相机设置来定义三维视图。

13.2.1 创建相机

在 AutoCAD 中，创建相机视图必须明确两个位置：当前的观察位置和目标位置。如同使用相机拍照一样，为了得到理想的照片（视图），应不断调整相机位置（视点）和焦点的位置（目标点）。

选择【视图】|【创建相机】选项，光标将变为一个相机模型形状。然后按照命令行提示，在绘图区中分别指定相机和目标的位置，右击或按 Enter 键即可完成相机的创建，效果如图 13-7 所示。

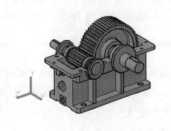

图 13-7　创建相机

13.2.2 调整相机

在创建了相机后，根据场景的需要，可以进行相机的调整，当选中相机时，通过拖动相机高度、焦距和剪裁平面距离来调整相机。

1．设置相机的镜头

相机的镜头长度可以控制视野的大小，即镜头长度越长，视野就会越小，相应的相机视图中的图形就会越大，适合观察模型的局部特征；反之，视野就会越大，相机视图中的图形就会变小，适合观察模型的总体结构。

执行【创建相机】操作，然后根据命令行的提示输入字母 LE 并按 Enter 键，即可设置镜头的长度参数值，如图 13-8 所示，即是设置镜头长度为 30 时的相机视图效果。

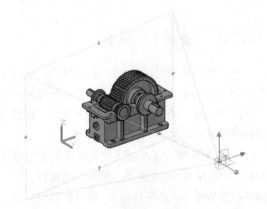

图 13-8　设置相机的镜头

2．设置相机剪裁平面

在 AutoCAD 中，剪裁平面是一个不可见的虚拟平面。利用该平面可以对观察对象进行虚拟的剖切操作，以便观察其内部结构或局部特征。指定相机位置和目标位置后，在命令行中输入字母 C，然后根据命令提示，设置向前剪裁平面或向后剪裁平面的偏移量，即可完成相机剪裁平面的创建，效果如图 13-9 所示。

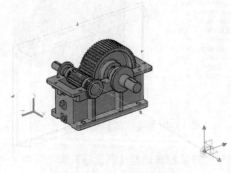

图 13-9　设置剪裁平面

3．设置相机夹点的位置

使用【特性】面板或【夹点】工具重新设置相机、目标位置以及相机位置镜头的长度等参数。

如图 13-10 所示即是利用【夹点】工具进行相机位置的调整效果。

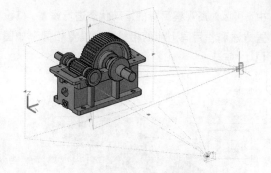

图 13-10　利用夹点工具调整相机位置

AutoCAD 13.3　创建运动路径动画

在三维建模过程中，可以利用【运动路径动画】功能将相机及其目标链接到点或路径，从而控制相机和观察对象之间的距离以及方位，以便对图形进行动态观察。其中，运动路径可以是直线、圆弧、椭圆弧、圆、多段线、三维多段线或样条曲线。

将打开【运动路径动画】对话框，如图 13-11 所示。在该对话框中可以对模型的运动路径动画进行制作，具体操作步骤介绍如下。

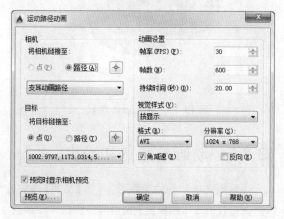

图 13-11　【运动路径动画】对话框

13.3.1　建立运动路径曲线

运动路径动画的前提是指定相机路径，即模型不动，而是由相机按照指定的轨迹来观察模型各方位显示效果。

选择【视图】|【运动路径动画】选项，在打开对话框的【相机】选项组中设置相机的运动状态，包括【点】和【路径】两个单选按钮：选择【点】单选按钮，相机的位置将保持不变；选择【路径】单选按钮，相机将沿所指定路径运动。

单击【选择】按钮，选取点或路径后，即可对该路径进行命名。接着单击【确定】按钮，即可完成相机路径设置，效果如图 13-12 所示。

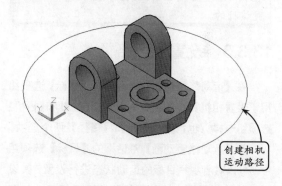

创建相机运动路径

图 13-12　创建运动路径曲线

13.3.2　设置相机路径

在【运动路径动画】对话框的【目标】选项组用于设置相机目标链接到的点或路径。其和【相机】选项组一样，也包括【点】和【路径】两个选项。

在【运动路径动画】对话框的【目标】选项组

中，可以对所观察目标的运动状态进行设置，其设置方法和作用同上步的相机路径设置相同，如图 13-13 所示。

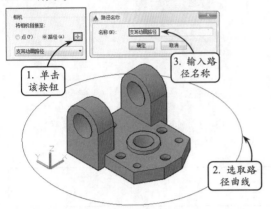

图 13-13 设置相机路径

13.3.3 设置目标路径

在【运动路径动画】对话框的【目标】选项组用于设置相机目标链接到的点或路径。其和【相机】选项组一样，也包括【点】和【路径】两个选项。

在【运动路径动画】对话框的【目标】选项组中，可以对所观察目标的运动状态进行设置，其设置方法和作用同上步的相机路径设置相同，如图 13-14 所示。

13.3.4 设置动画参数

在【运动路径动画】对话框的【动画设置】选项组中，可以对动画的帧率、帧数和持续时间，以及动画效果的流畅和长度进行设置。此外，还可以通过【视觉样式】【文件格式】和【分辨率】等选项，对动画保存的格式、模型的视觉样式以及视频的分辨率进行设置，效果如图 13-15 所示

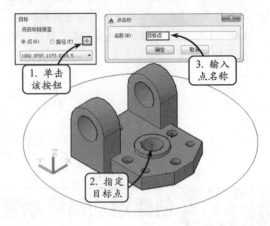

图 13-14 指定目标点

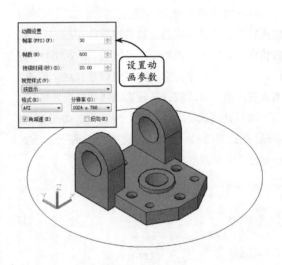

图 13-15 设置动画参数

13.3.5 动画的预览和输出

当设置完成动画的参数后，单击【预览】按钮，即可在打开的【动画预览】窗口和绘图区中同步进行动画的预览，得到相机绕相机路径动态观察模型的效果，如图 13-16 所示。

预览效果满意后，单击【确定】按钮，将打开【另存为】对话框，可以为动画指定输出位置和文件名。此外在该对话框中还可以单击【动画设置】按钮，对动画的视觉样式、分辨率等进行设置，效

果如图 13-17 所示。

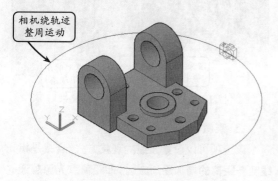

图 13-16　动画预览

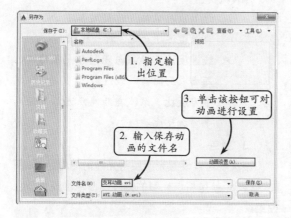

图 13-17　保存动画

完成以上设置后，单击【保存】按钮即可完成动画的创建，且在创建动画文件时，在打开的【动画预览】窗口中将显示动画的预览，效果如图 13-18 所示。

图 13-18　输出动画

技巧

在创建运动路径动画时，当指定了运动路径后，系统默认的运动方向是逆时针。如果用户需要改变运动方向，可以在【运动路径动画】对话框中启用【反转】复选框，系统将执行反转运动。

13.4　创建光源类型

AutoCAD 提供的光源包括默认光源、点光源、聚光灯、平行光和阳光五种类型。其中默认光源是两个平行光源，视口中模型的所有表面均被其照亮。当场景中没有用户创建的光源时，系统将使用默认光源对场景进行着色或渲染。只有关闭默认光源，用户自行创建的其他光源和太阳光才有效。

13.4.1　创建点光源

点光源是从一点出发，向所有方向发射辐射状光束的光源，类似于现实生活中的电灯。因此可以用来模拟灯泡发出的光。点光源主要用于在场景中添加充足的光照效果，或者模拟真实世界的点光源

照明效果，一般用作辅助光源。

如果默认光源处于打开状态，可以单击【光源】选项板中的【默认光源】按钮，取消默认光源的打开状态。然后单击【点】按钮，在绘图区指定一点，确定点光源的位置。此时命令行中将显示"输入要更改的选项[名称（N）/强度因子（I）/状态（S）/光度阴影（W）/衰减（A）/过滤颜色（C）/退出（X）]<退出>："的提示信息，如图 13-19 所示。点光源可以设置的各种特性分别介绍如下。

❑　名称

选择该选项，在打开的文本框中可以设置光源的名称。

图 13-19　创建点光源

❏ **强度**

选择该选项，可以在命令行中输入参数设置光源的强度，效果如图 13-20 所示。强度的最大值与衰减设置有关，两者间的关系介绍如下。

图 13-20　不同强度的光源照射效果

➤ 衰减设置为【无】时，光源的最大强度为 1。

➤ 衰减设置为【线性反比】时，光源的最大强度为图形范围距离值的两倍。其中图形范围距离值是指从图形窗口左下角最小坐标到右上角最大坐标的距离。

➤ 衰减设置为【平方反比】时，光源的最大强度是图形范围距离值平方的两倍。

❏ **状态**

该选项可以设置光源轮廓的显示状态，即控制创建的光源是否发光。

❏ **阴影**

该选项可以设置光源阴影的开关状态，并且可以设置阴影在开启状态下的类型。当关闭阴影时，可以提高系统渲染性能。但要注意，只有在渲染环境中才能查看模型的阴影效果，如图 13-21 所示。

图 13-21　打开阴影后的渲染效果

❏ **衰减**

该选项可以设置光线的衰减方式。衰减是指光线随着距离的增加逐渐减弱，即距离点光源越远的地方光强越低，物体就越暗。在 AutoCAD 中有以下 3 种衰减类型。

➤ **无**　没有衰减。此时对象不论距离点光源是远还是近，都一样明亮。

➤ **线性反比**　衰减与距离点光源的线性距离成反比。

➤ **平方反比**　衰减与距离点光源的距离平方成反比。

❏ **颜色**

该选项可以设置光源照射光线时的颜色。如图 13-22 所示就是将点光源的光线由白色修改为蓝色效果。

图 13-22　设置光线的不同颜色

添加点光源后，如果单击选择该点光源对象，还可通过拖动光源夹点调整光源的位置，从而改变点光源的照射效果，如图 13-23 所示。

图 13-23　通过夹点调整光源位置

13.4.2　创建聚光灯

聚光灯是向指定方向上发射的圆锥形光束,其照明方式是光线从一点朝向某个方向发散。当来自聚光灯的光照射表面时,照明强度最大的区域被照明强度较低的区域所包围。因此聚光灯适用于高亮显示模型中的几何特征和区域,在实际中常用于模拟各种具有方向的照明,如制作建筑效果中的壁灯、射灯以及特效中的主光源等。

在【光源】选项板中单击【聚光灯】按钮 ,如果【默认光源】按钮处于打开状态,系统将提示关闭默认光源。关闭光源后,鼠标将变为聚光灯图标,指定一点放置聚光灯,并选取另一点作为目标点,即可显示聚光灯照射效果,如图 13-24 所示。聚光灯离照射物体越远,照射效果越明显;反之则照射效果不明显。

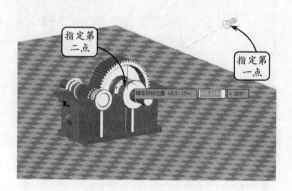

图 13-24　添加聚光灯

聚光灯发出的圆锥形光束分为聚光角和照射角(也称为衰减角)。其中,聚光角是指内轮廓界限与光源位置的夹角,是最亮光锥的角度,取值范围为 0°～160°,默认值是 45°;照射角是指外轮廓界限与光源位置的夹角,是整个光锥的角度,取值范围为 0°～160°,默认值是 50°。调整这两个角度就改变了锥形光束的大小,同时光照区域也随之变化,效果如图 13-25 所示。但要注意设置的照射角必须大于聚光角。

13.4.3　创建平行光源

平行光是向同一方向发射的平行光束,且该光束没有衰减,各点的光强保持不变。该类光源主要用于模拟太阳光的照射效果。

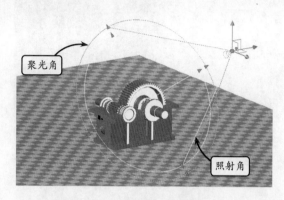

图 13-25　调整聚光角和照射角

要创建平行光,必须先关闭默认的光源。然后在【光源】选项板中单击【平行光】按钮 ,并依次指定两点,确定平行光的位置和照射方向即可,效果如图 13-26 所示。

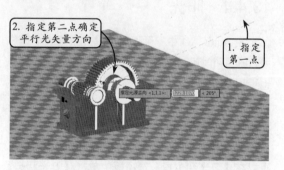

图 13-26　创建平行光

> **提示**
>
> 添加的点光源和聚光灯在绘图区域中均有对应的图标轮廓,而平行光和阳光则不显示图标轮廓。

由于创建的平行光在视图中不显示其轮廓,因此无法通过夹点来改变其照射效果。欲设置其特性,可以单击【光源】选项板中右下角的按钮 ,在【光源列表】面板中选择平行光源,并右击鼠标选择【特性】选项,即可在打开的【特性】选项板中修改相应的特性参数值,如图 13-27 所示。

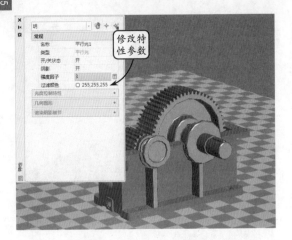

图 13-27　设置平行光特性

提示

在实际渲染中，平行光的方向要比其位置重要得多。为了避免混乱，最好将平行光源设置在图形范围内。

13.4.4　阳光

在 AutoCAD 中，可以通过设定模型的地理位置、日期和时间，以确定太阳光的照射角度。同样也可以修改阳光的各种特性，如阴影的打开和关闭、光晕的强度等。

1. 打开和关闭阳光

要打开阳光照射功能以查看阳光的照射效果，可以在【阳光和位置】选项板中单击【阳光状态】按钮，即可切换阳光的打开和关闭效果，如图13-28 所示。

图 13-28　使用太阳光照射模型

2. 调整阳光的照射角度

开启阳光后，有时阳光的照射角度并不符合要

求。此时可以对阳光照射角度进行调整。用户可以单击【设置位置】按钮，在打开的对话框中选择【输入位置值】选项。然后在打开的对话框中单击【下一步】按钮，并在打开的【位置选择器】对话框中分别指定地区和时区，效果如图 13-29 所示。

图 13-29　指定位置

然后返回到绘图窗口，将显示位置图标。接着拖动【日期】文本框的滑块，调整阳光照射的日期，并拖动【时间】文本框的滑块，调整阳光照射的时间，效果如图 13-30 所示。至此即可完成阳光照射角度的调整。

3. 修改阳光的各种特性

在【阳光和位置】选项板中单击右下角的小箭头按钮，在打开的【阳光特性】选项板中可以修改阳光的开始和关闭、阳光的强度、阳光阴影的开关等特性，如图 13-31 所示。

在【阳光特性】选项板中通过【太阳角度计算器】选项组，可以方便地计算出一年之中地球上任

意时间、任意地点处的太阳角度，从而为使用平行光模拟太阳光提供了设置光源矢量的依据，效果如

图 13-32 所示。

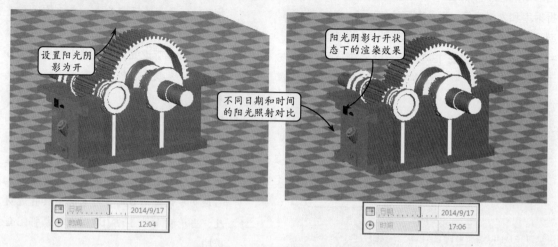

图 13-30　调整阳光的日期和时间

图 13-31　修改阳光的特性

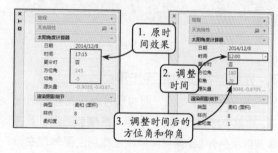

图 13-32　调整时间计算太阳角度

AutoCAD
13.5　材质与贴图

　　材质与贴图是用来指定物体的表面或数个面的特性，它决定这些平面在着色时的特性，如颜色、光亮程度、自发光度及不透明度等。通过将材质附着给三维模型，可以在渲染时显示模型的真实外观，可以使模型显示出照片级的真实效果。

1．材质概述

　　创建三维模型后，如果再指定适当的材质，便可以表现完美的模型效果。例如指定的颜色、材料、反光特性和透明度等参数。这些属性都是依靠材质

实现的。为参照模型的各个部分赋予材质是创建逼真渲染对象的关键一步。

2．材质简介

　　材质是为了在渲染时表现物体的表面颜色、材料、纹理、透明度和粗糙度等显示效果的一组设置。用户可以将材质附着在模型对象上，这样在渲染模型时对象表面将显示材质替代对象本身的特性，以获得惟妙惟肖的渲染效果。

　　材质可以看成是材料和质感的结合。在渲染程

式中它是表面各可视属性的结合,这些可视属性是指表面的色彩、纹理、光滑度、透明度、反射率、折射率和发光度等。正是有了这些属性,为三维模型添加材质后所渲染出来的效果才会和真实世界一样缤纷多彩。如图 13-33 所示就是在 AutoCAD 中为别墅各个结构赋予相应的材质后渲染的效果。

立式电风扇
渲染效果

图 13-33　别墅剖立面渲染效果

3．光源与材质的相互作用

光源照亮了材质,而材质可以反射和折射光线。光源和材质的相互作用为三维模型提供了具有真实效果的外观。两者间的相互作用主要体现在以下三个方面。

❑ 光线在模型上的照射位置与角度决定了各种不同反射区的相对位置,从而影响材质颜色的分布。在材质中可以根据不同的光线反射区设置不同的颜色。

❑ 材质的光泽度决定了光线反射区的大小和亮度,使模型表面显示出光滑或粗糙的效果。所设置光泽度越大,表示物体表面越光滑,此时表面上亮显区域较小但显示较亮;反之所设置光泽度越小,对象表面越粗糙、光线反射较多、亮显区较大且较柔和。

❑ 材质的透明度决定了光线是否能够穿过模型的表面。所设置的透明度越高,表示穿越该表面的光源越强;反之所设置的透明度越低,表示穿越该表面的光源越弱。当透明度设置为 0 时,对象将不具有透明度;当透明度设置为 100 时,对象将完全透明。

❑ 对于全部或部分透明的对象,材质的折射系数还决定着光线穿过模型表面时的折射程度。当折射率为 1.0 时(空气折射率),透明对象后面的对象不会失真;折射率为 1.5 时,对象会严重失真,就像通过玻璃球看对象一样。

4．贴图与材质的关系

材质是一组相关的设置,而贴图是材质应用中所使用的一种技术,且贴图通过材质来实现。在一个材质中可以设置多种不同作用的贴图,如纹理贴图、反射贴图、透明贴图和凹凸贴图等。不同类型的贴图在材质中具有不同的作用,可以在渲染时产生不同的效果,如图 13-34 所示。

纹理贴图　　　　反射贴图　　　　透明贴图　　　　凹凸贴图

图 13-34　材质不同的贴图

5．不同贴图方式对材质的影响

由于在材质中用于贴图的图像是二维的,而材质所附着的模型表面却是三维的。因此在贴图时,使用不同的投影方式和方向将会产生不同的效果。此外贴图图像在三维表面上的位置、比例和排列方式也将影响着材质的最终显示效果。

投影方式影响着贴图图像和三维表面之间的对应关系。对于平面投影两者间是一一对应的，不会使图像产生变形。而柱面投影和球体投影将使贴图图像沿柱面或球面弯曲，使图像变形。长方体投影也会使三维材质在不同的贴图坐标方向上产生变形，效果如图 13-35 所示。

图 13-35　材质贴图的四种投影方式

- 投影面决定了贴图的投影方向，AutoCAD 将在三维模型中与投影面平行的面上进行贴图。
- 贴图图像在三维表面上的位置、比例和排列方式决定着图像与每个模型表面的相对关系。由此可以使图像按指定大小附着在模型表面的指定位置上，并可以将图像进行拉伸或平铺而布满整个表面，效果如图 13-36 所示。

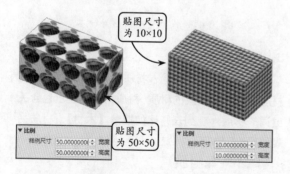

图 13-36　材质贴图的不同平铺比例对比效果

13.5.1　应用材质

为模型赋予材质的操作包括使用材质库、自定义材质、赋予对象材质、删除材质等，下面分别进行介绍。

1．使用材质库中的材质

AutoCAD 在其材质库中定义了多种材质，可以将其载入到当前图形中，并将载入的材质附着到各个模型对象上。

在【渲染】选项卡的【材质】选项板中单击【材质浏览器】按钮，将打开【材质浏览器】选项板，如图 13-37 所示。在该选项板的【库】列表框中选择【Autodesk 库】选项，在其下拉列表框中包含了 AutoCAD 附带的多种材质和纹理库。

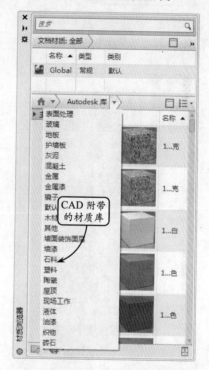

图 13-37　【材质浏览器】选项板

在【材质浏览器】选项板上部的列表框中列出了当前图形中所有可用的材质。该列表框中始终包含一个名称为【Global】（全局）材质。该材质是 AutoCAD 自动创建，并默认使用的一种材质。任何没有被用户指定材质的对象都将在渲染时使用全局材质。该材质不能被删除，但可以修改，效果如图 13-38 所示。

如果需要在当前图形中使用全局之外的材质，最直接的方法便是从材质库中载入材质。在系统提供的材质库左侧列表框中显示了当前图形中可用的材质，在右侧的列表框中显示当前材质库所有材质的缩略图。用户可以单击选择一种材质或者按住 Ctrl 或 Shift 键选择多个材质，所选材质将出现在选项板上部的列表框中，效果如图 13-39 所示。

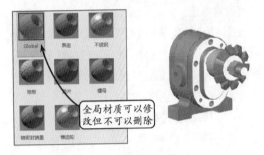

图 13-38　模型应用的全局材质

图 13-39　载入材质

2．创建材质

除了使用材质库中已定义的材质之外，还可以根据需要创建新的材质。可在【材质浏览器】选项板下部单击选择【创建材质】按钮，并在其下拉列表中选择新材质的属性。此时在打开的【材质浏览器】选项板中即可对新材质进行详细的设置，效果如图 13-40 所示。

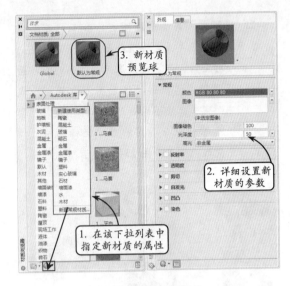

图 13-40　设置新材质

在【材质浏览器】选项板上方的预览窗口中，以预览几何体形式实时显示材质的效果。单击该窗口右上角的小三角按钮，即可在打开的下拉列表中设置材质的预览样本类型，效果如图 13-41 所示。

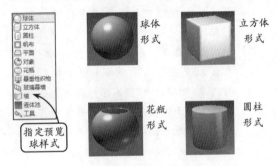

图 13-41　设置材质的预览样本

3．搜索材质

在搜索文本框中输入材质名称的关键词，则在材质库中搜索相应的材质，材质列表中显示包含关键词的材质外观列表，比如搜索【木材】，材质列表如图 13-42 所示。

4．赋予对象材质

从材质库中指定好所需材质或设置好所需材质后，便可以直接拖动材质球赋予指定对象。在【材质浏览器】选项板中选择一材质球，直接拖动至当前模型指定对象释放，即可赋予该对象所选材质，效果如图 13-43 所示。利用该赋予材质的方法可以为合并实体的各个部分分别赋予不同的材质。

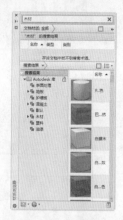

图 13-42 搜索【木材】材质

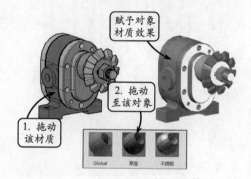

图 13-43 拖动材质应用于对象

也可以选择一个模型对象，再选择一个材质球。然后在该材质球上右击，在打开的快捷菜单中

选择【指定给当前选择】选项，所选对象即可应用为该材质，效果如图 13-44 所示。

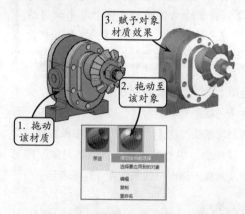

图 13-44 将材质指定给当前选择的对象

5．随层赋予对象材质

利用【随层附着】工具将指定的材质应用于某一图层上，则属于该图层上的所有对象都将应用该材质。该赋予材质的方法常用于一些复杂建筑物附着材质。

在【材质】选项板中单击【随层附着】按钮，将打开【材质附着选项】对话框。然后在该对话框左侧的材质列表框中选择一材质，并向右拖动至相应的图层，则该图层上的所有对象都将应用该材质。如图 13-45 所示，将【屋檐】材质拖至【屋檐】图层，则屋檐将应用该材质。

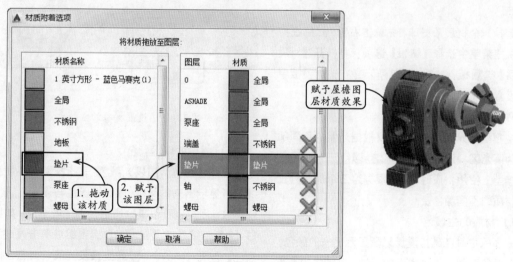

图 13-45 随层附着材质

要想将材质从图层上删除，可在【材质附着选项】对话框中右侧的列表框中单击该图层右侧的叉号按钮✕，并单击【确定】按钮，即可将材质从图层上删除。

6. 删除已赋予对象的材质

对于已赋予对象的材质，如果不符合要求，可以将该材质删除。在【材质】选项板中单击【删除材质】按钮🎨，并选取已赋予材质的对象，即可将材质从对象上删除，效果如图 13-46 所示。

图 13-46　删除对象上的材质

13.5.2 编辑材质

不管是使用材质库中的材质，还是自定义材质，用户都可以利用 AutoCAD 提供的材质编辑器对材质进行编辑，以获得更好的材质效果。根据所选材质样板的不同，材质编辑器所呈现的选项也不尽相同。

选择一个材质预览球，并单击右键。然后在打开的快捷菜单中选择【编辑】选项，将打开【材质编辑器】选项板，如图 13-47 所示。在该选项板中主要设置材质的以下特性。

1. 材质的颜色

当模型被光源照射时，可以根据光照的不同部位分为高光区、漫反射区和环境反射区三个部分。当在模型上使用材质时，可以根据这三个部分分别设置材质的不同颜色。

❑ 材质的主颜色

材质的主颜色是指漫反射区显示出来的颜色。该部分颜色表现了物体本身的特性。在【常规】选项组中单击【颜色】选项右侧的色块，即可在打开

的对话框中指定该部分的颜色，效果如图 13-48 所示。

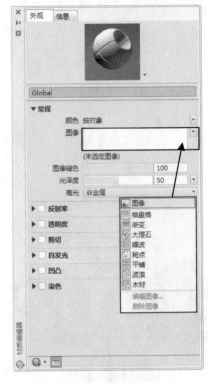

图 13-47　【材质编辑器】选项板

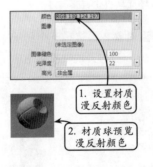

图 13-48　设置材质的主颜色

❑ 材质的环境颜色

该颜色也称为自发光颜色，是指模型上环境反射区所显示出来的颜色。默认该颜色与漫反射区颜色一致，用户也可以单独指定一种环境颜色。如图 13-49 所示就是在【自发光】选项组中单击【过滤颜色】选项右侧的色块，指定自发光颜色为蓝色的模型效果。

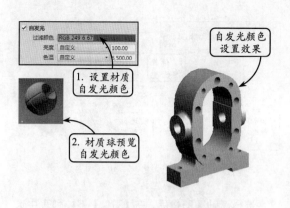

图 13-49　设置材质的自发光颜色

❏ **材质的高光颜色**

该颜色是指模型上高光区所显示出来的颜色。默认情况下该颜色包括【金属】和【非金属】两种类型，对比效果如图 13-50 所示。

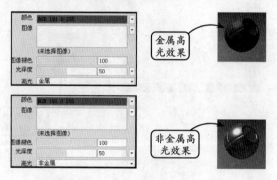

图 13-50　设置材质的高光类型

2．材质的光泽度

材质的光泽度又称为粗糙度，可以控制光线在物体表面上的不同反射效果，即模拟不同粗糙程度的对象表面在光照时的显示效果。

在渲染模型时，材质的光泽度将影响高光区的大小。在同样的光照条件下，材质的光泽度越高，说明对象表面越光滑，此时物体表面将产生高度镜面反射，高光区范围较小，且强度较高；材质的光泽度越低，说明对象表面越粗糙，此时物体表面的高光区范围较大，而强度较低。如图 13-51 所示在【光泽度】文本框中分别设置不同的数值来获得的材质球预览效果。

3．材质的透明度

材质的透明度可以控制光线穿过物体表面的

程度。对于使用了透明材质的物体，渲染时光线将穿过该物体，显示该物体后部的对象。

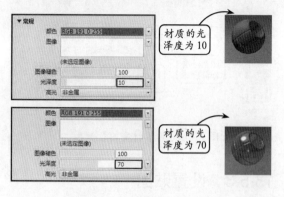

图 13-51　设置材质的光泽度

在【透明度】选项组的【数量】文本框中可以设置所需的透明度数值。当透明值为 0 时，材质不透明；当透明值为 70 时，材质完全透明，效果如图 13-52 所示。

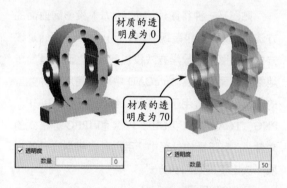

图 13-52　设置材质的透明度

4．材质的折射

当材质的透明度不为 0 时，光线穿过物体将产生折射。此时可以通过对材质的折射属性进行设置来控制光线穿过物体时的折射程度。

当光线穿过折射材质时会改变路径，因此所看到的对象会发生改变。不同的折射程度将使透过物体而显示出来的图像产生不同程度的变形。在【透明度】选项组的【折射】下拉列表中，系统提供了不同介质所对应的折射率，如图 13-53 所示就是折射介质为【玻璃】时的渲染效果。

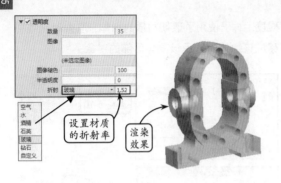

图 13-53 设置材质的折射率

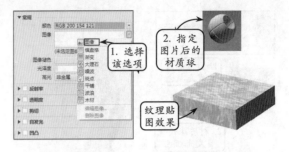

图 13-54 选择图像文件及贴图效果

13.5.3 设置贴图

贴图就是将二维图像贴到三维对象的表面上，从而在渲染时产生照片级的真实效果。常用的贴图方式有纹理贴图、反射贴图、透明贴图以及凹凸贴图。在具体的使用过程中，根据选择的材质样板不同，使用的贴图方式也不相同。

1. 添加贴图

贴图是一种将图片信息（材质）投影到曲面的方法，就像使用包装纸包裹礼品一样。不同的是该方式是将图案以数学方法投影到曲面，而不是简单地捆在曲面上。在 AutoCAD 中可以使用多种类型的贴图，其中可用于贴图的二维图像包括 BMP、PNG、TGA、TIFF、GIF、PCX 和 JPEG 等格式的文件。在实际操作过程中，用户可以根据选择的材质，决定使用贴图的方式。

❑ 纹理贴图

纹理贴图可以表现物体表面的颜色纹理，就如同将图像绘制在对象上一样。纹理贴图与对象表面特征、光源和阴影相互作用，可以产生具有高度真实感的图像。如将各种木纹图像应用在家具模型表面，在渲染时便可以显示各种木质的外观。

在【材质编辑器】选项板的【常规】选项组中展开【图像】下拉列表，在该下拉列表中选择【图像】选项。然后在打开的对话框中指定图片，返回到【材质编辑器】选项板可发现材质球上已显示该图片，并且应用该材质的物体已应用该贴图，效果如图 13-54 所示。

选择了贴图图像后，在【图像】下拉列表中选择【编辑图像】选项，即可在打开的【纹理编辑器】中调整图像文件的亮度、位置和比例等参数，效果如图 13-55 所示。

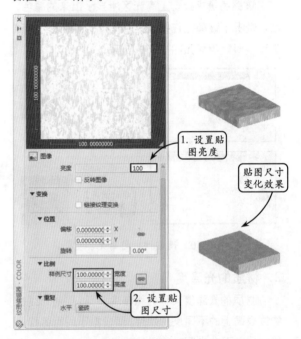

图 13-55 通过纹理编辑器调整贴图效果

❑ 反射贴图

反射贴图可以表现对象表面上反射的场景图像，也称为环境贴图。利用反射贴图可以模拟显示模型表面所反射的周围环境景象，如建筑物表面的玻璃材质可以反射出天空和云彩等环境。使用反射贴图虽然不能精确地显示反射场景，但可以避免大量的光线反射和折射计算，节省渲染时间。

在【反射率】选项组的【直接】文本框右侧单击小三角按钮，在打开的下拉列表中选择【图像】

选项。然后在打开的对话框中指定一图像作为材质的反射贴图即可，效果如图 13-56 所示。

图 13-56 添加反射贴图效果

❑ 透明贴图

透明贴图可以根据二维图像的颜色来控制对象表面的透明区域。在对象上应用透明贴图后，图像中白色部分对应的区域是透明的，而黑色部分对应的区域是完全不透明的，其他颜色将根据灰度的程度决定相应的透明程度。如果透明贴图是彩色的，AutoCAD 将使用等价的颜色灰度值进行透明转换。

在【透明度】选项组的【图像】下拉列表中选择【图像】选项，指定一图像作为透明贴图，并在【数量】文本框中设置透明度数量值即可，效果如图 13-57 所示。

图 13-57 添加透明贴图效果

❑ 凹凸贴图

凹凸贴图可以根据二维图像的颜色来控制对象表面的凹凸程度，从而产生浮雕效果。在对象上应用凹凸贴图后，图像中白色部分对应的区域将相对凸起，而黑色部分对应的区域则相对凹陷，其他颜色将根据灰度的程度决定相应区域的凹凸程度。如果凹凸贴图的图案是彩色的，AutoCAD 将使用等价的颜色灰度值进行凹凸转换。

在【凹凸】选项组的【图像】下拉列表中选择【图像】选项，指定一图像作为凹凸贴图，并在【数量】文本框中设置凹凸贴图数量即可，效果如图 13-58 所示。

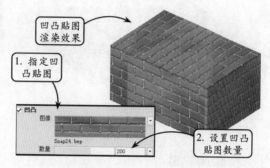

图 13-58 添加凹凸贴图效果

2．调整贴图

在给对象附着带纹理的材质后，可以调整对象上纹理贴图的方向，使贴图适应对象的形状，从而避免贴图变形。

在【材质】选项板中单击【平面】按钮右侧的小三角，将展开 4 种类型的纹理贴图图标，如图 13-59 所示。这 4 种纹理贴图的设置方法分别介绍如下。

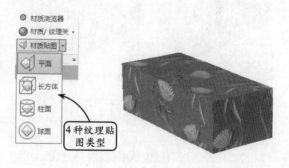

图 13-59 纹理贴图类型

❑ 平面贴图

平面贴图是将贴图图像映射到对象上，就像用幻灯片投影器将图像投影到二维曲面上一样。它并不扭曲纹理，图像也不会失真，主要调整贴图尺寸、贴图方向，以适应对象的大小。该贴图类型常用于面的贴图。

单击【平面】按钮，并选取平面对象。此时绘图区显示矩形线框。通过拖动夹点或依据命令行的提示输入相应的移动、旋转命令，调整贴图坐标，效果如图 13-60 所示。

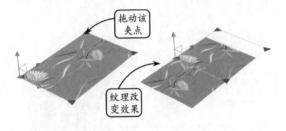

图 13-60　调整平面贴图方向

❏ 长方体贴图

长方体贴图可以将图像映射到类似长方体的实体上。通过调整长方体线框的贴图坐标，可以控制贴图在长方体上的分布。

单击【长方体】按钮，选取对象则显示一个长方体线框。此时通过拖动夹点或依据命令行提示输入相应的命令来调整长方体的贴图坐标，效果如图 13-61 所示。

图 13-61　调整长方体贴图方向

❏ 柱面贴图

柱面贴图可以将图像映射到圆柱形表面上，贴图后水平边将一起弯曲，但顶边和底边不会弯曲，

图像的高度将沿圆柱体的轴进行缩放。

单击【柱面】按钮，选择圆柱面则显示一个圆柱体线框。默认的线框体与圆柱体重合，此时如果依据提示调整线框，即可调整贴图，效果如图 13-62 所示。

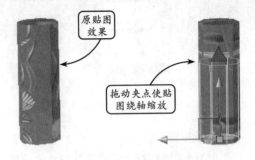

图 13-62　调整柱面贴图方向

❏ 球面贴图

使用球面贴图可以使贴图图像在球面的水平和垂直两个方向上同时弯曲，并且将贴图的顶边和底边在球体的两个极点处压缩为一个点。

单击【球面】按钮，选择球体则显示一个球体线框，调整线框位置即可调整球面贴图，如图 13-63 所示。贴图后纹理贴图的顶边在球体的"北极"压缩为一个点；同样在底边的"南极"压缩为一个点。

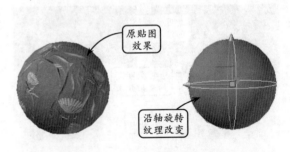

图 13-63　调整球面贴图方向

AutoCAD 13.6 渲染图形

渲染就是将虚拟的三维场景输出为类似照片的二维图像过程。通过渲染可以将物体的光照效果、材质效果以及环境设置等都完美地表现出来。

13.6.1　基本渲染

在渲染操作中，有快速渲染和高级渲染之分。

快速渲染主要是为了方便用户快速查看当前的材质、灯光设置效果而进行的渲染，它不设置任何渲染参数，可以快速地渲染出一个大致的场景效果。高级渲染是为了最后的输出进行渲染，用户需要设置各种渲染参数以期获得完美的效果。高级渲染速度慢，用时长。下面首先介绍基本渲染。

1. 视图渲染

单击【渲染】选项板中的【渲染】按钮 🖙，或者在命令行中输入"RENDER"命令，系统将快速渲染当前视图中所有场景并在打开的对话框中显示其渲染效果，如图 13-64 所示。

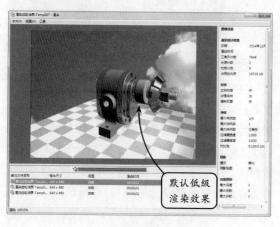

图 13-64 【渲染】对话框

此外，还可以在【渲染预设】下拉列表中选择不同级别的图像效果，其中渲染预设的级别越高，渲染出的图像质量越高，渲染时速度越慢；渲染预设的级别越低，渲染出的图像质量越差，渲染时的速度越快，效果如图 13-65 所示。

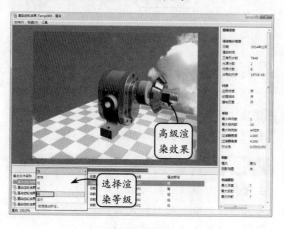

图 13-65 不同级别的渲染效果

提示

在【渲染预设】下拉列表中包括草稿、低、中、高以及演示 5 种标准预设类型。其中选择【草稿】类型用于快速测试图像，而选择【演示】选项则提供照片级真实感的图像。

2. 渲染面域

当渲染大型复杂的三维对象时，使用上述介绍的基本渲染工具需要通过大量时间才能获得渲染效果。此时便可以利用 AutoCAD 提供的另一种渲染模型工具，即【渲染面域】工具，只选取需要查看效果的区域进行渲染，渲染效果直接显示在视图中而不是渲染对话框中，因而极大地提高了渲染速度。

单击【渲染】选项板中的【渲染面域】按钮 🖱，依次指定两个对角点确定渲染区域窗口，即可对所选区域执行渲染操作，效果如图 13-66 所示。

图 13-66 渲染面域

13.6.2 渲染预设

渲染预设是渲染模型时使用的预定义渲染设置的命名集合，既可以使用标准渲染预设，也可以在渲染预设管理器中创建自定义渲染预设。

在【渲染】选项板的【渲染预设】下拉列表中选择【管理渲染预设】选项，即可在打开的【渲染预设管理器】对话框中创建自定义预设，如图 13-67 所示。

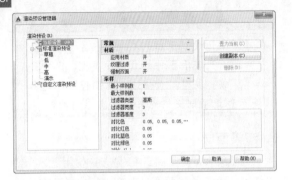

图 13-67 【渲染预设管理器】对话框

渲染预设管理器分为 4 部分，分别是【渲染预设列表】【特性面板】【按钮控制】和【缩略图查看器】，现分别介绍如下。

1. 渲染预设列表

该列表位于对话框的左侧，列出了所有与当前图形一起存储的预设，包括【标准渲染预设】和【自定义渲染预设】两种类型。在渲染预设列表中，通过拖动可以重新排列标准预设树和自定义预设树的次序。且如果包括多个自定义预设，同样可以用相同的方式排列它们的次序，但是不能在标准渲染预设列表内重新排列标准预设的次序，如图 13-68 所示。

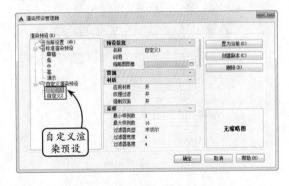

图 13-68 调整渲染预设列表

2. 特性面板

在该特性面板的【预设信息】选项组中，【名称】选项显示的为所选预设名称，可以重命名自定义预设，但不能重命名标准预设；【说明】选项显示所选预设的解释说明；【缩略图图像】选项用于指定与所选预设关联的静态图像。在该选项中单击右侧的按钮□，即可在打开的【指定图像】对话框中为创建的预设选择缩略图图像，效果如图 13-69

所示。

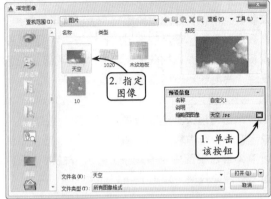

图 13-69 选择并显示缩略图像

3. 按钮控制

在按钮控制区包括 3 个控制按钮：单击【置为当前】按钮，可以将选定的渲染预设设定为渲染器要使用的预设；单击【创建副本】按钮，可在打开的【复制渲染预设】对话框基于现有的渲染预设创建副本，并可对该副本重命名；单击【删除】按钮，即可删除选择的预设，如图 13-70 所示。

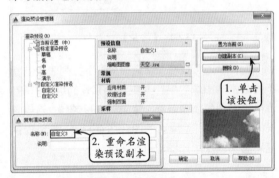

图 13-70 创建渲染预设副本

4. 缩略图查看器

该区域用于显示与选定渲染预设关联的缩略图图像，如果未显示缩略图图像，可以从预设信息下的【缩略图图像】设置中选择一个对象。

> **提示**
>
> 在【复制渲染预设】对话框中，用户可以自定义预设，输入新的预设名称或说明，其中预设名称不能包括特殊字符。

13.6.3　高级渲染设置

要渲染出更加真实且有质感的图像，是由多种因素决定的，如三维模型的面、材质、场景中的环境和图像的输出分辨率等等。通过对这些决定渲染图像质量的因素进行调整，如设置模型边的渲染平滑度、添加渲染图像的场景背景以及雾化效果等陪衬因素，可以使图像的渲染效果显得更加真实。

1．渲染时模型边的处理

在对三维模型进行渲染时，对于模型上相邻两个面之间的边界，可以进行平滑处理和不平滑处理。所谓平滑处理，就是在渲染时计算表面的法线，并合成两个或多个相邻平面的颜色，使得这些面之间平滑过渡而不产生棱边。在 AutoCAD 中，由于曲面对象是使用多边形网格近似获得的，而不是真正的曲面，因此渲染时必须使用平滑处理，才能获得真实的曲面。

渲染程序并不是对所有的边界都进行平滑处理，而是根据平滑角度来确定需要进行平滑的边界。如果模型中两个相邻面的夹角小于平滑角度时，渲染程序将对这两个面进行平滑处理；如果两个相邻面的夹角大于平滑角度时，渲染程序将默认这两个面之间的边界为棱边，不进行平滑处理。因此可以通过设置平滑角度来控制模型在渲染时的光滑程度。

在绘图区空白处单击鼠标右键，在打开的快捷菜单中选择【选项】选项，将打开【选项】对话框。在该对话框中切换至【显示】选项卡，然后在【显示精度】选项组的【渲染对象的平滑度】文本框中设置渲染对象的平滑度数值，即可获得不同的模型渲染平滑度，效果如图 13-71 所示。

图 13-71　渲染模型时设置不同的平滑度

2．设置渲染时的场景背景

在制作场景的过程中，可以根据实际的需要，将场景的背景设置为各种单一纯色、渐变色，以及风景或天空类的图片，使场景显示效果更加真实。

要设置背景效果，在命令行输入 VIEW 命令，将打开【视图管理器】对话框，如图 13-72 所示。在该对话框中选择前面创建的场景视图【相机 1】，然后打开右侧的【背景替代】下拉列表，系统提供了 4 种背景类型，现将其使用方法分别介绍如下。

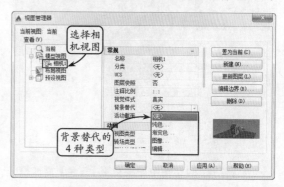

图 13-72　【视图管理器】对话框

❑　背景颜色为无

选择该选项，场景视图的背景默认与当前 AutoCAD 绘图窗口的背景相同。渲染时的背景始终为黑色。

❑　修改背景颜色为纯色

可以修改视图背景为单一的某种颜色。选择【纯色】选项，在打开的对话框中可指定任意一种颜色为背景颜色。然后返回到【视图管理器】对话框，单击【置为当前】按钮，并单击【应用】按钮。接着单击【确定】按钮，场景视图的背景即可修改为指定的颜色，效果如图 13-73 所示。

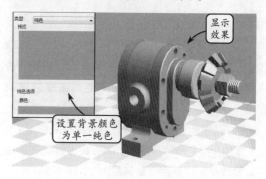

图 13-73　修改场景背景为纯色

❏ 修改背景颜色为渐变

可以将视图背景设置为两色或三色的渐变色。选择【渐变色】选项，在打开的【背景】对话框中便可以设置渐变顶部颜色和底部颜色，将场景视图的背景修改为两种渐变的颜色，效果如图 13-74 所示。

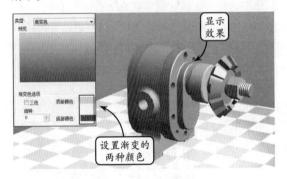

图 13-74　修改背景为两种渐变色

在【背景】对话框中如果启用【三色】复选框，便可以将视图的背景修改为三种渐变颜色。此外在【旋转】文本框中还可以设置各个渐变色的旋转角度，效果如图 13-75 所示。

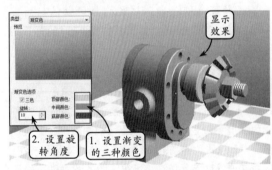

图 13-75　修改背景为旋转的三种渐变色

❏ 修改背景为图像

可以使用 BMP、PNG、GIF、JPG、PCX、TGA 和 TIFF 等类型的位图图像作为背景，将场景背景修改为这些位图图像，以获得更加逼真的渲染效果。

选择【图像】选项，在打开的对话框中单击【浏览】按钮，指定一背景图片，即可将当前场景视图的背景修改为该图片，效果如图 13-76 所示。

此外，在【背景】对话框中单击【调整图像】

按钮，可以在打开对话框的【图像位置】下拉列表中设置图像在当前绘图窗口中的位置。如果选择【拉伸】选项，背景图片将布满整个绘图窗口；选择【平铺】选项，背景图片将平铺于整个绘图窗口；选择【中央】选项，背景图片将位于当前绘图窗口的中央，且可以拖动滑块控制图像的具体位置，效果如图 13-77 所示。

图 13-76　修改背景为图像

图 13-77　调整图像在绘图窗口中的位置

> **提示**
>
> 在【背景替代】下拉列表中选择【编辑】选项，便可对当前设置的背景样式进行相应的编辑。

3．设置渲染时的雾化/深度

一般来说，距离观察位置较近的物体比较清

晰，而距离观察位置较远的物体比较模糊，因此在视觉上产生一个深度或距离的效果。在 AutoCAD 中，为了产生较好的视觉效果，增强渲染图像的真实性，可以通过雾化和深度设置来实现。

在【渲染】选项板中单击【环境】按钮，在打开的【渲染环境】对话框中即可启用雾化和背景功能，并设置雾化的颜色、范围和浓度等，效果如图 13-78 所示。该对话框中各选项的含义介绍如下。

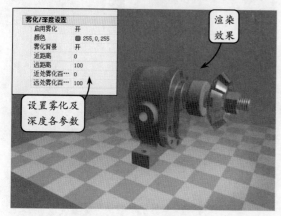

图 13-78 设置雾化/深度

❏ 启用雾化

设置渲染时是否使用雾化。

❏ 颜色

设置雾化的颜色。

❏ 雾化背景

设置背景是否也使用雾化。选择【开】时，可以在渲染背景时也使用雾化；选择【关】时，将只针对渲染对象进行雾化。

❏ 近距离和远距离

在这两个文本框中可以分别指定雾化起始和终止位置。它们的值是相机到后剪裁平面之间距离的百分比，取值范围为 0～100。

❏ 近处雾化百分比和远处雾化百分比

在这两个文本框中可以设置雾化在开始位置和结束位置处的浓度，取值范围为 0～100。值越高表示雾化设置越明显，即透明度越低。

13.6.4 渲染输出

渲染操作的最终目的是创建渲染图像。利用

AutoCAD 可以将渲染图像输出到指定位置，并保存为图像文件。此外在 AutoCAD 中还可以设置渲染图像的质量，以及渲染图像的尺寸大小，以获得所需的各种渲染图片效果。

在【渲染】选项板中拖动【渲染质量】滑块，便可以调整渲染模型的质量；在【渲染输出大小】下拉列表中可以设置渲染图像的尺寸大小，还可以在该下拉列表中选择【指定图像大小】选项，在打开的【输出尺寸】对话框中任意设置图像的大小，效果如图 13-79 所示。

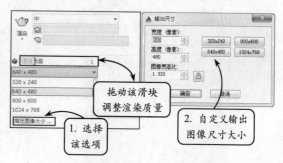

图 13-79 设置渲染图像的质量和大小

在【渲染】选项板的【渲染输出文件】选项右侧单击【浏览文件】按钮，可以在打开的对话框中设置渲染图像的文件名称和保存位置，效果如图 13-80 所示。

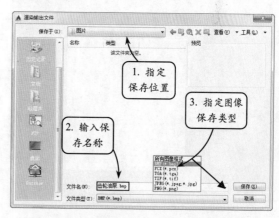

图 13-80 设置渲染输出图像的名称和位置

设置好渲染图像的保存名称和保存位置后，便可以利用【渲染】工具对模型进行渲染，所获得的渲染图像将自动保存于预先指定的位置。当然也可以在打开的渲染窗口中选择【文件】|【保存】选

项，指定新的保存名称和保存位置，效果如图 13-81
所示。

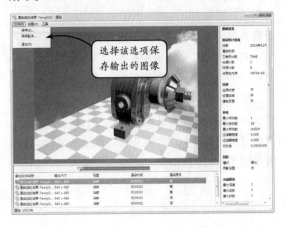

图 13-81   在渲染窗口中对渲染图像进行保存

第 14 章

信息查询、打印输出和发布

  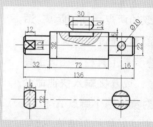 

在 AutoCAD 中创建和编辑完成图形后，需要对图形进行输出和发布，以实现信息和资源的共享和传播。信息查询功能可以帮助用户更完整地了解图形信息，根据实际应用情况和图形适用尺寸等进行相应地修改和调整。为了适应互联网络的快速发展，让用户能够快速、方便、有效地共享设计信息，AutoCAD 中实现了 Web 格式文件（DWF）的共享。

本章主要介绍了图形信息查询的各种方法、视图布局和视口的设置方法，以及常用图形的打印输出和格式输出方法。此外还介绍了 DWF 格式文件的发布方法，以及将图形发布到 Web 页的方法。

14.1 信息查询

利用图形的查询工具可以对图形的尺寸距离、角度、面积、半径等属性参数进行查询，让用户对所设计图形进行详细地了解，也方便设计人员根据实际需要对图形的各个属性参数进行修改，使图形零件能够符合实际需求。

14.1.1 距离查询

在绘制、编辑和查看建筑图形时，可以通过 AutoCAD 提供的距离、半径和角度功能对指定的线性对象进行测量操作，以获得必要的图形信息。

测量距离是指测量选取的两点之间的距离，适用于二维和三维空间距离测量。通过视图选项卡中的【工具栏】功能调出【查询】工具栏。在该工具栏中单击【距离】按钮，或直接输入快捷命令 DIST，然后依次选取图形对象的两个端点 A 和 B，即可在打开的提示框中查看该对象的距离值，效果如图 14-1 所示。

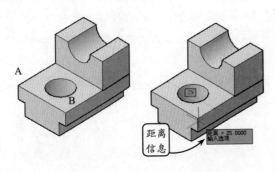

图 14-1 指定两点查询距离

14.1.2 半径查询

要获取二维图形中圆或圆弧，三维模型中圆柱体、孔和倒圆角对象的尺寸，可以利用【半径】工具进行查询。此时系统将显示所选对象的半径和直径尺寸。

在【查询】工具栏中单击【半径】按钮，然后选取相应的弧形对象，则在打开的提示框中将显

示该对象的半径和直径数值，效果如图 14-2 所示。

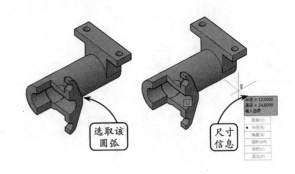

图 14-2 选取弧形对象获取尺寸信息

14.1.3 角度查询

要获取二维图形中两图元间的夹角角度，三维模型中楔体、连接板这些倾斜件的角度尺寸，可以利用【角度】工具进行查询。在【查询】工具栏中单击【角度】按钮，然后分别选取楔体的两条边，则在打开的提示框中将显示楔体的角度，效果如图 14-3 所示。

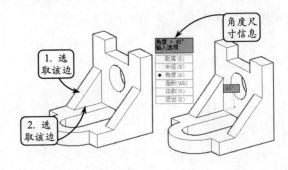

图 14-3 选取楔体边获取角度尺寸信息

14.1.4 面积查询

在【查询】工具栏中单击【面积】按钮，或直接输入快捷命令 AREA，然后依次指定实体面的端点 C、D、E 和 F。接着按下 Enter 键，在打开的提示框中将显示由这些点所围成的封闭区域的面

积和周长，效果如图 14-4 所示。

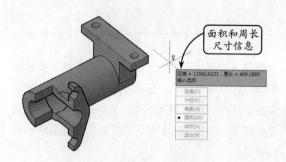

图 14-4 获取面积和周长信息

14.1.5 显示图形时间

在设计过程中如有必要，可以将当前图形状态和修改时间以文本的形式显示，这两种查询方式同样显示在 AutoCAD 文本窗口中，分别介绍如下。

显示时间用于显示绘制图形的日期和时间统计信息。利用该功能不仅可以查看图形文件的创建日期，还可以查看该文件创建所消耗的总时间。

在命令行中输入 TIME 指令，并按下 Enter 键，系统将打开相应的文本窗口，如图 14-5 所示。

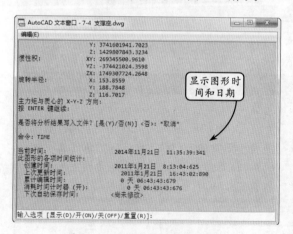

图 14-5 显示文件时间和日期

该文本窗口中将显示当前时间、创建时间和上次更新时间等信息。在窗口列表中显示的各时间或日期的功能如下所述。

❏ 当前时间

表示当前的日期和时间。

❏ 创建时间

表示创建当前图形文件的日期和时间。

❏ 上次更新时间

最近一次更新当前图形的日期和时间。

❏ 累计编辑时间

自图形建立时间起，编辑当前图形所用的总时间。

❏ 消耗时间计时器

在用户进行图形编辑时运行，该计时器可由用户任意开、关或复位清零。

❏ 下次自动保存时间

表示下一次图形自动存储时的时间。

提示

在窗口的最下方命令行中如果输入 D，则重复显示上述时间信息，并更新时间内容；如果输入 ON（或 OFF），则打开（或关闭）消耗时间计时器；如果输入 R，则使消耗时间计时器复位清零。

14.1.6 显示图形状态

状态显示主要用于显示图形的统计信息、模式和范围等内容。利用该功能可以详细查看图形组成元素的一些基本属性，例如线宽、线型及图层状态等。

在命令行中输入 STATUS 指令，并按下 Enter 键，系统即可在打开的【AutoCAD 文本窗口】对话框中显示相应的状态信息，如图 14-6 所示。

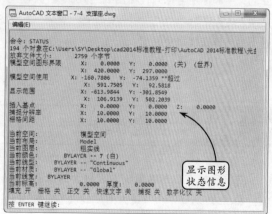

图 14-6 显示图形状态信息

14.2 布局概述

在 AutoCAD 中,每个布局都代表一张单独的打印输出图纸,不同的视图出现在不同的布局之中。布局空间主要用来进行打印,也可以绘制二维图形。在布局空间中打印图形,可以为不同的视口指定不同的视口比例,能按不同比例将需要打印的图形缩放排列到视口中,所以在一张图纸中能打印出不同比例的多个图形。

在 AutoCAD 中,布局空间又称为图纸空间,主要用于图形排列、添加标题栏、明细栏以及起到模拟打印效果的作用。在该空间中,通过移动或改变视口的尺寸可以排列视图。另外,该空间可以完全模拟图纸页面,在绘图之前或之后安排图形的布局输出。

单击屏幕底部左下角状态栏中的【布局 1】或【布局 2】选项卡按钮,系统将自动进入布局工作空间,如图 14-7 所示。

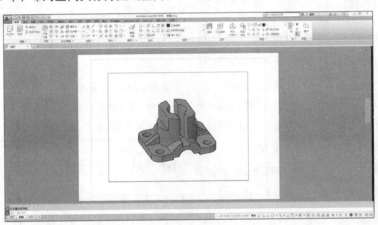

图 14-7　布局空间

在布局空间中,有两种工作状态。一种是纯粹的图纸工作状态,这时在布局空间绘制的图形,建立的文字和标注等都只存在图纸上。另一种为模型空间,这些在布局空间中创建的图形、文字、标注等不会出现在模型空间里。

> **提示**
>
> 当需要切换空间时,可以在命令行中输入命令 TILEMODE,并按下 Enter 键。此时系统将提示用户输入新值,该选项的值包括 1 和 0。当设置为 1 时,工作空间为模型空间;当设置为 0 时,工作空间为布局空间。

14.3 创建布局

布局空间在图形输出中占有极大的优势和地位。在 AutoCAD 中,系统为用户提供了多种用于创建布局的方式和不同管理布局的方法。

14.3.1 新建布局

利用该方式可以直接插入新建的布局。切换至

【视图】选项卡的【窗口】选项板中，然后在该工具栏中单击【新建布局】按钮，并在命令行中输入新布局的名称，如【支座】，即可创建新的布局。

此时在绘图区中单击【支座】选项卡标签，可以进入该布局空间，如图 14-8 所示。

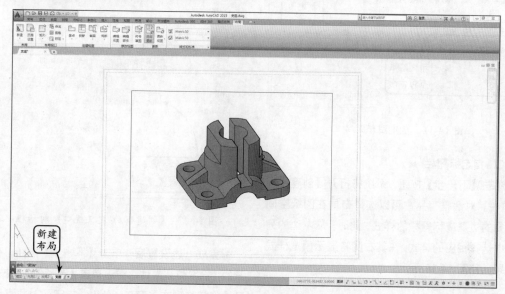

图 14-8　新建布局空间

14.3.2　使用布局向导创建布局

该方式可以对所创建布局的名称、图纸尺寸、打印方向以及布局位置等主要选项进行详细的设置。因此使用该方式创建的布局一般不需要再进行调整和修改，即可执行打印输出操作，适合于初学者使用。使用该方式创建布局的具体操作过程介绍如下。

❑ 指定布局名称

在命令行中输入 LAYOUTWIZARD 指令，系统将打开【创建布局-开始】对话框。在该对话框中输入布局名称，如图 14-9 所示。

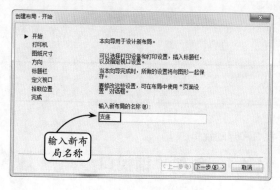

图 14-9　输入新布局名称

❑ 配置打印机

单击【下一步】按钮，系统将打开【创建布局-打印机】对话框。根据需要在右边的绘图仪列表框中选择所要配置的打印机，如图 14-10 所示。

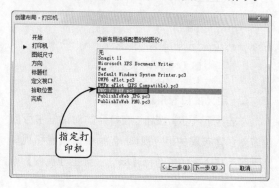

图 14-10　指定打印机

❑ 指定图纸尺寸和方向

单击【下一步】按钮，在打开的对话框中选择布局在打印中所使用的纸张、图形单位。图形单位主要有毫米、英寸和像素。继续单击【下一步】按钮，在打开的对话框中可以设置布局的方向包括【纵向】和【横向】两种方式，如图 14-11 所示。

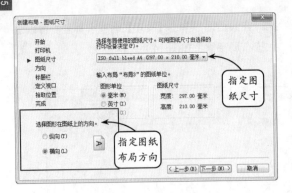

图 14-11　指定图纸尺寸

❑ **指定标题栏**

单击【下一步】按钮，系统将打开【创建布局
-标题栏】对话框，用户可以选择布局在图纸空间
所需要的边框或标题栏的样式。此时，从左边的列
表框中选择相应的样式，在其右侧将显示预览样式
的效果，如图 14-12 所示。

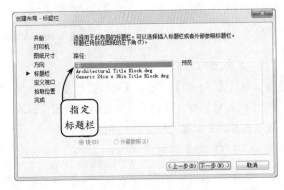

图 14-12　指定标题栏

❑ **定义视口并指定视口位置**

单击【下一步】按钮，在打开的对话框中可以
设置新创建布局的相应视口，包括视口设置和视口
比例等。其中，如果选择【标准三维工程视图】单

选按钮，则还需要设置行间距与列间距；如果选择
【阵列】单选按钮，则需要设置行数与列数。此外，
视口的比例可以从下拉列表中任意选择，如图
14-13 所示。

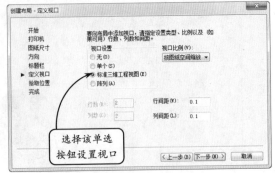

图 14-13　【创建布局-定义视口】对话框

完成上述设置后，单击【下一步】按钮，在打
开的【拾取位置】对话框中单击【选择位置】按钮，
系统将切换到布局窗口。此时，指定两对角点确定
视口的大小和位置，并单击【完成】按钮即可创建
新布局，效果如图 14-14 所示。

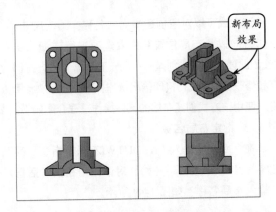

图 14-14　创建新布局效果

14.4　新建视口

视口就是视图所在的窗口。在创建复杂的二维
图形和三维模型时，为了便于同时观察图形的不同
部分或三维模型的不同侧面，可以将绘图区域划分
为多个视口。在 AutoCAD 中，视口可以分为平铺

视口和浮动视口。

14.4.1　创建平铺视口

平铺视口是在模型空间中创建的视口，各视口

间必须相邻，视口只能为标准的矩形，而且无法调整视口边界。

在【视图】选项卡的【模型视口】选项板中单击【命名】按钮，然后在打开的【视口】对话框

中切换至【新建视口】选项卡，即可在该选项卡中设置视口的个数、每个视口中的视图方向，以及各视图对应的视觉样式。例如创建四个相等视口的效果如图 14-15 所示。

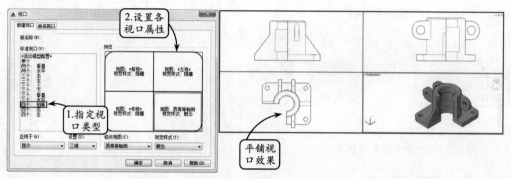

图 14-15　创建平铺视口

【新建视口】选项卡中各选项的含义介绍如下。

□ 新名称

在该文本框中可以输入创建当前视口的名称。添加有明显的文字标记可方便调用。

□ 应用于

该下拉列表中包含【显示】和【当前视口】两个选项，用于指定设置是应用于整个显示窗口还是当前视口。

□ 设置

该下拉列表中包括【二维】和【三维】两个选项：选择【三维】选项可以进一步设置主视图、俯视图和轴测图等；选择【二维】选项只能是当前位置。

□·修改视图

在该下拉列表中设置所要修改视图的方向。该列表框的选项与【设置】下拉列表框选项相关。

□ 视觉样式

在【预览】中指定相应的视口，即可在该列表框中设置该视口的视觉样式。

14.4.2　创建浮动视口

在布局空间创建的视口为浮动视口。其形状可以是矩形、任意多边形或圆等，且相互之间可以重叠并能同时打印，还可以调整视口边界形状。浮动视口的创建方法与平铺视口相同，在创建浮动视口时，只需指定创建浮动视口的区域即可。

□ 创建矩形浮动视口

该类浮动视口的区域为矩形。要创建该类浮动视口，首先需切换到布局空间，然后在【布局】选项卡中单击【视口，矩形】按钮，并在命令行的提示下设定要创建视口的个数。接着依次指定两个对角点确定视口的区域，并在各个视口中将对象调整至相应的视图方向，即可完成浮动视口的创建，效果如图 14-16 所示。

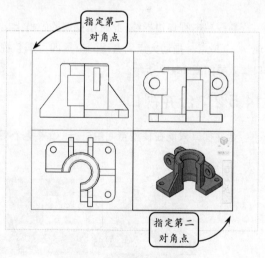

图 14-16　创建矩形浮动视口

□ 创建任意多边形浮动视口

创建该类特殊形状的浮动视口，可以使用一般的绘图方法在布局空间中绘制任意形状的闭合线

框作为浮动视口的边界。

在【布局】选项卡的【布局视口】选项板中单击【视口，多边形视口】按钮，然后依次指定多个点绘制一闭合的多边形并按下 Enter 键，即可创建相应的浮动视口，效果如图 14-17 所示。

❏ 创建对象浮动视口

在布局空间中可以将图纸中绘制的封闭多段线、圆、面域、样条曲线或椭圆等对象设置为视口边界。

在【布局视口】选项板中单击【视口，对象】按钮，然后在图纸（模型）中选择封闭曲线对象，即可创建对象浮动视口，效果如图 14-18 所示。

图 14-17　创建多边形浮动视口

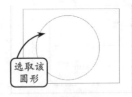

图 14-18　创建对象浮动视口

AutoCAD 14.5　调整视口

视口在模型和布局空间中的修改和编辑方法和一般图形的调整方法是一样的，简单方便，对视口的调整方法一般为使用夹点调整浮动视口、合并视口、缩放视口、旋转视口。

14.5.1　使用夹点调整浮动视口

首先单击视口边界线，此时在视口的外框上出现 4 个夹点，拖动夹点到合适的位置即可调整视口，效果如图 14-19 所示。

14.5.2　合并视口

合并视口只能在模型空间中进行。如果两个相邻的视图需要合并为一个视图，就用到【合并视口】工具。

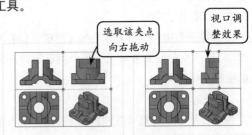

图 14-19　拖动夹点调整浮动视口边界

在【视图】选项卡的【模型视口】选项板中单击【合并视口】按钮，然后依次选取主视口和要合并的视口，此时系统将以第一次选取的视口占据第二次选取的视口，效果如图 14-20 所示。

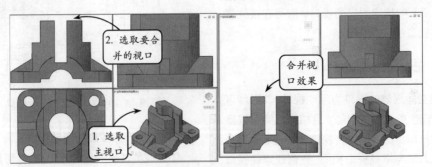

图 14-20　合并视口

14.5.3 缩放视口

如果在布局空间中的浮动视口存在多个视口，就可以对这些视口中的视图建立统一的缩放比例，以便于对视图大小的调整。

选取一浮动视口的边界并右击，在打开的快捷菜单中选择【特性】选项。然后在打开的【特性】面板的【标准比例】下拉列表中选择所需的比例。接着对其余的浮动视口执行相同的操作，即可将所有的浮动视口设置为统一的缩放比例，效果如图14-21 所示。

14.5.4 旋转视口

在浮动视口的单个视口中，如果存在多个图形对象，并要对所有的图形对象进行旋转操作时，可以在命令行中输入指令 MVSETUP，然后即可对所选浮动视口中的所有图形对象进行整体旋转。

在命令行中输入该指令，并根据命令行提示指定【对齐方式】为【旋转视图】，然后依次指定旋转基点和旋转角度，即可完成浮动窗口中图形对象的旋转操作，效果如图 14-22 所示。

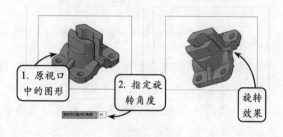

图 14-22 旋转浮动视口中的视图

图 14-21 设置浮动视口缩放比例

AutoCAD 14.6 打印页面设置

在进行图纸打印时，必须对打印页面的打印样式、打印设备、图纸的大小、图纸的打印方向以及打印比例等参数进行设置。

14.6.1 新建页面设置

在【布局】工具栏中单击【页面设置管理器】按钮，系统将打开【页面设置管理器】对话框。在【页面设置管理器】对话框中单击【新建】按钮，在打开的对话框中输入新页面的名称，并指定基础样式。然后单击【确定】按钮，即可在打开的【页面设置】对话框中对新页面进行详细设置。接着单击【确定】按钮，设置好的新布局页面将显示在【页面设置管理器】对话框中，效果如图14-23 所示。

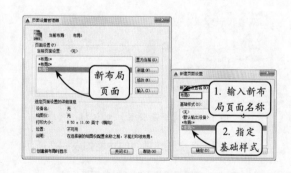

图 14-23 新建页面设置

14.6.2 修改页面设置

在【布局】工具栏中单击【页面设置管理器】按钮，系统将打开【页面设置管理器】对话框，如图 14-24 所示。

图 14-24 【页面设置管理器】对话框

在该对话框中即可对布局页面进行新建、修改和输入等操作。其中，通过修改页面设置操作可以对现有页面进行详细的修改和设置，如打印机类型、图纸尺寸等，从而达到所需的出图要求。

在【页面设置管理器】对话框中单击【修改】按钮，即可在打开的【页面设置】对话框中对该页面进行重新设置，如图 14-25 所示。

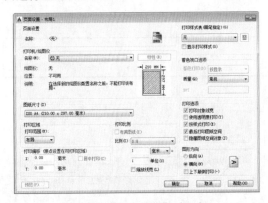

图 14-25 【页面设置】对话框

该对话框中各主要选项组的功能如表 14-1 所示。

表 14-1 【页面设置】对话框各面板功能

选项组	功 能
打印机/绘图仪	指定打印机的名称、位置和说明。在【名称】下拉列表框中选择打印机或绘图仪的类型。单击【特性】按钮，在弹出的对话框中查看或修改打印机或绘图仪配置信息

续表

选项组	功 能
图纸尺寸	可以在该下拉列表中选取所需的图纸，并可以通过对话框中的预览窗口进行预览
打印区域	可以对布局的打印区域进行设置。用户可以在该下拉列表中的 4 个选项中选择打印区域的确定方式：选择【布局】选项，可以对指定图纸界线内的所有图形打印；选择【窗口】选项，可以指定布局中的某个矩形区域为打印区域进行打印；选择【范围】选项，将打印当前图纸中所有图形对象；选择【显示】选项，可以用来设置打印模型空间中的当前视图
打印偏移	用来指定相对于可打印区域左下角的偏移量。在布局中，可打印区域的左下角点由左边距决定。此外，启用【居中打印】复选框，系统可以自动计算偏移值以便居中打印
打印比例	选择标准比例，该值将显示在自定义中。如果需要按打印比例缩放线宽，可以启用【缩放线宽】复选框
图形方向	设置图形在图纸上的放置方向，如果启用【上下颠倒打印】复选框，表示将图形旋转 180° 打印

14.6.3 输入页面设置

如想要将其他图形文件的页面设置用于当前图形，可以在【页面设置管理器】对话框中单击【输入】按钮，系统将打开相应的对话框，如图 14-26 所示。

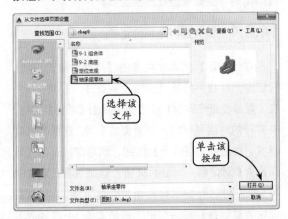

图 14-26 【从文件选择页面设置】对话框

在该对话框中选择要输入页面设置方案的图形文件后，单击【打开】按钮，系统将打开【输入页面设置】对话框，如图 14-27 所示。

然后在该对话框中选择希望输入的页面设置方案，并单击【确定】按钮，该页面设置方案即可显示在【页面设置管理器】对话框中的【页面设置】列表框中，以供用户选择使用。

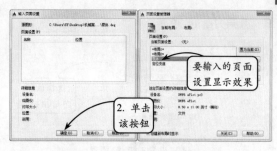

图 14-27 指定要输入的页面设置

_{AutoCAD}

14.7 打印样式设置

在打印输出图形时，所打印图形线条的宽度根据对象类型的不同而不同。对于所打印的线条属性，不但可以在绘图时直接通过图层进行设置，还可以利用打印样式表对线条的颜色、线型、线宽、抖动以及端点样式等特征进行设置。在 AutoCAD 中，打印样式表可以分为颜色和命名打印样式表两种类型。

14.7.1 颜色打印样式表

颜色打印样式表是一种根据对象颜色设置的打印方案。在创建图层时，系统将根据所选颜色的不同自动地为其指定不同的打印样式，如图 14-28 所示。

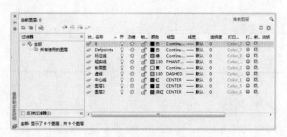

图 14-28 【图层特性管理器】对话框

14.7.2 命名打印样式表

在需要对相同颜色的对象进行不同的打印设置时，可以使用命名打印样式表。使用命名打印样式表时，可以根据需要创建统一颜色对象的多种命名打印样式，并将其指定给对象。

在命令行中输入 STYLESMANAGER 指令，并按下 Enter 键，即可打开【打印样式】对话框，如图 14-29 所示。

图 14-29 【打印样式】对话框

在该对话框中，与颜色相关的打印样式表都被保存在以.ctb 为扩展名的文件中；命名打印样式表被保存在以.stb 为扩展名的文件中。

14.7.3 新建打印样式表

当【打印样式】对话框中没有合适的打印样式时，可以进行打印样式的设置，创建新的打印样式，使其符合设计者的要求。

在【打印样式】对话框中双击【添加打印样式表向导】文件，在打开的对话框中单击【下一步】按钮，系统将打开【添加打印样式表-开始】对话框，效果如图 14-30 所示。

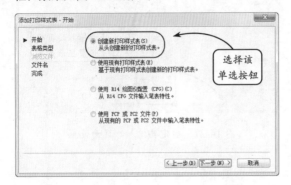

图 14-30 【添加打印样式表】对话框

　　然后在该对话框中选择第一个单选按钮，即创建新打印样式表。接着单击【下一步】按钮，系统将打开相应的对话框。该对话框提示选择表格类型，即选择是创建颜色相关打印样式表，还是创建命名相关打印样式表，如图 14-31 所示。

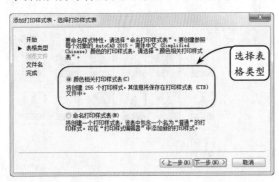

图 14-31 选择表格类型

　　继续单击【下一步】按钮，并在打开的对话框中输入新文件名。然后单击【下一步】按钮，在打开的对话框中单击【打印样式表编辑器】按钮，即可在打开的对话框中设置新打印样式的特性，如图 14-32 所示。

图 14-32 【打印样式表编辑器】对话框

　　设置完成后，如果希望将打印样式表另存为其他文件，可以单击【另存为】按钮；如果需要修改后将结果直接保存在当前打印样式表文件中，单击【保存并关闭】按钮返回到【添加打印样式表】对话框，单击【完成】按钮即可创建新的打印样式。

14.8 三维打印

　　三维打印技术，是指通过可以"打印"出真实物体的 3D 打印机，采用分层加工、叠加成形的方式逐层增加材料来生成 3D 实体。3D 打印技术最突出的优点是无须机械加工或模具，就能直接从计算机图形数据中生成任何形状的物体，从而极大地缩短产品的研制周期，提高生产率和降低生产成本。

　　在三维建模工作空间中展开【输出】选项卡，并在【三维打印】选项板中单击【发送到三维打印服务】按钮，系统将打开相应的提示窗口，如图

14-33 所示。

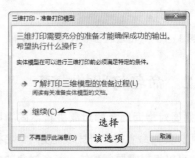

图 14-33 【三维打印】窗口

选择【继续】选项将进入到绘图区窗口，且光标位置将显示"选择实体或无间隙网络"的提示信息。此时可以框选三维打印的模型对象，如图 14-34 所示。

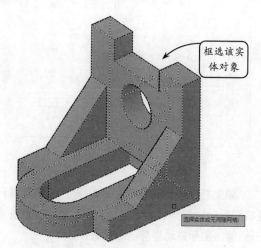

图 14-34　选择实体

选取实体后按下 Enter 键，系统将打开【发送到三维打印服务】对话框。在该对话框的【对象】选项组中将显示已选择对象，并在【输出预览】选项组中显示三维打印预览效果，且用户可以放大、缩小、移动和旋转该三维实体，如图 14-35 所示。

此外，用户还可以在【输出标注】选项组中进行更详细的三维打印设置。确认参数设置后，单击

【确定】按钮，系统将打开【创建 STL 文件】对话框，如图 14-36 所示。

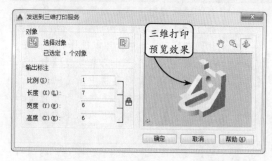

图 14-35　【发送到三维打印服务】对话框

图 14-36　【创建 STL 文件】对话框

此时输入文件名称，并单击【保存】按钮，即可通过互联网连接直接输出该 3D AutoCAD 图形到支持 STL 的打印机。

14.9　输出图形

图纸的打印输出就是将设计好的零件图纸通过打印的方式进行输出，使其以纸质或者其他程序文件的形式进行显示和使用，提高和方便了零件的加工和制作。

在【输出】选项卡的【打印】选项板中单击【打印】按钮，系统将打开【打印-布局 1】对话框，如图 14-37 所示。

该对话框中的内容与【页面设置】对话框中的内容基本相同，其主要选项的功能如表 14-2 所示。

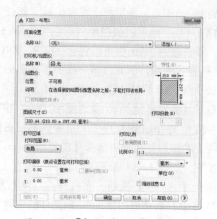

图 14-37　【打印-布局 1】对话框

表 14-2 【打印-布局 1】对话框中各选项功能

选项	功　　能
页面设置	在该选项组中，可以选择设置名称和添加页面设置。在【页面设置】选项组【名称】下拉列表框中，可以选择打印设置，并能够随时保存、命名和恢复【打印】和【页面设置】对话框中所有的设置。单击【添加】按钮，系统将打开【添加页面设置】对话框，可以从中添加新的页面设置
打印到文件	启用【打印机/绘图仪】选项组中的【打印到文件】复选框，则系统将选定的布局发送到打印文件，而不是发送到打印机
打印份数	可以在【打印份数】文本框中设置每次打印图纸的份数

各参数选项都设置完成以后，在【打印】对话框中单击【预览】按钮，系统将切换至【打印预览】界面，进行图纸的打印预览，效果如图 14-38 所示。

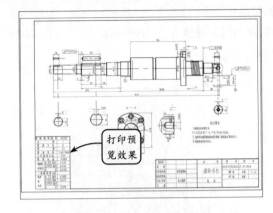

图 14-38　打印预览效果

如果符合设计的要求，可以按 Esc 键返回到【打印】对话框，然后单击【确定】按钮，系统将开始输出图形并动态显示绘图进度。

AutoCAD 14.10　图形发布

AutoCAD 在进行图形的输出打印的时候，可以通过互联网将设计好的图纸或者作品链接到网络上，实现信息的传播和共享。用户可以通过 Internet 访问或存储 AutoCAD 图形以及相关文件，并且通过该方式生成相应的 dwf 文件，以便进行浏览和打印。

14.10.1　网上发布

在 AutoCAD 中，用户可以利用 Web 页将图形发布到 Internet 上。利用网上发布工具，即使不熟悉 HTML 代码，也可以快捷地创建格式化 Web 页。其中，所创建的 Web 页可以包含 DWF、PNG 或 JPEG 等格式图像。下面以将一模型零件图形发布到 Web 为例，介绍 Web 页的发布操作。

打开需要发布到 Web 页的图形文件，并在命令行中输入 PUBLISHTOWEB 指令。然后在打开的【网上发布】对话框中选择【创建新 Web 页】单选按钮，如图 14-39 所示。

单击【下一步】按钮，在打开的【网上发布-创建 Web 页】对话框中指定 Web 文件的名称、存放位置以及相关说明，效果如图 14-40 所示。

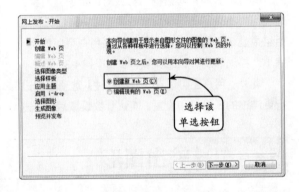

图 14-39　打开图形和【网上发布-开始】对话框

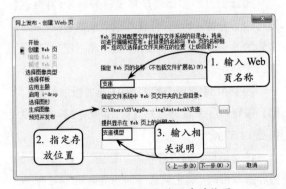

图 14-40　指定文件名称和存放位置

继续单击【下一步】按钮，在打开的【网上发布-选择图像类型】对话框中设置 Web 页上显示图像的类型以及图像的大小，效果如图 14-41 所示。

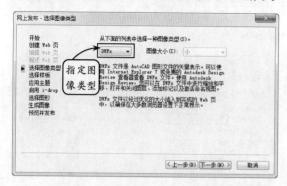

图 14-41 设置发布图像的类型和大小

单击【下一步】按钮，在打开的【网上发布-选择样板】对话框中指定 Web 页的样板。此时在该对话框右侧的预览框中将显示出所选样板示例的效果，如图 14-42 所示。

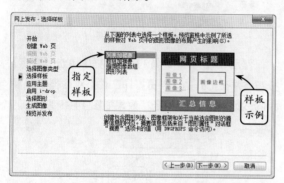

图 14-42 设置 Web 页样板

单击【下一步】按钮，在打开的【网上发布-应用主题】对话框中设置 Web 页面上各元素的外观样式，且在该对话框的下部可以对所选主题进行预览，效果如图 14-43 所示。

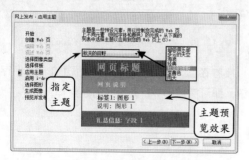

图 14-43 设置 Web 页主题

单击【下一步】按钮，在打开的【网上发布-启用 i-drop】对话框中启用【启用 i-drop】复选框，即可创建 i-drop 有效的 Web 页，如图 14-44 所示。

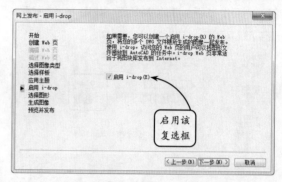

图 14-44 启用 i-drop

单击【下一步】按钮，在打开的【网上发布-选择图形】对话框中可以进行图形文件、布局以及标签等内容的添加，效果如图 14-45 所示。

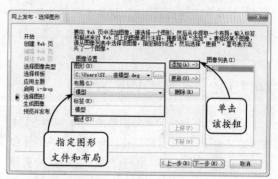

图 14-45 添加 Web 页图形文件

单击【下一步】按钮，在打开的【网上发布-生成图像】对话框中可以通过两个单选按钮的选择来指定是重新生成已修改图形的图像，还是重新生成所有图像，效果如图 14-46 所示。

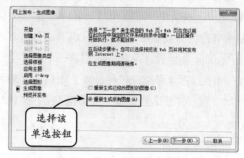

图 14-46 选择 Web 页生成图像的类型

单击【下一步】按钮，在打开的【网上发布-预览并发布】对话框中若单击【预览】按钮，可以预览所创建的 Web 页；而若单击【立即发布】按钮，则可发布所创建的 Web 页，如图 14-47 所示。

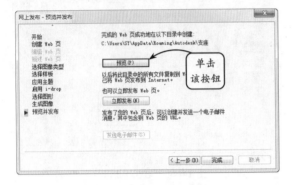

图 14-47　预览和发布 Web 页

此外，在发布 Web 页后，还可以在【网上发布-预览并发布】对话框中单击【发送电子邮件】按钮，创建和发送包括 URL 及其位置等信息的邮件。最后单击【完成】按钮，即可完成发布 Web 页的所有操作。

14.10.2　三维 DWF 发布

DWF 文件是一种安全的适用于在 Internet 上发布的文件格式，并且可以在任何装有网络浏览器和专用插件的计算机中执行打开、查看或输出操作。此外在发布 DWF 文件时，可以使用绘图仪配置文件，也可以使用安装时选择的默认 DWF6 ePlot.pc3 绘图仪驱动程序，还可以修改配置设置，例如颜色深度、显示精度、文件压缩以及字体处理等其他选项。

在输出 DWF 文件之前，首先需要创建 DWF 文件。在 AutoCAD 中可以使用 ePlot.pc3 配置文件创建带有白色背景和纸张边界的 DWF 文件。其中在使用 ePlot 功能时，系统将会创建一个正常电子出图，利用 ePlot 可指定多种设置，如指定旋转和图纸尺寸等，并且这些设置都会影响 DWF 文件的

打印效果。下面以创建一支座零件的 DWF 文件为例，具体介绍 DWF 文件的创建方法。

选择【打印】工具，在打开的【打印-布局 1】对话框中选择打印机为 DWF6 ePlot.pc3，如图 14-48 所示。

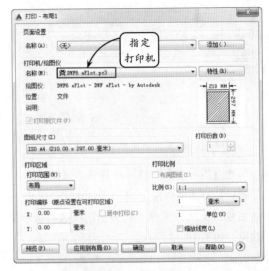

图 14-48　指定打印机

然后在【打印-布局 1】对话框中单击【确定】按钮，并在打开的【浏览打印文件】对话框中设置 ePlot 文件的名称和路径，效果如图 14-49 所示。

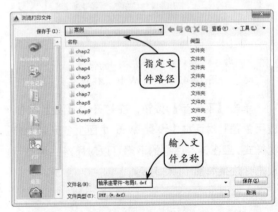

图 14-49　设置 ePlot 文件的名称和路径

接着在【浏览打印文件】对话框中单击【保存】按钮，即可完成 DWF 文件的创建操作。

AutoCAD 15.1 绘制齿轮轴

本例为绘制一齿轮轴零件图，效果如图 15-1 所示。该齿轮轴是用来支撑转动零件并与之一起回转以传递运动、扭矩或弯矩的机械零件。

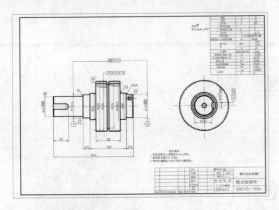

图 15-1　绘制齿轮轴零件视图

该齿轮轴零件是一个以水平中心线对称的图形，可以先绘制出对称中心线，然后利用【直线】和【镜像】工具绘制轮廓线，并利用【图案填充】工具填充视图。再利用【线性】工具标注为图形添加尺寸标注，然后利用【多重引线】工具绘制行位公差。并利用【公差】工具添加形位公差。接着利用【矩形】工具绘制图纸图框，并利用【表格】工具创建图纸的标题栏和明细表。最后利用【多行文字】工具添加技术要求文字即可。

操作步骤 ▶▶▶▶

STEP|01 在【图层】选项板中单击【图层特性】按钮，将打开【图层特性管理器】对话框。然后在该对话框中新建所需图层，效果如图 15-2 所示。

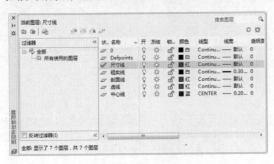

图 15-2　新建图层

STEP|02 切换【中心线】图层为当前层，单击【直线】按钮，绘制一条水平中心线。然后切换【粗实线】图层为当前层，继续利用【直线】工具，并选取中心上任意一点作为起点，绘制效果如图 15-3 所示的尺寸轮廓线。

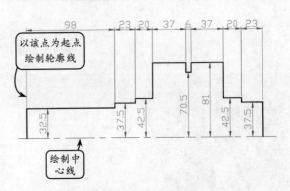

图绘 15-3　绘制中心线和外轮廓线

STEP|03 利用【直线】工具选取上一步轮廓线起点为起点，绘制如图 15-4 所示的尺寸。

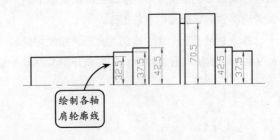

图 15-4　绘制轮廓线

STEP|04 单击【偏移】按钮，输入偏移距离 78，并选取水平面线为偏移对象，向上进行偏移操作。然后重复该操作，输入偏移距离为 3.7，选取偏移后的 a 为偏移对象偏移，向下偏移，效果如图 15-5 所示。

STEP|05 单击【修剪】按钮，修剪图中多余的线段。然后先去修剪相应的线段，转换为【粗实线】图层，效果如图 15-6 所示。

第 **15** 章

综 合 案 例

  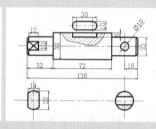 

　　本章是在前面所学知识的基础上综合运用所学的知识，通过综合案例，进一步巩固和加强常用的绘图与修改命令的使用，熟练掌握绘制机械图形的一般步骤和方法，并从中掌握一定的绘图操作技巧，使读者能尽快熟练地绘制各种图形。

　　本章讲述了三个综合案例，分别为绘制齿轮轴、绘制夹紧油缸装配零件图、创建支撑座模型，分别从平面和三维方向设置案例，加强用户的实际动手能力和操作能力。

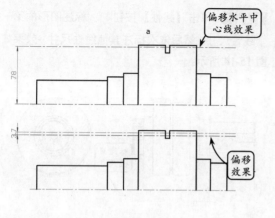

图 15-5 偏移线段

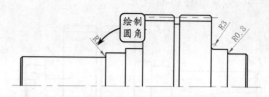

图 15-8 绘制圆角

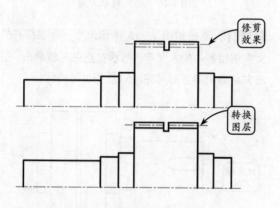

图 15-6 修剪线段并转换图层

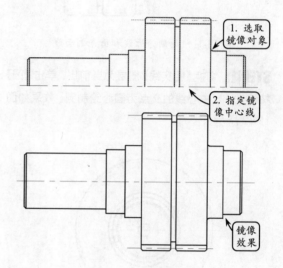

图 15-9 镜像线段

STEP|06 利用【倒角】工具，设置距离为 2，选取图中左右两端纹轮廓为倒角线段，绘制倒角。然后利用【直线】工具绘制螺纹倒角轮廓线，效果如图 15-7 所示。

STEP|09 利用【偏移】【直线】和【圆弧】工具绘制零件槽孔，并利用【修剪】工具，修剪多余的线段。效果如图 15-10 所示。

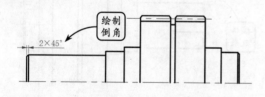

图 15-7 绘制倒角

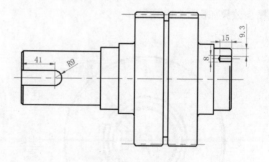

图 15-10 绘制槽孔

STEP|07 利用【圆角】工具选取相应的轮廓线，并设置半径为 $R1$ 和 $R3$，绘制圆角。效果如图 15-8 所示。

STEP|10 切换【细实线】图层为当前层，单击【样条线】按钮，绘制螺孔的局部剖视图的剖切轮廓线。然后单击【图案填充】按钮，选取填充区域绘制剖

STEP|08 单击【镜像】按钮，选取如图 15-9 所示图形为要镜像的对象，并指定水平中心线为镜像中心线，进行镜像操作。

面线, 效果如图 15-11 所示。

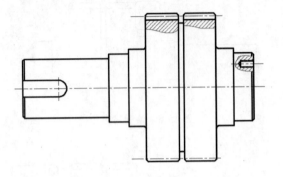

图 15-11　绘制轮廓线和填充剖面线

STEP|11 切换【粗实线】图层为当前层, 单击【圆】按钮◎, 以中心线的交点为圆心绘制圆。效果如图 15-12 所示。

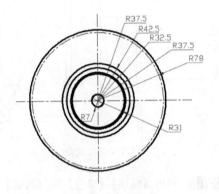

图 15-12　绘制圆

STEP|12 利用【直线】和【修剪】工具绘制齿轮槽。效果如图 15-13 所示。

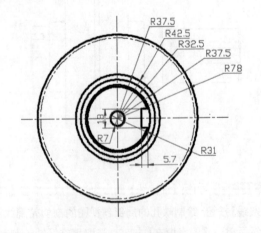

图 15-13　绘制齿轮槽

STEP|13 单击【线性】按钮, 标注图形的第一个线性尺寸。然后依次标注其他线性尺寸, 效果如图 15-14 所示。

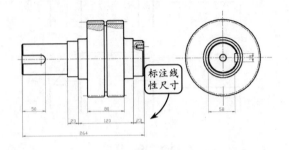

图 15-14　标注线性尺寸

STEP|14 双击如图 15-15 所示尺寸, 并在打开的文字编辑器中输入文字。然后在空白区域单击, 退出文字编辑器, 即可完成对象的编辑操作。

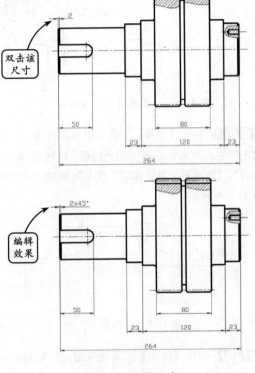

图 15-15　编辑尺寸

STEP|15 单击【标注样式】按钮, 在打开的对话框中单击【替代】按钮, 并在打开的对话框中切换至【主单位】选项卡。然后在【前缀】文本框中

输入直径代号【%%c】，单击【确定】按钮。接着利用【线性】工具标注线性尺寸时将自动带有直径前缀符号，效果如图 15-16 所示。

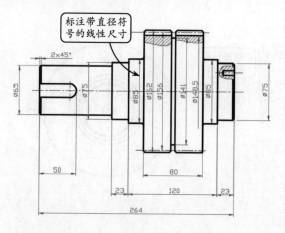

标注带直径符号的线性尺寸

图 15-16 标注带直径符号的线性尺寸

STEP|16 在【标注样式管理器】对话框中将原来的标注样式设置为当前样式，并放弃样式替代。然

后选取当前标注样式，并单击【修改】按钮。接着在打开的对话框中切换至【公差】选项卡，在【垂直位置】下拉列表中选择【中】选项，效果如图 15-17 所示。

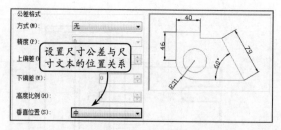

设置尺寸公差与尺寸文本的位置关系

图 15-17 设置公差相对于标注文本的位置

STEP|17 双击要添加公差的标注尺寸，并在打开的文字编辑器中输入如图 15-18 所示的公差尺寸。然后选取该公差文字部分，并单击右键，在打开的快捷菜单中选择【堆叠】选项。接着在空白区域单击，并将该添加尺寸移动至合适位置，即可完成尺寸公差的标注。

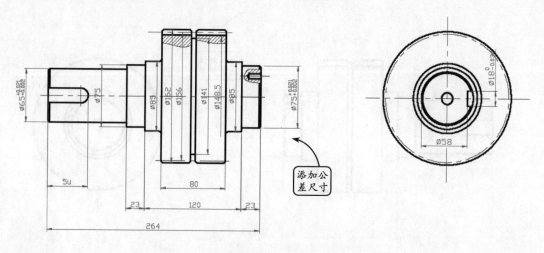

添加公差尺寸

图 15-18 添加公差尺寸

STEP|18 利用【多重引线】工具选取如图 15-19 所示尺寸界线上一点，沿竖直方向向上拖，并单击确定第一段引线。然后沿水平方向拖动并单击，确定第二段引线。此时在文字编辑器外单击，退出文字输入状态，即可完成行位公差引线的绘制。采用同样的方式绘制其他形位公差引线。

STEP|19 单击【公差】按钮 ，在打开对话框中

分别设置形位公差符号、公差数值和基准代号。然后将各个形差公差插入到图中相应的位置，效果如图 15-20 所示。

STEP|20 利用【创建】和【定义属性】工具创建带属性的粗糙度符号图块。然后利用【插入】工具将粗糙度符号图块插入到如图 15-21 所示位置。

STEP|21 绘制尺寸为 841×597 的矩形。然后选取

该矩形的左下角点 A 为基点,输入偏移坐标(@25,10)确定第一对角点。然后输入相对坐标(@806,

574)确定第二对角点。接着利用【移动】工具将这两个矩形移至如图 15-22 所示位置。

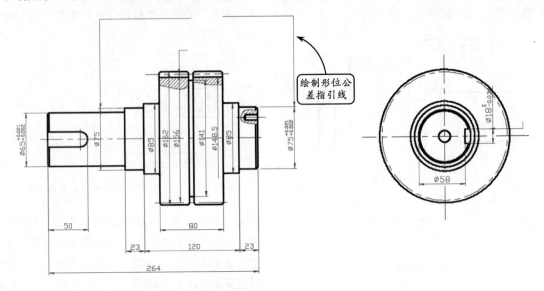

图 15-19　绘制形位公差引线

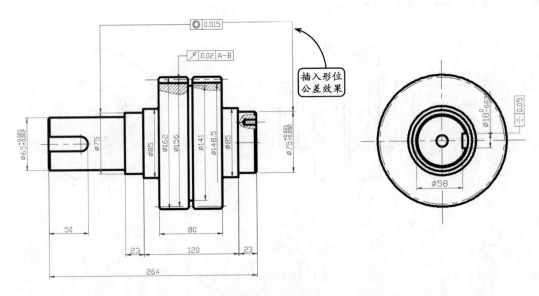

图 15-20　标注形位公差

STEP|22 单击【表格样式】按钮，在打开的对话框中单击【修改】按钮。然后按照如图 15-23 所示对当前表格样式的各个变量进行设置。

STEP|23 单击【表格】按钮，在打开的对话框中设置列数为 23，列宽为 16，行数为 7，行高为 1 行。然后设置每个单元行的样式均为【数据】行，

效果如图 15-24 所示。

STEP|24 单击【确定】按钮，指定图纸边框的右下角为插入点，插入表格。然后选取单元格，右击选择【特性】选项，并在单元宽度列表框中修改参数为 12。接着利用【合并】选项板中的【按行合并】和【按列合并】工具，选取表格中相应的单元

格，进行表格编辑操作，效果如图 15-25 所示。

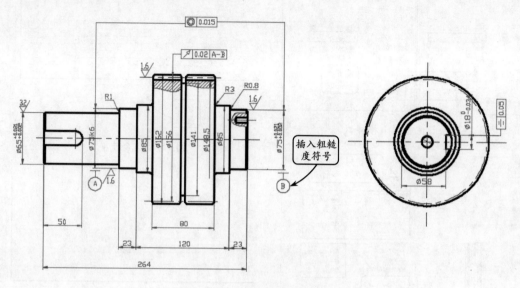

图 15-21　插入带属性的基准符号图块

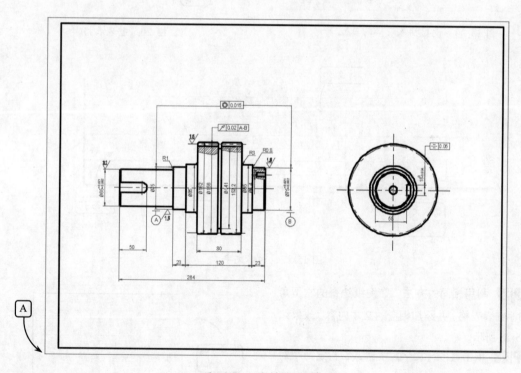

图 15-22　绘制图纸边框

STEP|25 利用【分解】工具，将绘制的表格进行分解，并利用【移动】【偏移】和【修剪】等工具按照如图 15-26 所示整理表格。

STEP|26 输入 T【多行文字】命令，在打开的文字编辑器中输入相应的文字内容。然后依次选取各个单元格的相应文字，编辑各文字的高度，效果如图 15-27 所示。

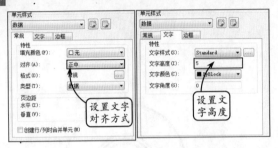

图 15-23 设置当前表格样式

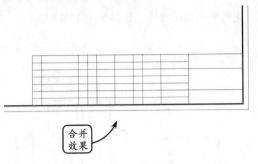

图 15-25 合并单元格

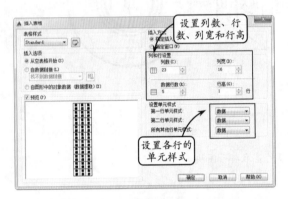

图 15-24 设置插入表格的属性

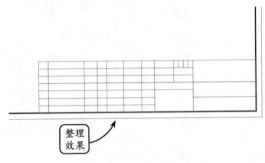

图 15-26 整理表格

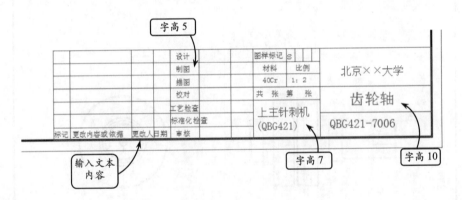

图 15-27 编辑文字

STEP|27 利用相同的方法，在图纸边框的左下角添加明细表表格，并添加相应的文本内容，效果如图 15-28 所示。

STEP|28 单击【多行文字】按钮 **A**，指定两个对角点后，将打开文字编辑器。然后输入如图 15-29 所示的技术要求文字。至此该零件图绘制完成。

图 15-28 添加明细表

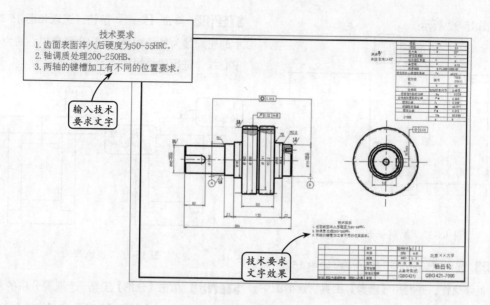

图 15-29　添加技术要求

15.2　绘制夹紧油缸装配零件图

　　本例绘制夹紧油缸装配零件图，效果如图 15-30 所示。该零件是由油缸和夹紧机构组成为一体的产品。油缸一般是小型、高压的，有时需要做旋转（一边走直线的同时轴做旋转），夹紧机构由直接夹紧和通过杠杆机构夹紧两种。

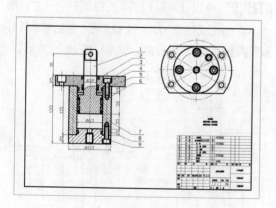

图 15-30　夹紧油缸装配零件图

　　绘制该加紧油缸零件图，首先利用【直线】和【圆】，再利用【倒角】【修剪】【镜像】工具绘制主视图的主要轮廓。然后利用【偏移】【镜像】和【修

剪】【倒角】工具完成主视图的绘制。并利用圆和圆弧工具完成左视图绘制。再利用【样条曲线】和【修剪】工具绘制局部剖视图，最后利用【图案填充】填充视图。

操作步骤 ▶▶▶▶

STEP|01 在【图层】选项板中单击【图层特性】按钮 🔲，将打开【图层特性管理器】对话框。然后在该对话框中新建所需图层，效果如图 15-31 所示。

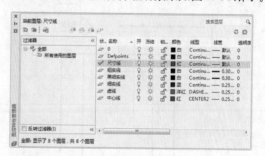

图 15-31　新建图层

STEP|02 切换【粗实线】图层为当前层，利用【矩形】工具，绘制 103×135 的矩形。并使矩形竖直中心对称为对称。然后利用分解工具，分解该矩形。

效果如图 15-32 所示。

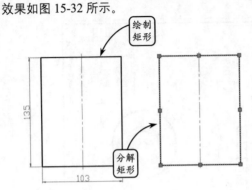

图 15-32　绘制矩形并分解

STEP|03 利用【偏移】工具，按照如图 15-33 所示尺寸偏移操作，并利用【修剪】工具，修剪图中多余的线段。

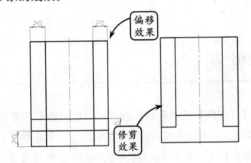

图 15-33　偏移线段并修剪

STEP|04 利用【矩形】工具，指定中心线为起点，分别绘制尺寸为 85×25 和 31.5×15 的矩形，效果如图 15-34 所示。

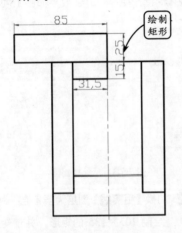

图 15-34　绘制矩形

STEP|05 单击【矩形】按钮，选取如图 15-35 所示的轮廓线为镜像对象，并指定竖直中心线为镜像中心线，进行镜像操作。

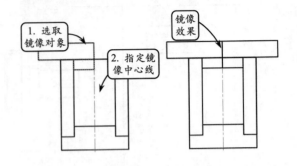

图 15-35　镜像线段

STEP|06 单击【分解】工具，选取要分解的对象，进行分解操作。并利用【删除】和【修剪】工具移除和修剪多余的线段。效果 15-36 如图所示。

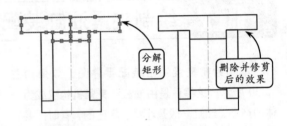

图 15-36　分解矩形并删除和修剪

STEP|07 单击【矩形】工具，绘制三个尺寸分别为 102×16、13×5、25×14 的矩形。然后单击【分解工具】，将该矩形分解，效果如图 15-37 所示。

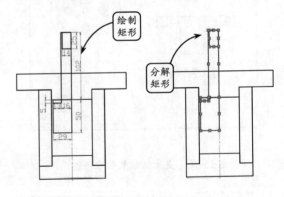

图 15-37　绘制并分解

STEP|08 利用【修剪】工具，修剪图中多余的线

段。效果如图 15-38 所示。

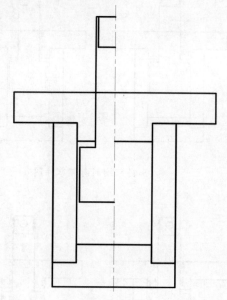

图 15-38 修剪线段

STEP|09 单击【圆角】工具，选取相应的轮廓线，依次绘制半径为 $R4$ 的圆角。然后单击【圆】工具，在中心线的交点处绘制直径为 $\phi 10$ 的圆，效果如图 15-39 所示。

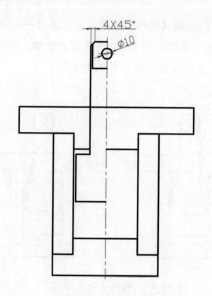

图 15-39 绘制圆角和圆

STEP|10 单击【镜像】按钮，指定竖直中心线为镜像中心线进行镜像操作。效果如图 15-40 所示。

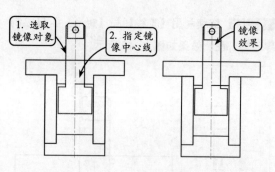

图 15-40 镜像对象

STEP|11 利用【直线】和【矩形】工具绘制零件内部图，效果如图 15-41 所示。

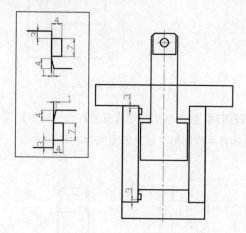

图 15-41 绘制零件内部图

STEP|12 接着利用【直线】和【矩形】工具，绘制零件内部图，效果如图 15-42 所示。

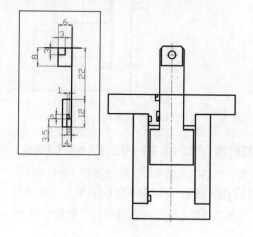

图 15-42 绘制内部图

STEP|13 继续利用【直线】和【矩形】工具绘制零件内部图，效果如图 15-43 所示。

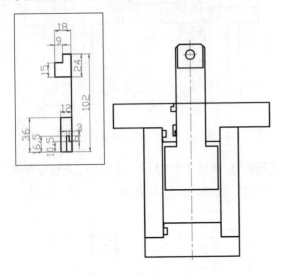

图 15-43　绘制零件内部图

STEP|14 接着继续利用【直线】和【矩形】工具绘制零件内部图，效果如图 15-44 所示。

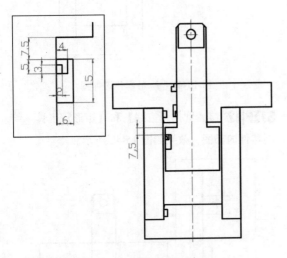

图 15-44　绘制零件内部图

STEP|15 利用【分解】【修剪】【直线】【镜像】等工具，绘制内部的零件。效果如图 15-45 所示。

STEP|16 最后单击【镜像】工具，选取竖直中心线为镜像中心线进行镜像操作。效果如图 15-46 所示。

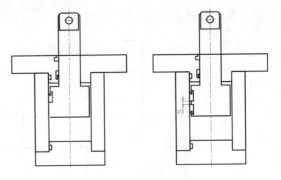

图 15-45　绘制内部零件图

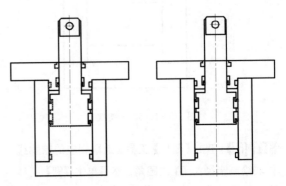

图 15-46　镜像线段

STEP|17 利用【偏移】工具，选取竖直中心线为偏移对象，按照如图 15-47 所示进行偏移。并利用【矩形】工具分别绘制 A 和 B 的矩形。

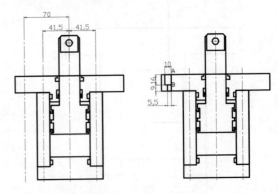

图 15-47　偏移并绘制矩形

STEP|18 利用【分解】【删除】【镜像】【移动】等工具绘制零件。效果如图 15-48 所示。

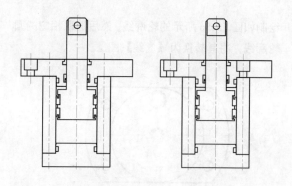

图 15-48　绘制左边零件

STEP|19 利用【直线】【偏移】【修剪】和【倒角】等工具绘制零件，效果如图 15-49 所示。

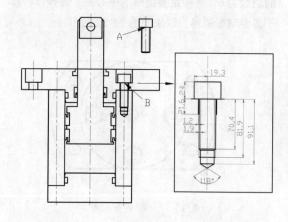

图 15-49　绘制零件内部右边零件图

STEP|20 利用【直线】工具绘制镜像线，并单击【镜像】工具，选取要镜像的对象进行镜像操作。效果如图 15-50 所示。

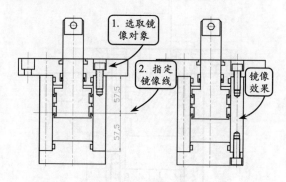

图 15-50　镜像线段

STEP|21 单击【矩形】工具，以 A 点为起点绘制

矩形，效果如图 15-51 所示。

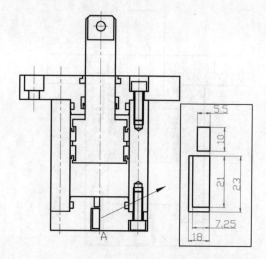

图 15-51　绘制矩形

STEP|22 利用【直线】【倒角】和【镜像】工具绘制内部零件。效果如图 15-52 所示。

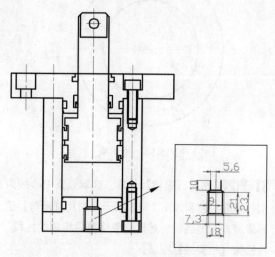

图 15-52　绘制内部零件图

STEP|23 切换【细实线】为当前层，单击【样条曲线】按钮，绘制图中的内部零件局部剖视图的剖切线轮廓线。然后单击【图案填充】工具，选取要填充区域绘制剖切线，效果如图 15-53 所示。

STEP|24 切换【中心线】图层为当前图层，利用【圆】工具，绘制零件俯视图。效果如图 15-54 所示。

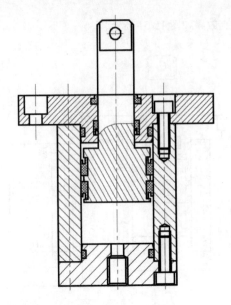

图 15-53 绘制轮廓线和填充剖切线

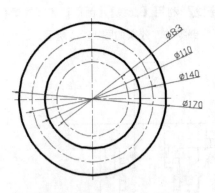

图 15-54 绘制圆

STEP|25 利用【偏移】工具，选取竖直中心线为偏移基准，按照如图 15-55 所示。利用【修剪】工具修剪多余的线段。然后选取修剪后相应的线段，转换为【粗实线】图层。

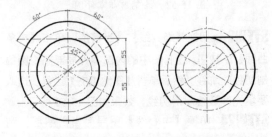

图 15-55 偏移和修剪直线并转换图层

STEP|26 利用【圆】工具，在中心的交点处分别

绘制如图 15-56 所示的轮廓线。然后选取相应的圆轮廓线，将其转换为【虚线】图层。

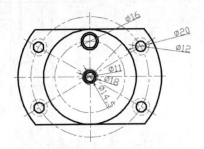

图 15-56 绘制圆轮廓线并转换图层

STEP|27 单击【多边形】工具，然后输入多边形的边数为 6，并指定多边形的中心点，选择以外接于圆绘制多边形，效果如图 15-57 所示。

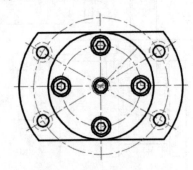

图 15-57 绘制多边形

STEP|28 单击【线性】工具，标注图形的第一个线性尺寸。然后依次标注其他线性尺寸，效果如图 15-58 所示。

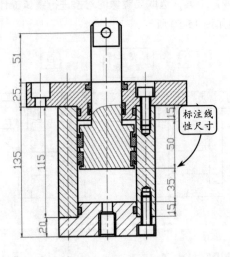

图 15-58 标注线性尺寸

STEP|29 单击【标注样式】按钮，在打开的对话框中单击【替代】按钮，并在打开的对话框中切换至【主单位】选项卡。然后在【前缀】文本框中输入直径代号【%%c】，单击【确定】按钮。接着利用【线性】工具标注线性尺寸时将自动带有直径前缀符号，效果如图 15-59 所示。

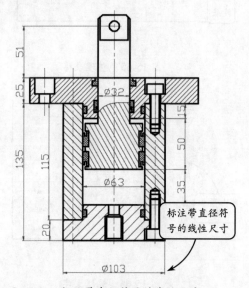

图 15-59 标注带直径符号的线性尺寸

STEP|30 利用【多重引线】工具，选取零件内部的任意一点，沿竖直方向向上拖，并单击【确定】按钮即可完成引线的标注。效果如图 15-60 所示。

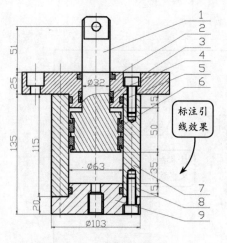

图 15-60 绘制引线标注

STEP|31 绘制尺寸为 594×380 的矩形。然后选取该矩形的左下角点 A 为基点，输入偏移坐标（@25，

20）确定第一对角点。然后输入相对坐标（@549，380）确定第二对角点。接着利用【移动】工具将这两个矩形移至如图 15-61 所示位置。

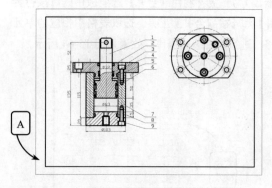

图 15-61 绘制图纸边框

STEP|32 单击【表格样式】按钮，在打开的对话框中单击【修改】按钮。然后按照如图 15-62 所示对当前表格样式的各个变量进行设置。

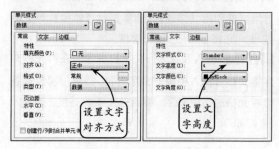

图 15-62 设置当前表格样式

STEP|33 单击【表格】按钮，在打开的对话框中设置列数为 15、列宽为 12、行数为 12、行高为 1 行。然后设置每个单元行的样式均为【数据】行，效果如图 15-63 所示。

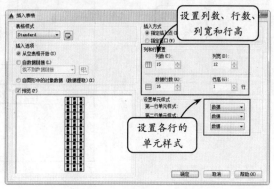

图 15-63 设置插入表格的属性

STEP|34 单击【确定】按钮，指定图纸边框的右下角为插入点，插入表格。然后选取单元格，右击选择【特性】选项，并在单元宽度列表框中修改参数为7。接着利用【合并】选项板中的【按行合并】和【按列合并】工具，选取表格中相应的单元格，进行表格编辑操作，效果如图 15-64 所示。

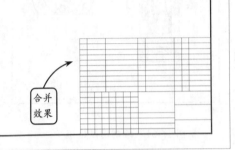

图 15-64　合并单元格

STEP|35 利用【分解】工具，将绘制的表格进行分解，并利用【移动】【偏移】和【修剪】等工具按照如图 15-65 所示整理表格。

STEP|36 输入 T【多行文字】命令，在打开的文字编辑器中输入相应的文字内容。然后依次选取各个单元格的相应文字，编辑各文字的高度，效果如图 15-66 所示。

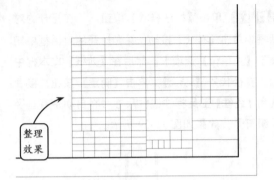

图 15-65　整理表格

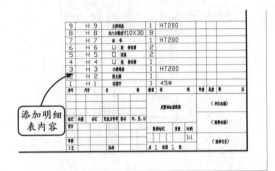

图 15-66　编辑文字

STEP|37 单击【多行文字】按钮 **A**，指定两个对角点后，将打开文字编辑器。然后输入如图 15-67 所示的技术要求文字。至此该零件图绘制完成。

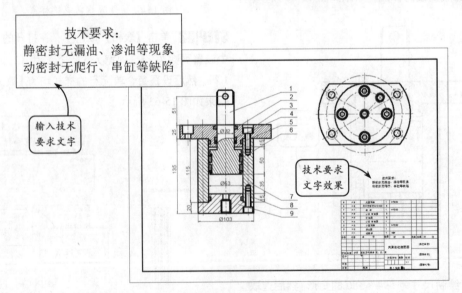

图 15-67　添加技术要求

15.3 创建底座

本例创建一个底座实体，效果如图 15-68 所示。创建该模型，首先利用【拉伸】工具创建实体特征，然后利用【并集】工具将两个部分合并，并利用【差集】工具创建孔特征，接着利用【楔体】工具创建加强筋即可。

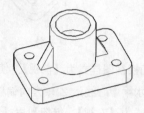

图 15-68　底座模型

操作步骤 ▶▶▶▶

STEP|01 切换视觉样式为【二维线框】，并切换视图样式为【俯视】。然后利用【矩形】【圆】和【圆角】工具按照图 15-69 所示尺寸绘制底板轮廓。

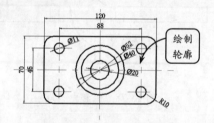

图 15-69　绘制底板轮廓

STEP|02 单击【面域】按钮◙，选取上步绘制的轮廓线创建为面域。然后切换视觉样式为【概念】，观察创建的面域效果，效果如图 15-70 所示。

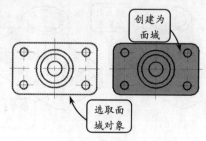

图 15-70　创建面域

STEP|03 切换视觉样式为【隐藏】，并切换视图样式为【西南等轴测】。然后单击【拉伸】按钮⬆，选取直径为 φ20 和 φ40 的圆轮廓为拉伸对象，沿 Z 轴方向拉伸高度为 45，创建拉伸实体，效果如图 15-71 所示。

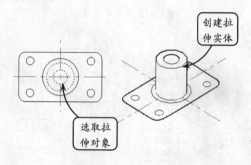

图 15-71　创建拉伸实体

STEP|04 利用【拉伸】工具选取长方形面域和直径为 φ11 的小圆面域为拉伸对象，沿 Z 轴方向拉伸高度为 19，创建拉伸实体，效果如图 15-72 所示。

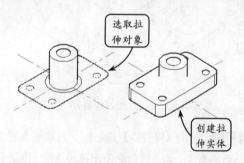

图 15-72　创建拉伸实体

STEP|05 单击【并集】按钮◙，选取长方体和直径为 φ40 的圆柱体为求和对象，创建合并体，效果如图 15-73 所示。

STEP|06 单击【差集】按钮◙，选取上步合并体为源对象，并选取直径分别为 φ20 和 φ11 的圆柱体为要去除的对象，创建孔特征，效果如图 15-74 所示。

STEP|07 利用【拉伸】工具选取直径为 φ52 的圆

为拉伸对象，沿 Z 轴方向拉伸高度为 69，创建拉伸实体，效果如图 15-75 所示。

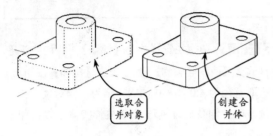

图 15-73 合并实体

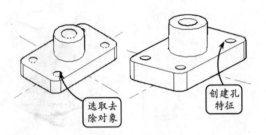

图 15-74 创建孔特征

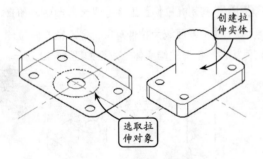

图 15-75 创建拉伸实体

STEP|08 单击【圆柱体】按钮█，选取底面轮廓中心为底面中心点，创建底面半径为 R20，沿 Z 轴方向高度为 69 的圆柱体，效果如图 15-76 所示。

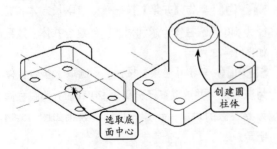

图 15-76 创建圆柱体

STEP|09 利用【差集】工具选取直径为 φ52 的圆柱体为源对象，并选取上步创建的直径为 φ40 的圆柱体为去除对象，创建孔特征，效果如图 15-77 所示。

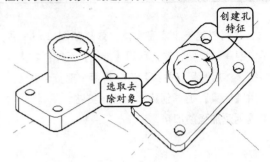

图 15-77 创建孔特征

STEP|10 切换视图样式为【前视】，使用【偏移】工具将底面水平中心线沿 Z 轴方向偏移 19。然后切换视图样式为【左视】，继续利用【偏移】工具将底面竖直中心线沿 Z 轴方向偏移 19，效果如图 15-78 所示。

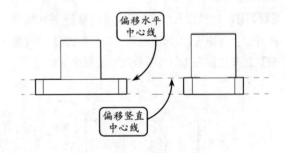

图 15-78 偏移中心线

STEP|11 切换视图样式为【西南等轴测】。单击【UCS】按钮█，将坐标系的原点调至偏移后中心线的交点位置。然后按照如图 15-79 所示尺寸绘制辅助轮廓线。

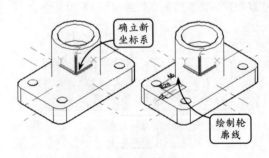

图 15-79 绘制轮廓线

STEP|12 利用【UCS】工具将坐标系移至图示位置。然后单击【楔体】按钮◢，指定坐标原点为第一点，斜对角点为其他点，并输入沿 Z 轴方向的高度为 40，创建楔体特征，效果如图 15-80 所示。

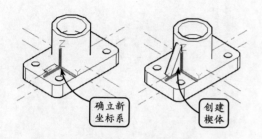

图 15-80 创建楔体

STEP|13 单击【三维镜像】按钮❄，选取创建的楔体为镜像对象，并指定 YZ 平面为镜像面，偏移后的中心线交点为镜像中心点，创建镜像特征，效果如图 15-81 所示。

STEP|14 利用【并集】工具框选所有实体，进行并集操作，效果如图 15-82 所示。

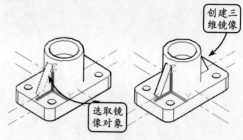

图 15-81 创建镜像体

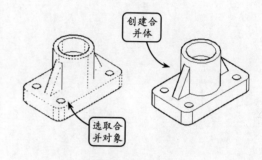

图 15-82 合并实体